生命の産業

Economic Ethics of Biotechnology

バイオテクノロジーの経済倫理学

佐藤 光【編】

ナカニシヤ出版

目　次

目　次

序論　「生命の産業」へのアプローチ

佐藤　光

1　「生命の世紀」——日本政府のBT国家戦略

日本政府のバイオテクノロジー関連の文献を読んでいると、「生命の世紀」「生命科学の世紀」などの言葉に出くわすことが多い。ギリシア語の bios に由来する bio が「生命」とか「生物」の意味を持つことを思えば、「生命」という言葉が出てくるのは当然のことともいえるが、それに「世紀」をつけて、二一世紀を「生命の世紀」などと形容するのは、いかにもおおげさな気がする。二一世紀が「生命の世紀」だとすれば、二〇世紀や一九世紀、さらに一〇世紀は何の「世紀」だったのか。「情報の世紀」や「物質の世紀」や「暗黒の世紀」などだったのかもしれないが、地球上に「生命」が発生して以来常に、多種多様な「生命」の営みが行なわれ続けていた以上、つまり地球が「生命の惑星」

であり続けてきた以上、「何でいまさら『生命』なのか」という気がするのである。

しかし他方で、「やっと『生命の時代』がやってきた」「『生命』の出番がやってきた」と新鮮に感じ、心のどこかで「生命の世紀」の到来を歓迎したい気持ちも捨て切れない。なんといっても、我々生きとし生けるものは「生命《いのち》あっての物種《ものだね》」なのであり、人類のこれまでの歴史が、「殺戮の歴史」と決めつけるのはいいすぎにしても、必ずしも「生命」を十分に尊重し、慈しむものでなかったことを思えば、「生命の世紀」といっても悪いことはないとも思われるのである。

もちろん、政府文献が感傷に耽ったり、言葉遊びに浸ることはありえない。内閣総理大臣によって開催され、学界や産業界などから選ばれた一二人の有識者によって構成された政府のBT戦略会議が、二〇〇二年一二月六日に発表した「バイオテクノロジー戦略大綱」（以下「大綱」と略記）は、「三つの戦略が切り開く『生きる』、『食べる』、『暮らす』の向上」を副題としながら、日本のバイオテクノロジーを飛躍的に発展させるための「三つの戦略」と、それを強力に推進するための五〇の行動指針、八八の基本行動計画、二〇〇の詳細行動計画を提示している。[1]

「大綱」を一読して驚かされるのは、その危機意識というよりも、「遅れ意識」の強烈さである。

「今から総力を挙げてBTへの取組を国家レベルで強化しなければ、この21世紀最大の科学技術の進歩に我が国は取り残される危険がある。国民生活の充実に後れをとり、様々な産業の基盤が大きく崩される危険がある。[2]」

この「遅れ意識」はどこから来るのか、「取り残される危険」とは具体的にどのような危険なのか等々、疑問が次々と浮かんでくるのであるが、それらは後回しにして、まず「大綱」が掲げる「三つの戦略」の内容を確認しておくことにしよう。

第一の戦略は、医療・健康（「よりよく生きる」）、食料（「よりよく食べる」）、環境・エネルギー（「よりよく暮らす」）の三分野における「研究開発の圧倒的充実」[3]であり、アメリカに比べて圧倒的に劣位にある政府研究開発予算の早急な増額、アメリカのＮＩＨ（国立衛生研究所）、イギリスのＭＲＣ（医療研究会議）などに類したＢＴ振興のための「総合的な司令塔」の創設、ＢＴ関連の研究者・技術者の大幅増員、生物遺伝資源の確保などである。

第二の戦略は、上記三分野における「産業化プロセスの抜本的強化」[4]であり、ＢＴの成果を産業化する企業のインセンティブを確保するための抜本的改革（たとえば新薬開発投資を可能とする医薬品価格体系の形成）、国際競争に耐えうるような大規模企業やベンチャー企業の創出、基礎研究を担う大学・公的研究機関の機能の強化充実、戦略的な知的財産政策の推進を含む事業環境の整備などである。

第三の戦略は、ＢＴに関する「国民理解の徹底的浸透」[5]であり、情報開示の充実、安全・倫理面に関する政府の強固な姿勢の国民への提示、当該技術に関する学校教育・社会教育の充実などである。

「三つの戦略」によって、どのような「生命の世紀」が実現されるのか。「大綱」は、三つの分野ごとに、近未来の夢を語ってくれる[6]。

まず、人々が「よりよく生きる」社会、すなわち健康と長寿が達成される社会が実現される。二〇一〇年にも実現されるとされる効果の例としては、がん患者の五年生存率の二〇ポイント改善、脳卒中、糖尿病、高血圧などの生活習慣病に対する画期的な治療を可能とする新薬の開発などがある。

次に、人々が「よりよく食べる」社会、すなわち食品の安全性や機能性が向上した社会が実現される。より具体的には、BTの活用によって、安全かつ生産性の高い、国際競争力の強い農業や食品産業が生み出される。二〇一〇年に実現が期待される例としては、二〇〇二年現在四〇％の食料自給率の四五％までの向上、消費者メリットの高い遺伝子組換え作物の実現などがある。

さらに、人々が「よりよく暮らす」社会、すなわち持続可能で快適な社会も実現される。より具体的には、バイオプロセスによってもたらされる物質生産系と資源利用サイクルの革命的変化によって、持続可能な経済社会と地球環境問題への対応が可能となり、バイオマスエネルギーの活用などによって、温室効果ガスの削減、廃棄物削減、化石資源依存度の低減、エネルギー自給率の向上などが可能となる。二〇一〇年に実現が期待される例としては、原油代替効果一一〇〇万キロリットル／年、環境配慮型バイオマス由来プラスティックの利用などがある。

さまざまなことが語られているが、「大綱」、さらにはBT戦略会議の性格を最もよく表しているのは、以上のような「生命の世紀」が、バイオテクノロジーを基盤とした産業の発展、つまり、BT産業の発展によって「はじめて実現される(7)」とすることである。日本政府のBT戦略とは、単なる科学技術政策でも未来学でもなく、BT産業を国家の力によって発展させようとする産業政策なのだ。

産業政策の指針にふさわしく、「大綱」は日本BT産業の近未来図を数値つきで描いてくれている。すなわち、「大綱」によれば、二〇一〇年における医療分野（医薬品・医療機器等）の市場規模は八・四兆円、食品分野（健康志向食品、その他食料産業）のそれは六・三兆円、環境・エネルギー産業（バイオプロセス、バイオマス、バイオレメディエーション）のそれは四・二兆円、バイオツール・情報産業（バイオツール、バイオインフォマティクス）のそれは五・三兆円、合計して二四・二兆円の市場規模の巨大産業が実現する、という。(8)

2　疑問、あるいは国際競争の強制力

浮かんできた疑問に立ち返ることにしよう。

まず第一に、「大綱」の強烈な「遅れ意識」についてだが、諸外国、特にアメリカに比べて日本が「遅れて」いる産業分野は、BTに限らず、軍事、原子力、航空機、宇宙、石油などの地下資源、農業などいくらでもあり、またBT、たとえば医薬品産業における「遅れ」もいまに始まったことではない。BT産業が、自動車、工作機械、家電などのような国際競争力に恵まれず、外貨の稼ぎ手でなかったことは周知の事実であり、かつ、そのことによって日本経済が重大な問題に直面したという話は聞かない。

リカードの比較優位説が教えるように、国には「得意種目」と「不得意種目」とがあり、軍事やB

Tなどが諸般の事情から「不得意種目」にならざるをえないとしたら、自動車や工作機械などの「得意種目」をさらに振興して、外貨を稼ぎ、国民を養えばよい。実際、日本はこれまでそうしてきた。

ＢＴには、他の科学技術や産業と同列に扱えない、特別の戦略的重要性があるのかもしれない。「国民生活の充実に後れをとり、様々な産業の基盤が大きく崩される危険がある」という「大綱」の文章には、その種の理由がほの見える。確かに、素人なりに想像を逞《たくま》しくすれば、難病の新薬や新治療法の研究開発に取り残され、基本特許のほとんどすべてをアメリカなどに押さえられてしまえば、国民は膨大な特許料を外国に支払わなければならないだけでなく、戦時には、それらの途絶を覚悟しなければならない。

こうした、「食糧安保論」ならぬ、「ＢＴ安保論」にはそれなりの説得力がある。が、この場合にも、米の自由化をめぐる論戦のなかで行なわれたような反論を行なうことは十分に可能である。膨大な特許料は工作機械などの膨大な輸出によって賄《まかな》えばよく、戦時の途絶によって追い詰められるのは、石油、鉄鉱石、ボーキサイト、白金、ウラニュームなどの場合と同様であり、窮地を救う道は、要するに、世界平和を維持するほかにない、等々と。

「ＢＴへの国家レベルでの強化」を行なわない場合にもたらされるとされる「様々な産業の基盤が大きく崩される危険」ということも、果たしてどれほど大きな危険なのか。バイオマスエネルギーを活用するための技術開発が進まないと、エネルギー自給率の向上が進まなくなることは分かるが、これと、ＩＴ開発が遅れたり、教育基本法の改正が遅れて「国家の品格」がさらに下落したりする場合と、どちらが大きな危険なのか、などの点については、何も述べられていないといってよいのである。二〇一〇年における市場規模が、医療分野で八・四兆円、食品分野で六・三兆円、環境・エネルギー産業で四・二兆円、バイオツール・情報産業で五・三兆円、合計で二四・二兆円という一見明快な数字に至っては、明快なだけにかえって、二四・二兆円の〇・二兆円分は、一体、誰がどのような根拠に基づいて計算したのか、などの疑問が生じることになる。それというのも、どれほど精密な計量モデルを使い、どれほどパワフルなコンピュータを使っても、この種の経済予測が当たった試しがないからである。(9)

さらに、たとえこの予測が大略正しく、二四・二兆円の「BT巨大産業」が実現したとしても、それが政府が期待するような、二一世紀の日本を担う基幹産業になりうるか、という点についても疑問を感ずる。それというのも、日本自動車産業（自動車製造と自動車部品製造）の国内生産額と国内雇用者数は二〇〇〇年にすでに、それぞれ約四〇兆円と八三万人に達しており、さらに、同産業の鉄鋼業などへの産業連関効果の巨大さをも考慮に入れれば、BT産業にその代わりが務まるようにはとても思われないからである。(10)

これらすべてのありうべき疑問にもかかわらず、政府のBT国家戦略を戯言《たわごと》として一蹴できないことも真実であろう。BTに限らず、我々は、猛烈な国際競争の渦中に置かれている。特に、従来「日本のお家芸」とされてきた鉄鋼、家電、自動車、工作機械、ICなどにおける途上国や新興国の追い上げはきびしく急である。それらの在来技術、在来産業に安閑としていたのでは、早晩、たとえば一〇年後には、中国やインドに世界市場の大半を奪われてしまうのではないだろうか。日本の指導的産業（leading industries）の比較優位の源泉の一つは、しばしば「日本的経営」という言葉と一体のものとして考えられてきた導入技術の改良、勤勉な労働力、チームワークなどであるといってよいが、それらは決して日本の専売特許ではない。

だから、日本が生き残るためには、以前にも増して、先端科学技術や先端産業の開発や振興に力を注がなければならないのだが、アメリカに典型的に見られるように、それら先端科学技術の少なからぬもの、たとえば原子力、航空機、ロケットなどは軍事技術、あるいは軍事関連の技術であり、日本にはそれらを大々的に発展させる歴史も基盤も環境も欠けている。

非軍事先端科学としてのＩＴ、ナノテク、それからＢＴなどに力を傾注しなければ「国民を喰《く》わせて」いけなくなることは目に見えているのだが、これらのハイテク分野においては、実は、欧米などの先発国だけでなく、すでに中国、シンガポール、韓国、台湾、インドなどの新興国もまた競争相手なのである。

「資源小国」日本の生きる道は「科学技術立国」の道しかなく、その細い道を綱渡りしながら国際競争に勝ち抜くほかはない、勝ち抜いて「豊かな日本」を守り発展させるほかはない。

しかも、やはり、ＢＴ産業、「生命の産業」において「遅れ」をとることに、我々は、市場規模とか産業規模、要するに単なる経済の次元を超えた、ある種の名状しがたい不安感を覚える。医薬品にせよ、医療技術にせよ、遺伝子組換え商品にせよ、「生命」の根幹に関わるような分野、つまり国民の「生命線」に関わる技術や産業を他国に依存することに、理屈を超えた不安感を感じるのである。

こうした、いささか不合理な感情の由来を簡単に説明するのはむずかしいが、その一つの理由は、我々が、国際競争、あるいはさらに一般的に、不安を駆り立てるような人と人との熾烈な競争の圧力の下に日々置かれていること、さらにそうした環境のなかにあって「生命《いのち》」という言葉に限りない愛着とこだわりを持っているという点に見出されるのではないか。

3　「生命のモノ化・商品化」への態度

ＢＴ産業に関しては、いうまでもなく、生命倫理などに関わるより根本的な問題が含まれている。「大綱」が第三の戦略として「国民理解の徹底的浸透」を掲げるのも、その点に気づいているからである。筆者のような素人にも分かりやすい、幹《かん》細胞を用いた再生医療の例から始めよう。

パーキンソン病、脊椎損傷、脳血管障害などによって破壊された神経細胞を回復させる一つの有力な方法とされているのが、ヒト神経幹細胞（neural stem cell）の移植である。万事うまくいけば、移植された幹細胞は自己複製と多分化を繰り返して、損傷した患者の神経細胞を完全に再生する。この方法が確立されれば、パーキンソン病などに苦しむ何十万人という患者が救済される。

この場合、拒絶反応や倫理という観点から問題が少ないのは、いうまでもなく「自家細胞」、すなわち患者自身の幹細胞を移植に使うことである。しかし、「自家細胞」を使う限り、治療は患者ごとの、いわゆるテーラーメイド（特別仕立て）となり、細胞の採取や生体外での加工のコストを考えると余りに高価となって、「産業」としての成立が困難となることは容易に推察される。[11] また、たとえ「産業」として成立しえたとしても、すなわち供給者に収益を保証しえたとしても、高価なテーラーメイドでは、一部の富裕者のみが購買し享受しうる治療法ということになって、生命倫理ならぬ「経済倫理」の観点から問題となりうる。

したがって、国民の誰にでも適切な価格で「商品」を提供しうる「産業化」という観点からは「同種細胞」、この場合には中絶胎児の神経細胞を使うことが望ましい。中絶胎児の神経細胞を大量に培養する、つまり安価に大量生産する技術も開発されつつあり、そうなれば、神経細胞再生の本格的な「産業化」も夢でないことになる。

この場合問題となるのは、もちろん、中絶胎児の神経細胞を利用することの是非であり、使用される胎児組織の妊娠週齢を何週にすべきか（現在は一二週齢未満が原則となっているが、治療に必要な組織量の獲得という観点からは一五齢程度が望ましいとされる）、そもそも両親に胎児の細胞を処分する権利があるのか、等々の倫理的、法律的難問が次々と現れてくる。[12]

特に、中絶胎児の細胞提供に対価が支払われる、あるいはよりおぞましく――一部で真剣に懸念されているように――細胞提供への対価の支払いを予期して中絶が行なわれれば、文字通りの「（中絶胎児の）生命の商品化」が実現することになるが、たとえ無償の細胞提供が行なわれるとしても、胎児の「生命」が、貨幣による支払い（治療費など）を媒介とした「再生医療産業」の基盤となることに変わりはない。

この例をはじめ再生医療に含まれる問題は多様だが、最も根本的な問題は、「生命のモノ化」あるいは「生命の商品化」の問題ということだろう。ここに「生命の商品化」とは、人間の生命そのもの、あるいは人間の生命を構成する諸要素（たとえば人体）の全部あるいは一部が市場での取引の対象となること、とひとまず定義しておこう。それに対して、「生命のモノ化」とは、人間の生命そのもの、あるいは人間の生命を構成する諸要素の全部あるいは一部が、人間（自己あるいは他者）の操作や支配の対象（object）となること、とこれもひとまず定義しておく。

取引という操作の対象となる以上、「生命の商品化」は必ず「生命のモノ化」を意味するが、すべてのモノ化されたものが市場で取引されるとは限らないから、「生命のモノ化」は必ずしも「生命の商品化」を意味しない。つまり、「生命のモノ化」は、「生命の商品化」の必要条件であるが十分条件ではない。また、市場の内か外か、資本主義か社会主義かなどを問わず、「生命のモノ化」は近代社会に広汎に見られる現象だから、「生命のモノ化」は「生命の商品化」より本質的だ、というい い方も可能であるが、両者が密接に関連していることは間違いない。

いずれにしても、中絶胎児の神経幹細胞であれ、成人男女の皮膚であれ、人間の一部を構成している（いた）ものがモノとされ、操作、使用、利用、支配の対象とされ、場合によっては、市場で、バナナのように叩き売りされることに、我々は、得もいわれぬ不快感、不安感、違和感などの否定的感情を覚える。産業化されつつある再生医療に、利害や打算を超えた、なにか「人間の尊厳」を冒される、汚されるというか、必ずしも合理的でない、こみ上げるような否定的感情を覚えるのである。

しかし、「生命のモノ化」や「生命の商品化」を論ずるのに、なにも先端医療の例を持ち出す必要などはなかったかもしれない。というより、「生命のモノ化」や「生命の商品化」は、現代社会にかなり昔から存在し、いまも薄められた形で存在する、ありふれた傾向を凝縮して示すものにすぎないといった方が正確かもしれないからである。

その傾向とは、経済学——といっても、カール・マルクスやカール・ポランニーなどの傍流の経済学あるいは「経済学批判」——に引き寄せていえば、一九世紀の資本主義の確立以降一般化してきた、「労働（力）の商品化」と呼ばれる現象である。ポランニーは、労働、土地、貨幣という三大生産要素の商品化への運動が、近代資本主義の本質的特徴であり、それが近代社会の危機的状況をもたらしたというのだが、ここでは、「労働の商品化」に話を限定しよう。

「労働の商品化」といっても特別のことではない。会社に勤め、給料と引き換えに仕事をする、より経済学的にいえば、貨幣の支払いと交換に一定期間における労働サーヴィスの提供を行なうこと——これが「労働の商品化」にほかならない。

「労働の商品化」、労働サーヴィスの売買は、人間の売買ではない。もちろん奴隷売買などではない。労働サーヴィスを売るのも買うのも、当事者たちの自由意志に基づいた行為であり、労働サーヴィスの提供のされ方、つまり就業規則は雇用契約に先立って明示されるのが原則である。

労働基準法もない一九世紀の、いわば「粗野な資本主義」においては、婦女子が劣悪な環境の下で一日一五時間も酷使されるいといった事態も生じたが、労働者の福祉をも十分考慮した二〇世紀以降の、いわば「洗練された資本主義」においては、「野蛮な」行為は一掃された。「労働（力）の商品化」こそが「搾取」の原因なのだとマルクス主義者たちによって批判されたこともあったが、「搾取」といえば「労働の商品化」の廃棄された社会主義国の方がよほどひどいことが判明するにつれ、この種の批判は力を失った。

しかし、それにもかかわらず、「労働の商品化」に対する、お金《かね》と引き換えに仕事をするという対人関係に対する、ある種の違和感は現代人にも依然として残っているといえるかもしれない。

お金と引き換えに仕事をする、してもらうためにまず必要なことは、何の仕事をどんな風にするか、してもらうか――要するに「就業内容」や「就業規則」を明確にすることだ。「労働市場」が成立するためには、労働という商品の分量と品質が売り手と買い手の双方に明示され、それに応じて公明正大な価格がつけられることが必要である。事前に何の仕事をするか、してもらうか分からないというのでは、「合意に基づく交換」という市場経済の論理と倫理に反することになる。

この場合、売り手や買い手の固有名詞や個人史は問題にならない。どの県の出身とか、家族が何人とかいう情報は、むしろ「ビジネスライク」な雇用契約には邪魔になる。明確に限定された仕事を、仕事だけをきちんとやってくれればよいのであり、固有名詞も「固有名詞」としては不要であり、仕事をする時の「識別番号」として機能すれば十分なのである。実際、ミクロ経済学では、消費者や企業などの経済主体は、i=1, 2, … などと番号化されている。

つまり、市場経済というビジネスの世界においては、「人間」、本来の固有名詞や個人史などに彩られた普通の人間は存在する必要がない、あるいは存在してはならない。別のいい方をすれば、ある特定の場所と時間において、ある特定の機能を遂行する存在であればよく、またそうした存在、つまり「ビジネスマン」でなければならないのである。

　こうした「人間」から「ビジネスマン」への変身に対する違和感を最も強く感じているのは、就職活動に成功して、「会社人間」の卵として社内研修を受けている新卒者かもしれない。

「労働の商品化」への違和感は否定的なものとは限らない。「人間づきあいの苦労」をした者なら誰でも分かるように、カネを介した人間関係はある種の解放感を我々にもたらす。労働の売り手も買い手も、相手に対して、「人間」としての相手に対して「責任」をとる必要はない。「カネの切れ目が縁の切れ目」ということわざに示されているように、ビジネスライクな付き合いは、その場限り、その時限りのものである。雇った相手、雇われた相手の夫婦関係を誰も気に病《や》む必要はない。さらに、こうした「労働の商品化」をはじめとする生産要素の商品化が進展したからこそ、資本主義が確立し、今日のような「豊かな社会」を実現することも可能となったのである。

　問題なのは、「商品化」の傾向が、歯止めを失って、我々が「商品化してはならぬ聖域」と通常考えているような領域、本書の関心に引き寄せていえば、人間の細胞や臓器やDNAなどの「生命」の領域まで浸透していくことである。というより、多くの論者が指摘しているように、人体をめぐるビジネスはすでにかなりの活況を示しているというべきかもしれない。[13]

しかし、さらに問題なのは、一旦タブーが破られれば、我々は急速に新しい事態に「慣れて」しまい、大きな違和感を抱かなくなってしまう可能性があることだ。現代人は忘れてしまったかもしれないが、労働、土地、貨幣など、社会の基底を形づくる本源的生産要素はいうまでもなく、単なる物品ですら、前近代社会では売買の対象とすることに少なからぬ心理的抵抗があった。たとえば、日本語の「支払い」が「お払い」の語感を残しているという説もあるが、これなどは、前近代の日本人が、他人の物には他人の魂が宿り、宗教者による「お払い」という儀式を経なければ「祟《たた》り」があると信じていたことの証左かもしれないのである。(14)

しかし、こうした大きな違和感は、近代化、市場経済化の進展とともに急速に消失していった。違和感は残っているが、誰も、それを、タブーとも不法とも道義に反することとも思わなくなったのである。投資ファンドによる地球規模での企業買収劇は、それを象徴的に示すものといえよう。

タブーは、今度もまたやすやすと破られはしないだろうか。堕胎児の神経幹細胞が売買され、臓器売買ビジネスが繁忙を極める時代が、意外にあっけなく始まりはしないだろうか。それというのも、「生命の商品化」を推進する強い力が現代社会には働いているように思われるからである。

ここで注目すべきは、「商品化」というより、より基礎的な「モノ化」の強烈な力が働いていることである。

これを説明するのに多言は要さないだろう。少し見方を変えれば、「モノ化」とは「手段化」であり、相手の意思や自由や主体性を奪って、自分の欲望や目的の実現をはかることである。我々は、自分の食欲を満たすために動植物を「食材化」し、就職先を探すために先輩のコネや大卒の資格を活用し、ビジネスマン・ビジネスウーマンとして消費者の懐《ふところ》を当てにする。動植物や先輩や大学や消費者は、意思や自由をもった「主体」、「手段」や「道具」にされることに抗《あらが》う全体的な存在としての「主体」であってはならない。動植物も「主体」でありうるかのようにいうのは奇妙な印象を与えかねないが、かつては樹木も「木霊《もくれい》」を持った人間の対話の対象ならぬ相手でありえた時期があった。

自分以外の人や物が「モノ」「手段」でなければならないのは、さもなければ自分とそれらの間に交流あるいは絆《きずな》が生じて身動きがとれなくなる、要するに、自分の欲望を実現する自由が妨げられるからである。牛との間に「交情」が深まれば、それをビーフステーキにして平らげるのに躊躇《ためら》いが生ずる、消費者金融の借り手が友人の親であることが分かれば、取り立ての手が緩《ゆる》む、等々と、対象と自分という主体の区別がぼやけ、対象の「モノ化」「手段化」の度合いが低まれば低まるほど、近代人のエゴイズムの実現はむずかしくなる。そして、我々はますますエゴイストになりつつある、といってはいいすぎだろうか。

いずれにしても、このまま世界が「モノ化」されていけば、世界の「モノ化」の傾向がかくまで近代社会に根強いものだとすれば、そこから「商品化」への道はあとわずかともいえる。封建社会が消失し、社会主義社会が解体した、このグローバル資本主義の時代に、世界を「モノ化」した上でモノの増産を目指す産業主義が、貨幣と市場のベールを被《かぶ》り、資本主義の姿になって現れない理由はない。しかも、地球環境が危機的様相を呈し、石油、食料、水などをはじめとする資源の多くの欠乏が深刻化しつつある今日、「リサイクル」という点からだけでも、人体をはじめとする「生命資源の有効利用」への必要は高まっているというべきかもしれない。

「生命のモノ化・商品化」は宿命ではない。人類は、過去幾度もそうしてきたように、叡智と勇気をもって危機を切り抜けうる。ただ、今日の時代状況、思想状況のなかでは、それは次第に困難になりつつあるとはいえるかもしれない。たとえば、臓器売買に対して、我々は「人間の尊厳」「生命の尊厳」の名をもって抗議するかもしれない。しかし、臓器移植を必要とする患者とその支援者たちが、同じく「人間の尊厳」「生命の尊厳」によって自らを弁護したらどうなるのか。「人間」と「人間」、「生命」と「生命」の葛藤を和解に導く思想はあるのか――「生命の産業」を問いただすうちに、我々は、どうやら、こうした問いにまでたどりつく、いや追い込まれていくように思われるのである。

4　本書の成立事情・目的・構成

本書の成立事情、目的、構成などについて述べておこう。

本書は、大阪市立大学大学院経済学研究科を母体とした「バイオエコノミクス研究会（ＢＥ研）」が二〇〇六年春に開催したコンファランスにおいて発表された四本の基調報告論文と、その各々に関する討論の記録に適当な編集を加えてつくられたものである。

コンファランスの参加者は、それぞれ、経済学、統計学、医療社会学、宗教学、倫理学、哲学などの第一線の研究者であるが、本書は、いわゆる学術書ではない。本書の目的は、「生命の産業」、すなわちバイオテクノロジーを基盤とした産業の問題点をさまざまな角度から自由に検討し、それを幾分整理して、この分野の専門家とはいえない読者に示すことである。BT産業に関する諸問題に対する「解答集」ではなく、何が問題かを多少整理された形で集めた「問題集」を示すこと、つまりBT産業に関する「問いを読者と共有すること」だといってもよい。

いいわけじみるが、バイオ産業のような、さまざまな意味で複雑な、しかもこうしている間にもどんどん変化発展している産業を、最初から「学術的に」、すなわち既成の学問的蓄積に基づいて、あるいはその範囲で研究して答えを出そうすることなどは無理な話ではなかろうか。とりあえずは、さまざまな分野の研究者が集まって「学際的な問い」を出すことから始めるほかはないように思われる。ともかく、このようにして、このような意図をもって本書が出来上がったのだが、その構成と内容について簡単に解説しておこう。

第1章は、基調報告「日本におけるバイオテクノロジーの産業化」（上池あつ子）と、それに関する討論を収録したものである。

上池論文は、BT産業に関する内外の代表的研究の丹念な展望に基づいて、同産業における日本の遅れ、とりわけアメリカに比べての大きな遅れを明らかにしており、この序論冒頭で触れた日本政府の認識の学問的根拠を検証したものといえよう。

上池論文の主要な結論は、日本BT産業の遅れの原因の一つが、政府、大学、研究機関、産業などからなる「ナショナル・イノベーション・システム（national innovationsystem＝ＮＩＳ）」の形成が、アメリカなどに比べて質的にも量的にも未発達な点にあるということ、あるいは内外の多くの専門家がそう見なしているということである。ＮＩＳには、おそらく「軍産複合体（military-industrial complex）」も含まれているとしてよいが、賛否はともかく、最先端の科学技術、膨大な国家資金と民間資金などを背景とした、こうした巨大な産官学システムが、ＢＴ産業の場合も大きな役割を果たしていることを指摘したことの意義は大きい。

報告に続く討論においては、こうした認識の当否、その政策的・社会的含意などが幅広く論議されている。日本ＢＴ産業の「遅れ」を強調した上で、アメリカＢＴ産業へのキャッチアップの必要性を訴える、というたぐいの、日本政府の見解に代表される論調への批判的な議論が多いが、報告者自身が、政府見解に必ずしも賛成しているわけではない点を確認しておこう。

第２章の基調報告「医薬品研究開発のセントラル・ドグマ――医薬品企業の機能と限界」（姉川知史）と、第３章の基調報告「アメリカのバイオ政策とグローバルエイズ」（美馬達哉）は、バイオ産業の中心的存在である医薬品産業に焦点を絞って、上池論文によって紹介された代表的研究が明示的に、あるいは暗黙のうちに前提している見解に疑問を提出し、時にするどく反論したものである。

姉川論文は、医薬品企業の実務家、政策担当者、経済学者が共有している正統的見解を八つの命題（「セントラル・ドグマ」）に要約し、それらをこの分野の専門家ならではの知見に基づいて一つ一つ批判的に検討した上で、「セントラル・ドグマ」に基づいて主張される政策命題を四つに要約し、それらの当否をきびしく問うている。

姉川論文の主要な結論の一つを筆者なりに要約すれば、「医薬品産業のように、莫大な研究開発費の投入を要し、効率性の観点から民間企業によって経営されるのが適切な産業においては、研究開発費の回収のために薬価が高騰するのはやむをえない」という支配的な見解は必ずしも正しいとは思われず、医薬品企業の営利動機に基づかない社会的・公共的な医薬品開発の道もありうるのではないか、そうした道を模索する必要があるのではないか、というものである。これは、アメリカに見られるような医薬品産業のあり方を根本的に懐疑する見解であり、「アメリカからの遅れ」を強調し、「アメリカへのキャッチアップ」の必要性を力説する、日本政府のBT戦略に対する批判に当然つながる。

なお、姉川論文には、トーマス・クーンの「パラダイム論」に密接に関連した論点、科学社会学的・知識社会学的にきわめて興味深い論点が含まれており、討論においては、この点が中心的な話題となっていることにも注意を促しておきたい。

美馬論文のアメリカ・バイオ政策批判は、姉川論文の批判よりさらにラジカルといえるかもしれない。同論文は、三五〇ドルで結局は売られることになるエイズ治療薬が、なぜ当初一二〇〇ドルもの法外な高値で売られていたのか、という素朴で正当な疑問から出発して、「知的所有権保護」の名のもとに、ビッグファーマ（巨大多国籍製薬会社）の独占利潤の確保をはかるアメリカと、グローバルな連帯によってエイズ治療法への自立的なアクセスを求める「エイズアクティヴィズム」（AIDS activism：エイズ活動主義）の闘いの様相を興味深く描いている。

医学研究者にして現場の医療担当者でもある著者によって書かれた美馬論文によれば、医薬品産業が「サイエンス型産業」あるいは研究開発型産業という、最も基礎的な認識（姉川論文が批判する「セントラル・ドグマ」もその前提の上に成立っている）自体が疑わしいのであり、同産業は、むしろ、政府の特許政策などによって保護され、膨大な販売促進費用などによって幾重にも障壁を築いた巨大な独占体といった方が実態に近い。

報告者自身も認めているように、また討論においても指摘されているように、「アメリカ・ビッグファーマ対エイズアクティヴィズム」という単純な図式にはさらに発展させる余地があろうが、美馬論文が、医学・医療の「内側から」の批判だけに強い説得力を持っていることは間違いない。

以上の三章に比べると、第4章はかなり異質な印象を与えるかもしれない。基調報告「『先端医療』をめぐる議論のあり方――選択と選別のロジックを中心に」（安藤泰至）とそれをめぐる討論は、日本バイオ産業の国際競争力や医薬品価格の高低などという現実的問題と打って変わって、「先端医療」あるいは医療行為そのものの持つ倫理的問題、報告により即していえば、医療技術の進歩に伴う患者の生の選択肢の拡大が、連続的に生の選別につながりかねないという、きわめて基礎的あるいは哲学的な問題を扱っている。特に、生殖技術と臓器移植の構造的相似性に関する指摘などは、高度の想像力を要求される哲学的演習問題と思われるかもしれない。

しかし、報告と討論記録を注意深く読むと、本章で一貫して問題にされていることが、「生命の操作可能性」や「人体のモノ化‐医療資源化」という、先の「バイオテクノロジー戦略大綱」においても密かに前提され、国民からの批判の可能性に留意されていた問題であることが分かってくるだろう。この序論ですでに述べたように、これは、「生命の産業」に執拗につきまとう問題なのである。「生命の産業」と「生命の操作可能性」あるいは「生命のモノ化」との関連は、そうした理論的関連にはとどまらない。「大綱」のように、日本バイオ産業の「遅れ」や欧米への「追いつき(catch-up)」を強調することは、倫理的問題の討議の際に、往々にして「問答無用」「日本だけがためらっていても、どうせ諸外国がやってしまう」という論者の短絡《たんらく》的な態度をもたらしがちである。

このように構成を説明し内容を紹介してくると、本書がバイオ産業、特に政府の同産業振興策に対してきわめて批判的な立場をとっているかに見えるかもしれないが、それは必ずしも正しくない。本書の目的は、あらかじめ決まった結論やイデオロギーを教宣《きょうせん》することではなく、バイオテクノロジーの産業化に関する開かれた論議を触発することである。その目的に適《かな》った素材の提供に本書が成功しているかどうか――この点に関しては読者の判断に委ねるほかはない。

◆註

(1) BT戦略会議(2002:81)によれば、同会議のメンバーは以下の一二人である。肩書は二〇〇二年当時。

新井賢一　東京大学医科学研究所所長
伊丹敬之　一橋大学大学院商学研究科教授
井村裕夫　総合科学技術会議議員

歌田勝弘　日本バイオ産業人会議世話人代表・味の素株式会社相談役
大石道夫　財団法人かずさディー・エヌ・エー研究所所長
岸本忠三　大阪大学総長
庄山悦彦　(社)日本経済団体連合会産業技術委員会委員長・日立製作所代表取締役社長
杉山達夫　理化学研究所植物科学研究センター長
寺田雅昭　国立がんセンター名誉総長
平田正　協和発酵工業株式会社代表取締役
藤山朗　日本製薬団体連合会会長・藤沢薬品工業株式会社代表取締役会長
三保谷智子　女子栄養大学出版部「栄養と料理」編集長

(2) BT戦略会議 (2002 : 1-2)
(3) BT戦略会議 (2002 : 8)
(4) BT戦略会議 (2002 : 13)
(5) BT戦略会議 (2002 : 19)
(6) BT戦略会議 (2002 : 22-23)
(7) BT戦略会議 (2002 : 23)
(8) BT戦略会議 (2002 : 24-25)
(9) これらの数字の多くは、各種資料に基づいて経済産業省が二〇〇二年に試算した二〇一〇年の予測値とされているが、その根拠は必ずしも明確でない。BT戦略会議 (2002 : 76) 参照。
(10) 日刊自動車新聞社・(社) 日本自動車会議所共編 (2002 : 111)
(11) 金村 (2003) など。
(12) 妊娠中絶そのものの是非をめぐる問題にはここでは立ち入らないが、問題の根本にその種の問題が含まれていることは否定できない。

（13）　たとえば、アンドリュース／ネルキン（2002：5）に、「人体をめぐるビジネスは、一三〇〇の企業と一七〇億ドルの資本を擁するバイオテクノロジー産業の一部として急成長を遂げている」という記述がある。また、粟屋（1999）も興味ある事例の紹介と考察を行なっている。

（14）　勝俣（1986：191）参照。

◆参考文献

粟屋剛（1999）『人体部品ビジネス』講談社選書メチエ。

L・アンドリュース／D・ネルキン（2002）『人体市場』野田亮・野田洋子訳、岩波書店。

勝俣鎮夫（1986）「売買・質入れと所有観念」『日本の社会史　第4巻』岩波書店。

金村米博（2003）「再生医療の産業化――国内外の現状と今後の問題点」『実験医学』第二一巻八号（増刊）。

日刊自動車新聞社・（社）日本自動車会議所共編（2002）『自動車年鑑ハンドブック　２００２〜２００３年版』。

ＢＴ戦略会議（2002）「バイオテクノロジー戦略大綱」（http://www.kantei.go.jp/jp/singi/bt/kettei/021206/taikou.pdf）。

第1章　日本におけるバイオテクノロジーの産業化

上池あつ子

1　はじめに

現在、世界的にバイオテクノロジー分野における研究開発およびその産業化が進んでいる。日本も例外ではない。しかしながら、本書序論（佐藤論文）ですでに述べられたとおり、二〇〇二年の「バイオテクノロジー戦略大綱」では、日本のバイオテクノロジーの実用化・産業化の遅れについて、日本政府の危機的意識がはっきりと示されている。また、日本のバイオテクノロジー産業に関する先行研究は、「米国と比して、日本の研究開発、産業化、競争力ともに遅れをとっているのが現状である」という認識を共有している。

本稿では、日本におけるバイオテクノロジーの産業化に関する先行研究を検証し、バイオテクノロジー産業の特質と日本のバイオテクノロジー産業をめぐる産業構造・制度の現状、そして日本におけるバイオテクノロジーの産業化における諸問題について考察する。

本稿の構成は以下のとおりである。第2節では、米国との比較を通じて、日本のバイオテクノロジーの産業化の現状について、第3節では、日本のバイオテクノロジー産業をめぐる産業構造、制度などを分析した先行研究を検証し、最終節で議論をまとめ、若干の展望を試みたい。

2　日本のバイオテクノロジー産業の現状

日本のバイオテクノロジー産業の現状について、①市場規模と企業（産業構造）、②研究開発費と政府のライフ関連予算、③特許、④人材、⑤国際競争力について、米国と比較して、概観する。

①　市場規模と企業

日本と米国ではバイオテクノロジーの定義が必ずしも一致しないため、正確な比較は難しいが、日本のバイオテクノロジー関連市場の規模は米国の半分程度であり、研究開発から生産までのプロセスの海外依存度が大きい点が、日本のバイオテクノロジー市場の特徴となっている。[1]

日本では、米国に比べて、バイオテクノロジー専業企業、研究開発型のベンチャー企業がきわめて少ない。[2] 企業数でみると、定義や調査方法が異なるため正確な比較ではないが、日本は三三四社（二〇〇三年)、米国は一四五七社(二〇〇一年)であり、日本の企業数は米国の四分の一程度である。(3)米国ではバイオ・ベンチャー企業が多数設立されており、その活動も活発で、これが米国のバイオテクノロジー関連産業の活性化に寄与しているのに対して、日本ではバイオ・ベンチャー企業が十分に活動できない環境にあり、活性化されていない状況にある。(4)その背景として、起業時における様々な障害の存在が明らかにされている(図1-1)。(5)図1-1をみると、日本における起業時の障害として、研究者・技術者などのスタッフの確保と資金調達が多く指摘されており、人材と資金両面における不足がバイオ・ベンチャー企業に影響を与えていることがうかがえる。日本は、バイオ・ベンチャー企業が十分に活動できない状況にあり、このことが日本のバイオテクノロジー関連産業の発展に対してマイナスになっている可能性もある。(6)

② 研究開発費とライフサイエンス関連予算

表1-1は、日米のバイオ産業における研究開発費の比較である。研究開発費でみると、日本では、民間における売上に対する研究開発の比率はおよそ三〇%から四〇%である。対照的に、米国は、公共部門・民間部門あわせて、日本の三倍以上の研究開発費を支出しており、特に公共部門の研究開発費が大きい。(7)また、米国では、民間部門全体での売上に対する研究開発比率もきわめて大きいが、それは研究開発型ベンチャー企業が存在しており、またそこへの資金供給メカニズムが機能しているためである。(8)

表1-2は日米の政府のライフサイエンス関連予算の比較を示している。ただし、日本のライフサイエンス関連予算については、その範囲について明確な定義がない。表1-2の日本の数値は、各省庁のライフサイエンス予算公表値を合計したものにすぎず、人件費や研究開発機器費、消耗品費などの研究開発費の総計であり、研究施設等の建設費は含まれておらず、正確なものではない。[9] 他方、米国のライフサイエンス関連予算は、明確な定義のもと各省庁が支出した額を用途別に、研究と開発と施設建設費に分けて計上され、公表されている。[10] 表1-2では、連邦政府の研究費のみで、州レベルでの支出は含まれていないため、米国の数値は実際よりも過小評価されている可能性がある。[11]

日本の二〇〇一年のライフサイエンス研究予算は二八八九億円であるが、これに対し米国は約二兆五三四一億円であり、必ずしも日米のライフサイエンス関連予算を正確に比較しているとはいえないが、日本のライフサイエンス関連予算が米国に比較して大幅に低いことは明らかである。

③ 特許

バイオテクノロジー関連の特許に関して、日米間で大きな格差がある。表1-3はバイオテクノロジー基幹技術特許出願件数を示している。表1-3のバイオテクノロジー基幹技術とは、遺伝子組換え技術、遺伝子解析技術、発生工学技術、蛋白工学技術、糖鎖工学技術、バイオインフォマティクスである。[12] 日本人の日本への出願比率、日本人の米国や欧州への出願比率ともに低く、日本のバイオテクノロジー基幹技術における国際水準は高くない。対照的に米国は、米国への出願比率はもちろん、

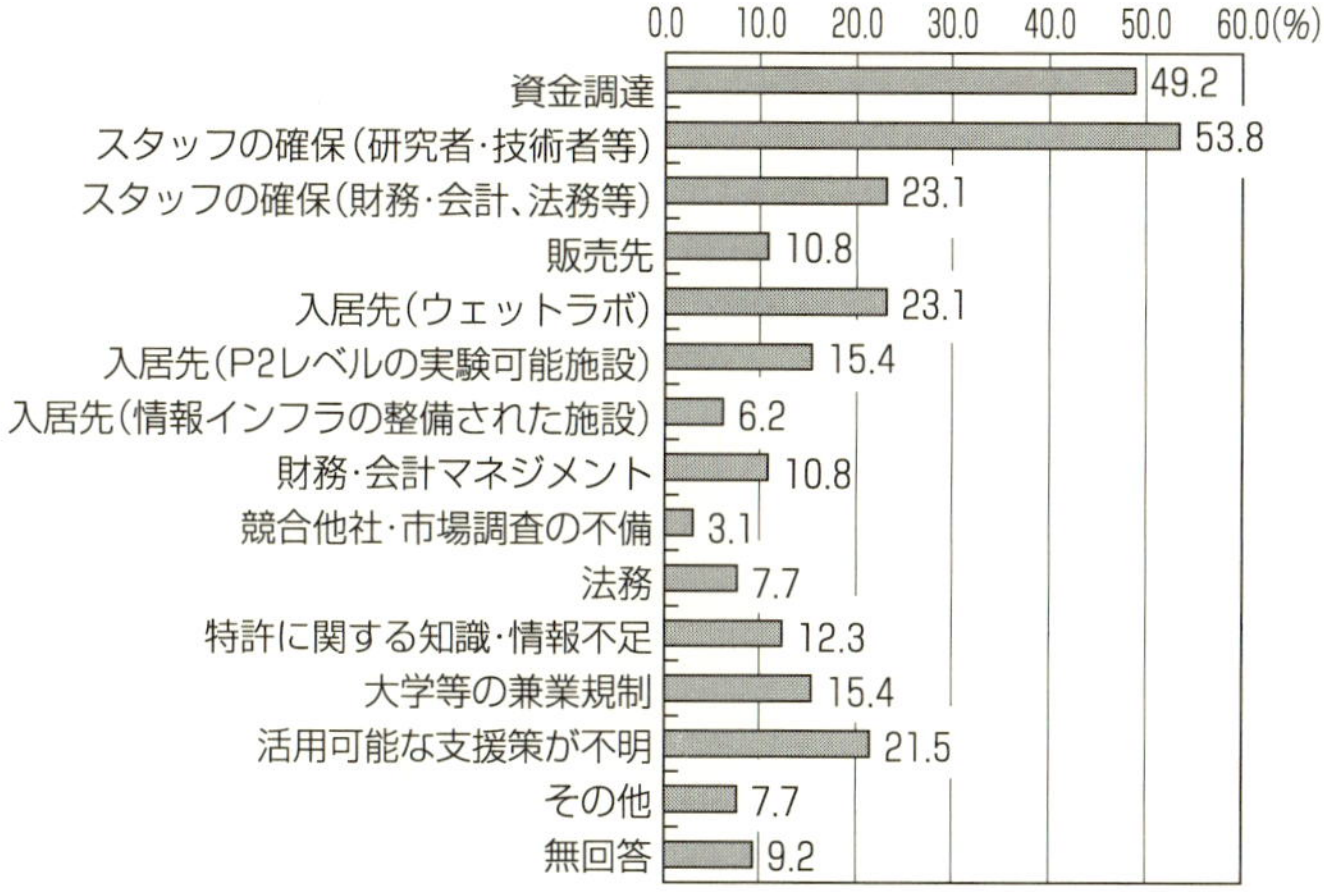

図1-1　バイオ・ベンチャーの起業時の障害

出所）小田切・中村（2002：37）

	日　本 （ライフサイエンスを含む）	米　国 （ライフサイエンスを含む）	欧　州 （バイオ関連のみ）
研究開発費（10億ドル）	12.3（98）	40.0（98）	2.5（96）
民間セクターの研究開発費（10億ドル）	3.7（98）	18.0（98）	0.6（98）
公共セクターの研究開発費（10億ドル）	8.6（98）	22.0（98）	1.9（96）
民間セクターの研究開発／売上	30～40％	50％超	50％超

表1-1　バイオ産業と研究開発費の日米欧比較

＊1ドル＝122.7円、1ECU＝1.25ドルで換算。（　）内は年。

原資料）各種資料より三菱総合研究所作成。

出所）冨田（1999：55）を一部簡略化して作成。

(A) 日本のライフサイエンス関係予算　(億円)

省庁	予算額（省庁別割合%）				
	1997年	1998年	1999年	2000年	2001年
経済産業省 (旧・通商産業省)	175(10.4)	173(9.2)	173(8.1)	272(10.0)	299(10.4)
農林水産省	208(12.4)	219(11.6)	259(12.2)	311(11.4)	323(11.2)
厚生労働省 (旧・厚生省)	662(39.4)	715(37.9)	754(35.5)	850(31.1)	893(30.9)
文部科学省 (旧・文部省)	249(14.8)	263(13.9)	275(12.9)	414(15.2)	426(14.8)
文部科学省 (旧・科学技術庁)	332(19.7)	461(24.5)	598(28.1)	806(29.5)	908(31.4)
その他	56(3.3)	54(2.8)	67(3.2)	77(2.8)	40(1.4)
合　計	1,681(100.0)	1,885(100.0)	2,125(100.0)	2,731(100.0)	2,889(100.0)

原出所）文部科学省（http://www.mext.go.jp/a_menu/shinkou/life/2-3.htm にグラフを掲載)。

(B) 米国連邦政府のライフサイエンス研究予算　(億円)

分野	1996年	1997年	1998年	1999年	2000年	2001年	2002年
生物学 (Biology)	6,371.88	6,384.24	6,847.92	7,737.12	12,888.00	—	—
環境生物学 (Enviromental Biology)	844.80	699.00	725.40	864.72	888.00	—	—
農業（Agricultural)	739.20	769.56	915.36	1,019.28	1,074.00	—	—
医学（Medical Sciences)	5,968.08	6,639.24	7,195.56	8,161.44	5,356.56		
その他(Other)	553.32	701.52	584.88	688.32	1,351.08	—	—
合　計	14,477.28	15,193.56	16,269.12	18,506.88	21,577.64	25,341.72	26,645.16

原出所）National Science Foundation, "Federal Funds for Research and Development" (various years)（http://www.nsf.gov/sbe/srs/nsf02321/pdfstart.htm).

注）1ドル＝120円で換算。2001、2002年度の分野別内訳は未発表。

出所）小田切・古賀・中村（2003：342）より作成。

表 1-2　日米のライフサイエンス関連予算

出願先国	出願人国籍			
	日　本	アメリカ	ヨーロッパ	全世界
日　本	655（32.0%)	855（41.7%)	461（22.5%)	2,050(100.0%)
アメリカ	128　(7.7%)	1,293（77.3%)	253（15.1%)	1,673(100.0%)
ヨーロッパ	179　(8.5%)	1,137（54.0%)	707（33.6%)	2,107(100.0%)

表 1-3　バイオテクノロジー基幹技術特許出願件数（1995年)

原出所）特許庁「平成12年度特許出願技術動向調査分析報告書　バイオテクノロジー基幹技術」。

出所）小田切・古賀・中村（2003：321)

日本や欧州への出願比率も高く、バイオテクノロジー基幹技術で優位に立っている[13]。

日本では、バイオテクノロジーに関連する基本特許のほとんどが欧米国籍の者による出願となっており、遺伝子組み換え関連特許出願件数が米国よりかなり少なく、また日本の特許出願件数における外国からの出願比率は全分野平均で八％であるが、遺伝子工学のみでは五四％を占める[14]。特許出願件数において、バイオテクノロジーとりわけ遺伝子工学の分野における日本の劣位は明らかで、特に日本では大学からの特許出願がきわめて少ない[15]。対照的に、米国では、大学からの特許出願が多く、多額の特許収入を得ている大学もある。米国では、バイ・ドール法[16]やCRADA[17]という技術移転契約など技術移転に関する諸制度が整備されており、特定企業が国立研究機関との共同研究成果を特許出願する動向もみられる[18]。

④　人材面

バイオテクノロジー関連の人材（研究者）について、人材の量（人数）では、日本と米国とでは大学や大学院制度が異なるため、正確な比較は難しい。しかし、バイオ関係の学位取得者数の推移（表1-4）をみると、米国の二〇〇〇年の博士号取得者数は日本の一〇倍強、学士号取得者数は六・三倍に達している。人口一万人当たりのバイオ関係学位取得者数も、米国が日本の四・七倍と多い。学位取得者数は米国より少ないものの、近年、日本のバイオ関連の学位取得者数の伸び率は、米国を凌ぎ、上昇傾向にある[19]。

（人）

		日本			アメリカ		
		学士	修士	博士	Bachelor's	Master's	Doctoral
総数	1980年	8,729	780	194	47,111	6,536	3,803
	1985年	9,072	1,093	254	39,405	5,095	3,793
	1990年	10,131	1,422	301	38,040	4,893	4,328
	1995年	10,688	2,191	384	56,890	5,495	5,376
	2000年	10,248	2,447	560	64,904	6,325	5,855
人口１万人当り	1980年	0.746	0.068	0.017	2.069	0.287	0.167
	1985年	0.747	0.091	0.021	1.652	0.214	0.159
	1990年	0.820	0.116	0.025	1.522	0.196	0.173
	1995年	0.851	0.176	0.031	2.165	0.209	0.205
	2000年	0.805	0.192	0.044	2.360	0.225	0.208

表 1-4　バイオ関係学位取得者数の推移

原出所）日本：文部科学省「学校調査基本報告書」（各年版）、米国：National Science Foundation, "Science and Engineering Degrees: 1966-98" (http://www.nsf.gov./sbe/srs/nsf01325/htmstart.htm)。

出所）小田切・古賀・中村（2003：317）

	人口１万人当たり論文数					相対インパクト				
	1986年	1990年	1995年	1998年	1986-98年平均	1986年	1990年	1995年	1998年	1986-98年平均
ベルギー	1.6	2.4	4.4	3.2	3.2	0.5	1.0	1.5	0.6	1.1
カナダ	5.6	5.3	6.8	4.0	6.0	1.0	1.1	1.3	1.0	1.1
デンマーク	1.8	2.3	6.7	8.6	6.3	0.6	2.3	1.4	0.5	1.2
フィンランド	3.5	4.7	7.5	4.4	8.8	1.4	1.1	1.0	2.3	1.6
フランス	2.1	2.6	3.8	4.0	3.1	0.6	0.9	0.7	0.6	0.9
ドイツ	1.1	1.9	2.7	2.7	2.2	1.0	1.0	1.4	1.5	1.3
イタリア	0.3	0.7	1.5	1.5	1.1	0.9	0.8	1.3	1.5	0.9
日本	1.4	2.3	3.0	3.3	2.5	0.9	0.8	0.7	0.9	0.8
オランダ	2.4	4.6	5.8	6.2	4.8	1.5	1.5	1.6	1.2	1.6
ノルウェー	0.4	2.2	1.5	3.7	1.8	0.6	1.8	1.2	1.0	1.2
スペイン	0.7	1.4	3.3	3.9	2.3	0.6	0.8	0.8	0.7	0.8
スウェーデン	3.8	5.2	5.4	7.0	5.3	1.4	1.2	1.7	0.8	1.5
スイス	4.5	4.1	8.5	8.1	6.1	2.4	2.1	2.5	3.3	1.8
イギリス	3.4	4.1	6.0	4.8	4.4	1.0	1.1	1.2	1.3	1.1
アメリカ	1.5	2.5	2.6	2.5	2.4	1.5	1.4	1.3	2.0	1.4

表 1-5　バイオテクノロジーおよび応用ミクロ・バイオロジーの人口１万人当たり論文数

原出所）Beuzekom, Brigitte van, "Biotechnology Statistics in OECD Member Countries: Compendium of Existing National Statistics", STI working paper 2001/6, OECD. より一部編集。

出所）小田切・古賀・中村（2003：319）

また、人材の質（論文数と被引用件数）について、人口一万人当たりの学術論文数（表1-5）でみると、一九八六―九八年の平均で日米に格差はみられず、むしろ日本には増加傾向がみられる。しかし、各論文の引用件数を考慮した各国別の論文の相対インパクト（相対インパクトの数値が一以上であれば、他国に比してその国の研究者の論文が多く引用されていることを示す）でみると、日本は一九九八年時点で〇・九と日本研究者の論文の被引用件数は相対的に低い。被引用件数が質の指標として妥当かどうか問題点はあるが、質についての近似的指標としてみた場合、日本は量（学術論文数）に比べ、質（相対的インパクト）において諸外国より劣位にある。[20]

⑤　バイオテクノロジー関連技術の国際競争力

冨田稔は、日本のバイオテクノロジー関連企業へのアンケート調査をもとに、日本のバイオテクノロジー産業の国際競争力を推計している。[21] 冨田は、バイオテクノロジー産業の国際競争力は「バイオ産業の生産性の他国と比較しての高さ」であると定義している。[22] ただし、以下の点に留意する必要がある。個々の技術や製品の国際競争力を評価するにあたって、バイオテクノロジーの産業化がまだ十分に進展していないことと、将来の国際産業競争力を検討するにあたっては既存の数値のみに頼るのは危険であるとの理由から、ここでの国際競争力の評価は企業へのアンケートによる主観的評価を数値化したもの（回答企業数は一五一社）である。[23]

冨田の推計（表1-6）によれば、ほとんどすべての技術において、日本は米国より競争力が低いと

番号	項目	重要度	米国との競争力比較	欧州との競争力比較	今後の競争力の方向	貴社の注力技術
1	ヒト遺伝子・ゲノム解析	4.42	−1.73	−1.14	−1.16	25
2	DNA 塩基配列解析、遺伝子導入、遺伝子増幅技術	3.89	−1.25	−0.80	−1.07	35
3	動物クローン作成技術	3.88	−0.96	−1.00	−0.96	4
4	コンピュータ・ドラックデザイン分子設計	3.86	−1.29	−1.07	−1.15	9
5	バイオインフォーマティクス(バイオに係わる情報化技術)	3.84	−1.53	−1.16	−1.04	12
6	動物遺伝子・ゲノム解析	3.83	−1.54	−1.13	−1.14	5
7	植物遺伝子・ゲノム解析	3.78	−1.14	−0.72	−1.11	16
8	遺伝子組換え技術（微生物、酵素）	3.78	−0.73	−0.50	−0.87	40
9	遺伝子組換え技術（動物細胞）	3.78	−1.17	−0.92	−1.02	20
10	植物遺伝子・ゲノム解析	3.77	−1.12	−0.64	−1.04	14
11	遺伝子組換え技術(植物細胞、酵素)	3.69	−1.21	−1.00	−1.12	16
12	バイオを利用した商品開発技術	3.64	−0.87	−0.59	−1.00	26
13	蛋白工学技術（人口酵素合成等）	3.63	−0.85	−0.85	−1.10	7
14	糖鎖工学技術	3.53	−0.40	−0.39	−0.95	7
15	アミノ酸解析、ペプチド合成、糖鎖解析技術	3.50	−0.55	−0.37	−0.93	10
16	その他	3.50	−0.20	−0.80	−1.20	4
17	生体適合材料、ハイブリッド材料	3.49	−0.44	−0.38	−0.95	2
18	酵素利用技術	3.48	0.28	0.15	−0.71	35
19	微生物・細胞の探索技術	3.46	−0.22	−0.07	−0.98	24
20	細胞大量培養技術（動物細胞）	3.39	−0.69	−0.50	−0.87	15
21	バイオを利用したプロセス開発技術	3.39	−0.52	−0.45	−0.92	9
22	細胞融合技術（動物細胞）	3.28	−0.78	−0.72	−0.98	11
23	発酵技術	3.25	0.85	0.73	−0.66	23
24	細胞大量培養技術（植物細胞）	3.20	−0.51	−0.40	−1.07	10
25	バイオリアクター、固定化技術	3.15	−0.04	0.06	−0.65	21
26	プラントのエンジニアリング技術	3.07	−0.20	−0.22	−0.82	6
27	生産物の分離精製技術(アフィネティクロマト等)	3.04	−0.38	−0.42	−0.93	12
28	細胞融合技術（植物細胞）	3.02	−0.71	−0.51	−0.98	5
29	半合成技術	3.00	−0.08	−0.17	−0.86	3
30	バイオマス変換技術	2.98	−0.44	−0.41	−1.00	10
31	細胞融合技術（微生物）	2.83	−0.66	−0.50	−0.97	3

表 1-6　日本企業へのアンケートにもとづくバイオ関連の国際競争力、技術ベース（重要度の高い順、回答企業151社）

＊重要度は数字が大きいほど重要、競争力は数字がプラスで大きいほど日本が優位。
原資料）バイオ関連企業へのアンケートより作成。
出所）冨田（1999：59）を一部簡略化して作成。

分野	項目	重要度	米国との競争力比較	欧州との競争力比較	貴社の注力分野
農林水産、畜産	穀類の品種改良（遺伝子組換え利用）	4.10	−1.67	−1.13	10
	野菜の品種改良（遺伝子組換え利用）	3.67	−1.30	−1.05	9
	その他の育苗・品種改良	3.64	−0.92	−0.64	27
	植物工場、閉鎖系での食糧生産	3.12	−0.40	−0.30	8
	クローン動物（家畜）生産	3.90	−1.11	−1.27	4
食品分野	バイオリアクターによる食品・飲料生産	2.98	−0.32	−0.40	12
	機能性食品の開発、生産	3.27	−0.18	−0.20	19
	遺伝子組換え食品用酵素開発・利用	3.16	−0.78	−0.89	6
紙・パルプ、化学分野	バイオパルピング、バイオ漂白	2.97	−0.55	−0.72	3
	基礎化学品生産(バイオリアクター利用等)	3.03	−0.52	−0.48	9
	アミノ酸（遺伝子組換え利用）	3.29	−0.06	−0.06	1
	工業用酵素(遺伝子組換え、蛋白工学利用)	3.41	−0.50	−0.52	8
	試薬（遺伝子組換え、蛋白工学利用）	3.39	−0.92	−0.79	10
	バイオ化粧品	2.59	−0.22	−0.44	5
	バイオ農薬	3.24	−1.03	−0.92	10
	生分解性材料	3.61	−0.38	−0.43	8
医療	遺伝子組換え医薬品	4.12	−1.46	−1.16	27
	遺伝子診断薬、DNA プローブ	4.11	−1.44	−1.02	24
	遺伝子治療	4.39	−1.67	−1.33	13
	クローン動物を利用した医薬品生産	4.02	−1.39	−1.25	2
	モノクローナル抗体利用診断薬	3.70	−0.92	−0.73	27
電子・電気	バイオセンサー	3.54	−0.13	−0.21	17
	バイオチップ	3.59	−0.82	−0.68	7
エネルギー、資源、環境	バイオマスエネルギー(アルコール生産等)	3.29	−0.46	−0.46	9
	排水処理（微生物、固定化酵素利用等）	3.58	−0.10	−0.22	27
	バイオレメディエーション	3.40	−1.21	−0.97	12
	二酸化炭素固定、分離、処分化	3.62	−0.44	−0.56	8
支援産業	研究用酵素、試薬（制限酵素等）	3.19	−0.86	−0.82	18
	研究用機器（DNA シークエンサー等）	3.29	−1.18	−1.00	19
	精製装置・設備	3.21	−0.87	−0.76	11
	クリーンルーム	3.00	−0.32	−0.26	6
	ソフト（遺伝子情報の解析等）	3.51	−1.22	−0.92	5
	バイオリアクター、発酵等	2.97	−0.20	−0.26	12

表 1-7　日本企業へのアンケートにもとづくバイオ関連の国際競争力、産業ベース（重要度の高い順、回答企業151社）

＊重要度は数字が大きいほど重要、競争力は数字がプラスで大きいほど日本が優位。
原資料）バイオ関連企業へのアンケートより作成。
出所）冨田（1999：62）を一部簡略化して作成。

捉えられており、特に重要度の高い技術（ヒト遺伝子・ゲノム解析）ほど競争力が低い傾向にある。米国に対して競争力がある発酵技術や酵素利用技術、バイオリアクター、固定化技術も低下傾向にあり、今後の競争力の方向は、すべての技術項目で日本の競争力が低くなると予測されている。[24] 表1−7のとおり、技術のみならず、製品、事業においても競争力が劣位にある。特に、大きな市場を形成する可能性があり、汎用技術として広い分野で利用される重要度の高い技術での劣位が明らかであることから、日本のバイオテクノロジー産業の将来は決して明るくない。[25]

冨田の研究から、（1）日本のバイオテクノロジー産業は、研究開発と産業化ともに、米国に対して遅れを示しており、特にヒトゲノム解析など二一世紀の技術面、産業面の重要な分野での遅れが顕著である、（2）日本のバイオテクノロジー関連企業の多くが、米国に対して、産業化・商品化において遅れをとっていると感じていることがわかる。バイオテクノロジー産業の国際競争力を確保するための重要な要因として、ベンチャー企業の創出、基本特許取得の相違、産学共同研究体制、などが指摘されている。[26]

先行研究から、日本のバイオテクノロジー産業はほとんどすべての面で米国に遅れをとっていることが確認できる。

3　日本のバイオテクノロジー産業が抱える問題

前節では、日本が米国に比して遅れている現状を概観した。以下では、なぜ日本が米国に比して遅れているのか、その背景を探るため、日本のバイオテクノロジー産業の産業構造、制度などを分析した日米の代表的な先行研究を検証する。

①　バイオテクノロジー産業と科学のパラダイム変化

高橋琢磨によれば、新しい産業は、科学のパラダイムの成熟度によって、開拓期の科学主導（science-driven）と確立期の工学主導（engineering-driven）と成熟期の情報主導（information-driven）の三つの段階に分かれる[27]。

初期の開拓期は、科学主導の段階で、そこでは、科学的発見を商業的に利用するため、実験室的な生産方法のまま、産業化が進む[28]。その後、科学のパラダイムが成熟してくると、次の段階である工学主導の段階が登場する。工学主導の段階では、科学のパラダイムと蓄積された科学的知識が組み合わされ、社会の需要に合う製品が創られ、工場生産によって生産される[29]。バイオテクノロジー産業は、科学主導と工学主導の段階を経ながら規模を拡大する断続的循環構造になっており、現在は、バイオテクノロジーにおける科学のパラダイムは情報主導の段階と重なっている[30]。

科学主導の段階では、競争優位の源泉は、特許であり、この段階では、科学的発明や発見物を商業化する。[31] そして工学主導の段階では、競争優位の源泉は、特許ではなくむしろデファクト・スタンダード（事実上の標準）であり、エンジニアリングの情報を社会のニーズに合わせて再構築していくことが産業化のコンセプトとなる。[32] そして、情報主導の段階では、競争力の源泉は「特許化されたデータ」で、デジタル情報をいかに創造的に活用するかが産業化のコンセプトとなる。[33]

日本においてバイオテクノロジーが二一世紀の戦略産業として注目されてこなかった背景として、（1）日本の産業構造は、情報共有型の工学主導の産業に適しており、科学主導の産業であるバイオテクノロジー産業に適していなかった、（2）バイオテクノロジー産業は代替需要型産業と考えられたため、需要創出について考えられてこなかった、の二点が指摘されている。[34]

これら二点に加え、現在、ゲノム情報の解析によって、バイオテクノロジー産業は、情報主導の段階に入っており、日本は情報主導の産業にうまく適応できなかったことが、米国との格差を拡大したようである。

ゲノム解析において、日本の学術界は、ゲノム情報がビジネスにつながることを明示的に示せず、また産業界もゲノム情報の重要性を認識することに時間がかかったため、ゲノム解析において先駆者であったにもかかわらず、日本は米国に逆転された。[35] 科学と産業化の距離が最も近い段階にありながら、学術界と産業界とうまく連携を組めなかったことがゲノム解析の領域での日本の遅れを決定的にしたといえるだろう。そして、高橋は、バイオテクノロジーにおける日本の研究と商業化はスピードを欠いているものの、時間とともに日米格差が拡大するという点について、科学のパラダイムの成熟化という点を考慮すれば、必ずしも日本と米国の格差はまったく追いつけないほど開いてはいないという見解を示している[36]。そして、バイオテクノロジーの産業化において、日本の強みを活かした独自の方策が必要である点を強調している[37]。

②　サイエンス・リンケージとバイオテクノロジー産業

後藤晃と小田切宏之によれば、バイオテクノロジーは典型的なサイエンス型産業で、基礎的な学術研究が重要性をもち、また科学との距離が近い産業である[38]。一九九〇年代に入って、サイエンス型産業が台頭するようになった。

サイエンス型産業の台頭を示唆する指標として、サイエンス・リンケージがある。サイエンス・リンケージは、米国の特許審査報告書における特許一件当たりの科学論文の引用回数を指す[39]。図1-2は米国特許に関する主要国のサイエンス・リンケージの推移を示しているが、国際的に、特許に学術論文が引用される傾向が強まっていることが確認できる。この傾向は、産業技術とサイエンスの関係が密接になってきていることを示唆する。つまり、基礎研究を行う大学や公的研究機関など学術界とその研究成果を応用し、特許を取得して、そして実用化・製品化する産業界との近接性を示すもので、サイエンス・リンケージが高い、すなわち産学の関係が近いことを示す[40]。

サイエンス・リンケージを国際比較する際に、次の点に注意する必要がある。米国では、技術の申

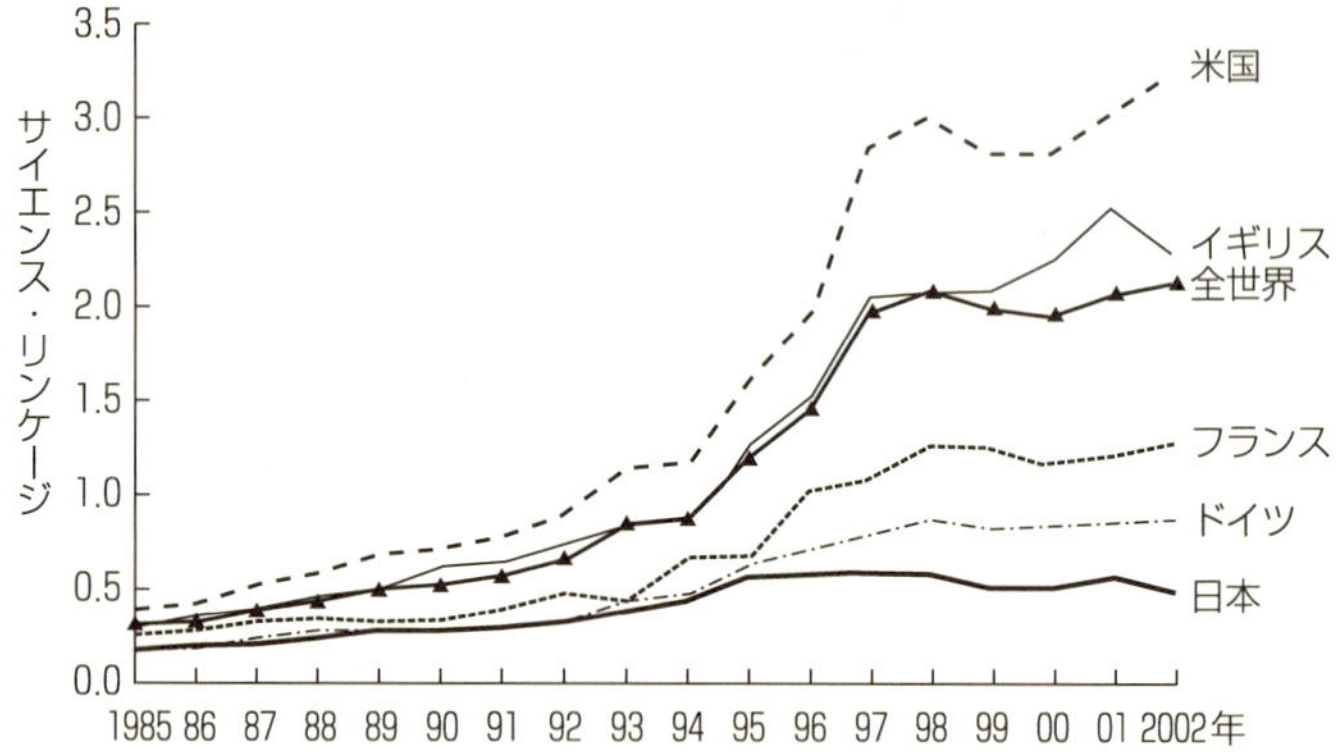

図1-2　米国特許に関する主要国のサイエンス・リンケージの推移

注）サイエンス・リンケージ）＝（科学論文引用件数）／（米国特許数）

原資料）CHI Research, lnc., “TP2-Int'l Technology Indicators Database for Date Years 1980-2002”

出所）科学技術研究所（2004：160）

請範囲を明確にするために、特許申請の際に、出願者には、関連する先行文献を明記することが義務付けられており、関連文献の開示を怠った場合、特許が無効にされる可能性があるため、申請する新技術の発明に、実際に依拠したか否かに関係なく、関連する文献を多めに挙げる傾向があるため、米国のサイエンス・リンケージは過大評価されている可能性がある[41]。

しかしながら、米国のサイエンス・リンケージに過大評価の可能性があるとしても、日米間の格差は大きい[42]。日本のサイエンス・リンケージは、全世界の平均値よりも低く、九〇年代後半以降、主要国との格差は拡大する傾向にある[43]。

サイエンス・リンケージの値は分野によって異なり、ライフサイエンスの分野において高い傾向がある[44]。日本でも、生化学・微生物学などのバイオテクノロジー関連分野において、サイエンス・リンケージは高い(45)。しかしながら、米国が生化学・微生物学分野において圧倒的に優位に立っていることは明らかで、日本との差は歴然としている。またサイエンス・リンケージの推移についても、日本も増加傾向にあるものの、米国の増加率に比べるとはるかに小さく、その差は拡大傾向にある。サイエンス・リンケージという視点からみると、ライフサイエンス、バイオテクノロジー関連分野における日本の米国に対する劣位は明らかである。

では、サイエンス・リンケージにおける米国の圧倒的優位性は何を暗示するのか。米国の高いサイエンス・リンケージは、基礎研究が密接に特許に関わっている、つまり基礎研究が実用化されていることを示唆するものであり、サイエンスを生み出す「学」と製品化・実用化する「産」との連携が非常に強いことを示す(46)。逆に日本はサイエンス・リンケージが低く、産学連携が強くない。

サイエンス型産業の比重が高まるにつれ、大学の役割、特に大学と企業の関係、産学連携が重要となる。日本でも、一九八〇年代初めの財政緊縮によって大学の研究資金が不足するようになり、一九八〇年中頃から産学連携が政策課題として議論され始め、バブル崩壊以降は産業界からの産学連携への期待も強まった(47)。一九九八年に特定大学技術移転事業（ＴＬＯ）を推進することを目的とした「大学等技術移転促進法」、一九九九年には、日本版バイ・ドール法である「産業活力再生特別措置法」など、産学連携のための制度整備がなされた。日本における産学連携の形態としては、国立大学の場合、奨学寄付金、受託研究、共同研究などがあり、大学が企業からの研究者を、研究員や客員教官などとして招聘するケースが多い(48)。スピンオフ(49)は産学連携の重要な形態の一つであるが、日本ではスピンオフ抜きの技術移転機関（ＴＬＯ）が開始されたように、日本の産学連携は不完全であり、米国をはじめとする諸外国の産学連携を表面的に模倣しているにすぎないようである。[50]

バイオテクノロジー産業の発展は、企業と産業組織に変革をもたらす。バイオテクノロジー産業では、企業の境界[51]、つまり企業活動のうち、どの部分を社内で行い、どの部分を外部に委託するかという企業組織に関わる問題が見直されることで、研究開発の外部委託が活発になり、企業組織は垂直統合・垂直連鎖から、垂直分離での協業化・専門化へと進む傾向にある。[52]

バイオテクノロジー産業では、産学連携が重要であり、産学連携が本質的な成功をおさめるためには、大学、企業とも制度と意識の変革が必要である。[53]

③　日米のナショナル・イノベーション・システム

イノベーションは一国の経済や産業の成長・発展にとって中心的な役割を果たすものである。各国には、基本的に産業、大学、政府の三つのセクターから成るナショナル・イノベーション・システム（national innovation system＝ＮＩＳ）と呼ばれる固有のイノベーションシステムが存在している。[54]言い換えれば、ナショナル・イノベーション・システムとは、産学官によるリサーチ・ネットワークを有機的に結びつける制度的枠組みである。[55]

コリンズは、日米のバイオテクノロジーにおけるナショナル・イノベーション・システムを比較し、なぜバイオテクノロジーの産業化において日本が米国に対して遅れをとったのか、その構造的要因を探っている[56]。

コリンズは、日本におけるバイオテクノロジーの商業化が米国に対して遅れた主因は、両国のナショナル・イノベーション・システムの相違にあると考えている。

コリンズによるバイオテクノロジー産業に関するナショナル・イノベーション・システムの主要な構成要素は、産業（企業）、大学、公的研究機関、公共政策である[57]。どのような点で日本のナショナル・イノベーション・システムは、米国と異なっているのだろうか。

表1-8は日米のナショナル・イノベーション・システムの主要な構成要素である、企業・産業構造、公的研究機関、公共政策について比較をしている。

企業および産業構造について[58]、特筆すべきことは、既存の大企業がバイオテクノロジーを牽引してきた日本とは異なり、米国では、製品市場の確保・流通・経費削減を目的とした、DBC（dedecated biotechnology companies）と呼ばれるバイオテクノロジー専業企業[59]が米国のバイオテクノロジーの商業化において中心的な役割を果たした点である[60]。DBCは、組換え遺伝子技術と細胞融合技術などの新技術を、新しい製品や製法へと転換する企業として登場し、DBCは新技術を製品化するうえで重要な役割を果たしている[61]。また米国では、DBCと大企業の戦略的な提携が新製品を市場へ投入するためのエンジンとして機能している[62]。実際に製品を製造し販売するためには、製造管理や臨床試験、そして販売に必要な資金や補完的資産が必要となる[63]。しかしながら、DBCは補完的資産を保有していないため、補完的資産を保有する大企業との提携を求める一方、大企業はDBCを研究開発に

	日　本	米　国
企業／産業構造	・中企業・大企業の前方・後方統合。	・DBC企業の前方統合、大企業の後方統合。
関連・支援産業	・国内市場では競争力を有しているが、世界的に競争力が低い化学産業・医薬品産業。	・国内外において強い競争力を有する化学産業と医薬品産業。
公的研究機関	・生命科学における先導的機関が存在しない。 ・大学外研究開発はほとんど存在しない。	・生命科学、大学研究、組織外研究開発における先導的機関としての国立衛生研究所（NIH）が存在している。
大学の研究制度	・ヘルスサイエンス・生命科学における基礎研究業績が少ない。 ・文部科学省を通じた資金配分。 ・技術移転と労働移動性に対する障害が高い。	・ヘルスサイエンス・生命科学において非常に強い。 ・公共部門による資金提供の水準が高い。 ・資金提供の中心機関としての国立衛生研究所（NIH）の存在。 ・技術移転と労働移動性に対する障害が低い。
公共政策―促進	・技術面に強く、科学面に弱い。 ・税制上の優遇措置などの優遇、スポンサーつきの共同研究など財政上のインセンティブなし。	・科学面は強い、技術面では弱い。 ・組織外補助金プログラムや財政上のインセンティブを通じた特別任務研究。
公共政策―規制	・薬価規制の実施。 ・安全性と製品規制について米国に追従するも、遅れている。	・薬価規制などの規制がない。 ・組み換遺伝子技術に関する規制緩和を推進するグローバルリーダー。

表1-8　バイオテクノロジーにおけるナショナル・イノベーション・システムの日米比較

出所）Collins（2004：150）を筆者翻訳。

おける後方統合の手段として必要としたのである。[64]

米国のバイオテクノロジーの産業化において、DBCが中心的役割を担ってきたが、日本ではDBCのようなバイオテクノロジー専門企業が、一九九〇年代後半まで出現しなかった。[65]また、米国では、バイオテクノロジーの応用分野が医薬品産業に集中したのに対し、日本では、バイオテクノロジーの応用分野は、医薬品産業に集中せず、多分野に広がった。[66]

公的研究機関と研究制度について、[67]日本には、生命科学分野における指導的研究機関が存在せず、大学外の研究開発がほとんど存在していないが、米国においては、国立衛生研究所（NIH）が、生命科学の研究において先導的役割を果たす一方で、大学研究を先導する機関としても機能した。米国において、国立衛生研究所はバイオ産業における産学連携の中心に存在し、バイオテクノロジーに関する基礎研究への資金配分を統括している。[68]

大学研究に関して、日本では生命科学における基礎研究の業績が少ないが、米国の大学の研究は、国立衛生研究所（NIH）から豊富な資金提供を受け、生命科学の分野に強い。

公共政策に関して、[69]日本には、薬価規制が存在するが、米国では薬価規制などの規制が存在していない。また米国では、日本よりも組換え遺伝子技術に関する規制緩和も進んでいる。

表1-9は、上述のナショナル・イノベーション・システムの比較を踏まえ、日米両国のバイオテクノロジー産業の制度的特徴を示したものである。日本について、企業内組織が取引費用を低く抑えている点が評価されているが、柔軟性のない法規制や薬価規制が問題点となっている。米国について

は、民間資本市場とヘルスケア部門における法規制に順応性がある点が評価されている一方、問題点として、資本市場が不安定であること、医薬品分野以外の法規制が指摘されている。[70]

さらにコリンズは、日米のナショナル・イノベーション・システム内の需要・供給条件についても検討している。

需要面での条件について、日本で、バイオテクノロジーのイノベーションが医薬品産業へ集中的に応用されなかった要因として、薬価規制の存在が指摘されている。[71] 米国では、需要面で表1-9のような諸条件が存在していたことが、バイオテクノロジーを新薬の開発や病気の診断に有用な製品開発へと応用し、そして医薬品部門で商品開発に集中している企業に高い利益をもたらしている。[72]

供給面での条件について、日本では、技術移転体制が十分に整備されていないため、企業が、企業内の研究開発や米欧企業との提携を通じて、科学知識を獲得する傾向が強いことが指摘されている。[73] 他方、米国では、表1-9にある供給面の諸条件が研究機関から市場までにかかる取引費用を軽減してきた。[74]

日米のバイオテクノロジーのナショナル・イノベーション・システムの比較分析から、コリンズは、バイオテクノロジー産業のような科学と産業が近い領域では政府の影響力が大きいため、日本はイノベーションを推進するうえでの政府の役割を再検討する必要があると指摘している。[75]

	日　本	米　国
特徴	(1)バイオテクノロジーの普及範囲が広い。融合戦略が食品、化学、繊維、エレクトロニクス産業などで利用されている。 (2)公的機関・大学における基礎研究が弱い。 (3)企業内組織が取引費用を低く抑えている点はプラス面であるが、薬価規制など硬直的な規制の存在がマイナス面である。	(1)バイオテクノロジーの普及範囲は広くない。バイオテクノロジーはヘルスケア部門に集中している。 (2)公的機関・大学における世界トップクラスの研究開発があり、基礎研究が強い。 (3)活発な民間資本市場とヘルスケア部門における規制が柔軟であることはプラス面であるが、資本市場の不安定性と医薬品分野以外の規制がマイナス面である。
需要条件	(1)急速な高齢化と高い1人当たり医薬品消費。 (2)巨大かつ成長する医薬品市場の存在。 (3)医薬品産業の商業的発展の阻害要因としての薬価規制による収益圧迫。	(1)1980年代、1990年代におけるヘルスケア関連の個人消費の急増。 (2)医薬品及びヘルスケア製品への価格規制が存在していない。
供給条件	(1)相対的に低い公的研究資金。 (2)相対的に高くない学術水準。 (3)技術移転体制（バイ・ドール法、技術移転機関〈TLO〉など）が十分ではない。	(1)分子生物学・医学分野への豊富な資金提供、公的部門・民間部門における資金提供者の存在（国立衛生研究所〈NIH〉やロックフェラー財団など）。 (2)豊富な学術研究・基礎知識。 (3)知的所有権保護政策、技術移転体制（バイ・ドール法、技術移転機関〈TLO〉など）が整備されている。 (4)ベンチャーキャピタル、DBC、大企業とDBCとの戦略的提携。

表1-9　日米ナショナル・イノベーション・システムの特徴と需給条件の比較
出所）Collins（2004：147-149, 151）より筆者作成。

④ 日米の構造的相違

ダービーとズッカーは、日本での実地調査をもとに、日本のバイオテクノロジーに関する構造問題について検証している。[76]

彼らの調査によれば、日本の回答者たちは、日米間には多くの構造的相違が存在することを認め、主としてバイオテクノロジーの分野において日本が米国に遅れている原因はこの構造的相違にあると認識している。[77] 回答者たちは、日米の構造的相違について、（1）大学の構造、政策、文化、（2）ベンチャー企業への金融市場の支援、（3）起業家精神に関する文化的相違、の三つの側面についての問題点を指摘した。[78]

以下では、（1）については、特許権の帰属と産学の共同研究のあり方、（2）については、資金調達における系列の役割、（3）については、日本の雇用形態である終身雇用制、についてそれぞれ検討する。

（一）大学の構造、政策、文化――特許権の帰属と産学共同研究のあり方　日米間では、大学における発明について、特許権の帰属のあり方に相違がみられる。日本では特許は発明した科学者に帰属するが、米国では、特許の基礎となる研究が大学で行われた場合、特許は通常大学に帰属する。[79] このような違いが、大学と企業との共同研究の形態の違いとなって現れている。日本では、企業は自社のトップクラス研究者を学生として、スターサイエンティストが在籍する大学へ派遣し、その際に企業は研究のための資金と設備を援助し、この方法が大学の研究室の規模を拡大する重要な手段の一つにもなっている。[80] 他方、米国では、大学教授は特許権を確保するために、自ら企業に赴き、研究チームを設ける。[81]

ダービーとズッカーは、日本でも米国同様、スターサイエンティストと企業の関係は強いが、スターサイエンティストが企業から得る利益によって実質的に動機付けられている米国とは異なり、日本の企業とスターサイエンティストの関係は深くなく、企業にとっても重要なものではないと結論付けている。[82]

(2) ベンチャー企業への金融市場の支援

日本ではベンチャー・キャピタルが未発達であり、資金調達が困難である現状があるが、[83] ダービーとズッカーは、日本の企業組織「系列」が資本市場を代替する役割を果たせたかもしれないと指摘している。つまり、株式市場の役割を、日本の系列が代替することができたはずだが、系列企業は投売り状態の安値でしか小規模企業を買収しようとしないなど、日本では、株式市場に代わる系列という手段が無視されてきたと指摘している。[84]

(3) 起業家精神に関する文化的相違

ダービーとズッカーは、転職を是とする雇用制度に慣れている米国の科学者に比べ、終身雇用制に慣れ親しんでいる日本の科学者にとって、新規に企業を立ち上げるリスクは大きいものになると指摘している。[85] ダービーとズッカーがいうところのバイオテクノロジーにおける企業のリスクとは、起業によって、企業ベースあるいは大学ベースの社会的ネットワークが崩壊する可能性である。つまり、成功すれば、個々の企業に利益が発生するが、本来的にリスクが高いバイオテクノロジーにおいては失敗する可能性が高く、失敗した場合、科学者としてのキャリアが崩壊するだけでなく、新しい雇用先を確保することも、新たに社会的ネットワークを構築することも困難になるというのだ[86]。そして、日本の終身雇用制がこのようなリスクを回避する戦略となっている[87]。

以上の三点に加え、ダービーとズッカーは、製造物責任に関する相違が、日本において既存企業がバイオテクノロジーに参入することが多いことを説明すると指摘している[88]。彼らの見解は、被害があれば欠陥とみなして製造者に厳しく賠償義務を負わせる推定規定の導入が見送られた点、また欠陥の認定に関して厳密な定義・基準を設けることを回避している点など、日本の製造物責任法が企業側に有利であると捉えられた結果であると考えられる[89]。

ダービーとズッカーは、製造物責任訴訟で企業が失う最も大きなものは、企業そのものの価値であると指摘しており、米国では、潜在的責任が大きければ大きいほど、リスクの高いイノベーションを行う競争的優位は大企業よりむしろ小企業のほうが高くなるが、日本は米国に比べ、製造物責任訴訟の脅威にさらされることが少ないため、バイオテクノロジーのようなリスクの高い産業に参入するうえで有利であり、大企業が参入する傾向にもつながっているといえるのかもしれない[90]。

ダービーとズッカーは、バイオテクノロジー産業の分野において日本が米国に遅れている原因が日米間の構造的相違の存在にあるものの、日本でも、制度上の変革が産業界の変化を促進し、特に既存企業の組織的変化を促したと評価している[91]。

4　おわりに

以上の先行研究は、すべて日本のバイオテクノロジー産業における技術革新と産業化をめぐる構造と諸制度を分析するものである。つまり、バイオテクノロジー産業のナショナル・イノベーション・システムを異なるアプローチから分析した研究であるといえる。高橋琢磨は、バイオテクノロジーは、日本が強みを発揮する工学主導の産業ではなく、科学主導の産業（現在は情報主導の段階にある）であり、日本の産業構造には合致しなかったことを指摘した(92)。後藤晃と小田切宏之は、サイエンス・リンケージが強いバイオテクノロジー産業の台頭が、企業組織に変革をもたらしたこと、企業の境界が見直され、研究開発の外部委託が活発化することにつながり、垂直統合（垂直連鎖）の企業組織から、垂直分離での協業化・専門化が進む傾向にあることを指摘した(93)。コリンズは、バイオテクノロジーの商業化で大成功している米国のナショナル・イノベーション・システムと日本のそれを比較することで、日本の米国に対する遅れの原因を探ろうとした(94)。そして、ダービーとズッカーは、日米間の組織的、制度的相違と日本独自の文化的背景を分析し、バイオテクノロジー産業における日米格差の原因を検証した(95)。これらの先行研究は、それぞれ異なるアプローチで日本のバイオテクノロジー産業の現状と問題について分析しているが、共通する点は、次の二点である。第一に、バイオテクノロジーにおいて企業と大学（公的研究機関）との産学連携が重要であることを強調している（あるいは前提としている）点、第二に、産学連携をうまく機能させた米国の経験を一つの成功モデルとして捉えている点である。

第一節で概観した日本のバイオテクノロジー産業の現状、米国との差を意識しすぎるあまり、単に米国に倣うことに終始してばかりではいけないのではないだろうか。米国の経験をうまく消化すると同時に米国以外の国や地域のバイオテクノロジー産業の制度や組織、産業化の経験・現状などを研究することによって、技術、産業組織、制度のいずれの面においても、日本の特質・特性を活かした、日本独自のモデルをバイオテクノロジー産業においても構築することが必要であろう。

◆註

（1）冨田（1999：55）
（2）冨田（1999：54）
（3）財団法人バイオインダストリー協会（2003：29）
（4）小田切・中村（2002：6）
（5）バイオ・ベンチャー企業の起業時の障害についての詳細は、小田切・中村（2002：10–13）、小田切・古賀・中村（2003：329–331）を参照されたい。
（6）小田切・中村（2002：6）
（7）冨田（1999：55）
（8）冨田（1999：55）
（9）小田切・古賀・中村（2003：342–343）。申請方式の科学研究費では、予算請求時においてライフサイエンス関係の研究費が不明であるし、独立行政法人の運営費交付金のように、研究機関のライフサイエンス部署がどの程度予算を使ったかが明確ではないなど、日本のライフサイエンス関係予算を正確に示していない（小田切・古賀・中村　2003：343）。

(10) 小田切・古賀・中村（2003：343）

(11) 小田切・古賀・中村（2003：342）

(12) 小田切・古賀・中村（2003：315）の表10－4。

(13) 小田切・古賀・中村（2003：322）

(14) 冨田（1999：56）

(15) 冨田（1999：56）

(16) バイ・ドール法とは、一九八〇年に制定された米国特許商標法修正条項（Patent and Trademark Act Amendments of 1980）の通称である。同法は、大学が米国政府の資金を使って研究した際の成果物の特許を政府ではなく大学が所有できるようにした。これによって、大学・研究機関が開発した技術の民間企業への移転が活発化した（三菱総研・三菱化学生命科学研　2004：57）。

(17) CRADA-Cooperative Research and Development Agreement の略で、民間企業や大学側が資金を提供し、政府機関の研究所、生産施設、人的・施設・機器などを利用する仕組みで、政府関連の研究機関から民間企業への技術移転契約である（三菱総研・三菱化学生命科学研　2004：57）。

(18) 冨田（1999：56）

(19) 小田切・古賀・中村（2003：317-318）

(20) 小田切・古賀・中村（2003：320）

(21) 冨田（1999：57-64）

(22) 冨田（1999：57）

(23) 冨田（1999：58）

(24) 冨田（1999：60）
(25) 冨田（1999：65）
(26) 冨田（1999：63）
(27) 高橋（2003：8）
(28) 高橋（2003：8）
(29) 高橋（2003：8）
(30) 高橋（2003：8-9）
(31) 高橋（2003：9）
(32) 高橋（2003：9）
(33) 高橋（2003：10）
(34) 高橋（1999：13）
(35) 高橋（2003：13-16)。ゲノム・プロジェクトにおける日米逆転についての詳細は、高橋（2003：12-17）を参照されたい。
(36) 高橋（2003：22）
(37) 高橋（1999：32）
(38) 後藤・小田切（2003：3）
(39) 科学技術研究所（2004：160）
(40) 後藤・小田切（2003：7）
(41) 玉田・児玉・玄場（2003：3-4)、後藤・小田切（2003：7）の脚注2を参照した。
(42) 小田切・古賀・中村（2003：320）
(43) 科学技術研究所（2004：160）
(44) 科学技術研究所（2004：161）

(45) 玉田・児玉・玄場（2003）は、日本の特許データを用いて、日本のサイエンス・リンケージを計測しており、彼らの計測でもバイオテクノロジーにおけるサイエンス・リンケージが突出して高いことが明らかにされている。
(46) 小田切・古賀・中村（2003：320）、中村・後藤（2003：183）
(47) 小林（2003：108–109）
(48) 小林（2003：113–115）
(49) スピンオフとは、「大学の関係者が自らその技術を基礎として起業すること」で、ライセンシングと並ぶもうひとつの技術移転の方法である。スピンオフによって、大学が自ら積極的に技術移転を行うことが可能になる（小林　2003：110）。
(50) 小林（2003：119）。スピンオフ抜きで技術移転機関（ＴＬＯ）が開始された背景には、法人格をもたない国立大学が出資することが現実的でなかったという制度的要因に加え、権利の帰属関係が不明瞭であること、そして急速な産学連携指向の高まりに対する大学関係者や社会からの抵抗を懸念したなどの理由がある（小林　2003：112, 117）。現在は、少数ではあるものの、「大学」を起業元とするバイオ・ベンチャー企業が創設されてきている（小田切・中村　2002：14）。
(51) バイオテクノロジー産業における企業の境界についての詳細は、小田切・古賀・中村（2003：331–341）を参照されたい。
(52) 後藤・小田切（2003：9–11）、小田切・古賀・中村（2003：349）
(53) 後藤・小田切（2003：16）
(54) 武石（2001：14）
(55) 岡田（2004：43）
(56) Collins（2004）
(57) Collins（2004：29–30）

(58) 日本のバイオテクノロジーの企業構造の詳細についてはCollins（2004 : 41-46）、米国については、Collins（2004 : 34-40）を参照されたい。
(59) 最初に設立されたＤＢＣは、ジェネンテック社（Genentech）で、同社はコーエン・ボイヤー特許をもとに一九七六年に設立された。ジェネンテック社のほかに、代表的なＤＢＣは、アムジェン社（Amgen）、ジェネティック・システム社（Genetic System）、バイオゲン社（Biogen）などである（Collins 2004 : 36）。
(60) Collins（2004 : 150）
(61) Collins（2004 : 34-35）
(62) Collins（2004 : 151）
(63) 医薬品のように特許が重要な分野では、バイオテクノロジー専業の新設企業が新薬を開発すれば技術を専有できるが、医薬品ビジネスでは、医薬品の販売承認を得るために、長期間の承認プロセスが不可欠であり、なによりその為の膨大なコストが必要である。そして、医薬品のユーザーである医療機関との緊密な関係も重要になってくる。こうした補完的資産を保有しているのが、既存の医薬品大企業であり、ＤＢＣと医薬品大企業が戦略的提携をするというかたちが主流となっている（Collins 2004 : 36-39）
(64) Collins（2004 : 151）
(65) Collins（2004 : 41）
(66) Collins（2004 : 148）
(67) 日本の公的研究機関および研究制度についての詳細は、Collins（2004 : 55-65）、米国については、Collins（2004 : 47-55）を参照されたい。
(68) Collins（2004 : 47-55）
(69) 日本の公共政策についての詳細は、Collins（2004 : 69-76）、米国については、Collins（2004 : 65-

69）を参照されたい。

（70）Collins（2004 : 151）
（71）Collins（2004 : 148）
（72）Collins（2004 : 148）
（73）Collins（2004 : 148）
（74）Collins（2004 : 147-148）
（75）Collins（2004 : 153-154）
（76）Darby and Zucker（1999）
（77）Darby and Zucker（1999 : 7）
（78）Darby and Zucker（1999 : 10）
（79）Darby and Zucker（1999 : 10-11）
（80）Darby and Zucker（1999 : 11）
（81）Darby and Zucker（1999 : 11）
（82）Darby and Zucker（1999 : 11）
（83）Darby and Zucker（1999 : 11-13）
（84）Darby and Zucker（1999 : 13）
（85）Darby and Zucker（1999 : 14-15）
（86）Darby and Zucker（1999 : 14-15）
（87）Darby and Zucker（1999 : 15）
（88）Darby and Zucker（1999 : 16）
（89）林田（1995 : 146）
（90）Darby and Zucker（1999 : 16）

(91) Darby and Zucker (1999 : 26-27)
(92) 高橋 (1999, 2003)
(93) 後藤・小田切 (2003)
(94) Collins (2004)
(95) Darby and Zucker (1999)

◆参考文献

岡田羊祐 (2004)「産学連携とナショナル・イノベーション・システム――ベンチャー創業支援の観点から」『TOKUGIKON』二三四号、四三―五二頁。(http://www.tokugikon.jp/gikonshi/index.html)

小田切宏之・古賀款久・中村吉明 (2003)「バイオテクノロジー関連産業：企業・産業・政策」、後藤・小田切編 (2003) 三〇二―三五一頁。

小田切宏之・中村吉明 (2002)「日本のバイオ・ベンチャー企業――その意義と実態」科学技術政策研究所ディスカッション・ペーパー、二二号。(http://www.nistep.go.jp/index-j.html)

科学技術研究所 (2004)「科学技術指標――日本の科学技術の体系的分析――平成16年版」、科学技術研究所「NISTEP REPORT」七三号。

後藤晃・小田切宏之編 (2003)『サイエンス型産業』NTT出版。
(http://www.nistep.go.jp/achiev/ftx/jpn/rep073j/pdf/rep073j.pdf)

後藤晃・小田切宏之 (2003)「序論」、後藤・小田切 (2003) 三―二一頁。

小林真一 (2003)「サイエンス型産業と大学、産学連携とスピンオフ」、後藤・小田切編 (2003) 一〇一―一三二頁。

財団法人バイオインダストリー協会 (2003)「平成14年度バイオ産業基盤形成事業報告書」(http://www.jba.or.jp/bv/rep_bc-bv.pdf)。

高橋琢磨（1999）「バイオテクノロジーの本格的産業化へ向けて」『知的資産創造』一〇月号。(http://www.nri.co.jp/opinion/chitekishisan/1999/pdf/cs19991005.pdf)

高橋琢磨（2003）「バイオ医薬品におけるイノベーションの構造――「ブレークスルー」から「情報化」へと成熟する科学パラダイムと「商業化」」(http://c-faculty.chuo-u.ac.jp/~takumat/pdf/biotec.pdf)

武石彰（2001）「イノベーション・マネージメントとは」、一橋大学イノベーション研究センター編（2001）一―二三頁。

玉田俊平太・児玉文雄・玄場公規（2003）「重点４技術分野におけるサイエンスリンケージの計測」RIETI Discussion Paper Series, 03-J-016. (http://www.rieti.go.jp/jp/publications/dp/03j016.pdf)

冨田稔（1999）「バイオ産業の国際競争力の現状と優位性構築のための検討」三菱総合研究所　所報三五号。(http://www.mri.co.jp/REPORT/JOURNAL/1999/jm99093020.pdf)

中村吉明・後藤晃（2003）「サイエンス型産業に対する技術政策」、後藤・小田切編（2003）一六八―一九八頁。

林田学（1995）『ＰＬ法新時代――製造物責任の日米比較』中公新書。

一橋大学イノベーション研究センター編（2001）『イノベーションマネージメント入門』日本経済新聞社。

三菱総合研究所・三菱化学生命科学研究所編（2004）『バイオ・ゲノムを読む事典』東洋経済新報社。

Collins, Steven W. (2004) *The Race to Commercialize Biotechnology-molecules, markets and the state in the United States and Japan*, Routledge Curzon.

Darby, Michael R., and Lynne G. Zucker (1999) Local Academic Science Driving Organizational Change: The Adoption of Biotechnology by Japanese firms, NBER Working Paper 7248. (http://papers.nber.org/papers/W7248)

［討論］　日本のバイオ産業はほんとうに遅れているのか

上池あつ子（アジア経済論）
粥川準二（フリー・ジャーナリスト）
佐藤隆広（経済開発論）
佐藤光（社会経済論）
佐野一雄（経済統計学）
瀬戸口明久（生命経済学）
土屋貴志（医療倫理学）
美馬達哉（医療社会学）
森本さとし（宗教哲学）
脇村孝平（アジア経済史）

◆日本の特質を活かしたモデルを

上池　今回は、先行研究のサーベイというかたちで論文をまとめました。日本のバイオテクノロジー産業の現状について先行研究の多くが指摘している点は、特に米国と比較して研究開発、産業化もしくは商業化、産業の競争力、そのいずれの面についても遅れをとっているという現状です。では、その遅れはなぜ生じたのか。この点について考えてみようということで、先行研究を検証しました。

現在バイオを推進しているのは日本だけではありません。アジアでは、韓国は国策として一九八〇年代からバイオテクノロジー産業を振興してきています。企業数を見ると韓国にはバイオテクノロジー関連のベンチャー企業が日本の二倍ほどあると言われています。韓国ではＥＳ細胞研究の論文ねつ造事件がありましたが、ＥＳ細胞の研究は欧米をはじめ世界各国が先を争って研究を進めている分野なので、このような一つのつまずきがあると大きな国益を失うということになります。また、シンガポールもバイオテクノロジー産業を基幹産業と位置づけて振興しています。中国も国によるトップダウン政策で、大学による合弁企業、ベンチャー企業の育成というかたちで支援をしている。日本にとってのライバルはもはやアメリカだけではありません。世界中が競って争っています。そうした熾烈な競争の中で生き残っていくためには、アメリカ型のシステムに追従するのではなく、技術産業組織・制度の両面において日本の特質、特性を活かした独自のモデルが、今後のバイオ産業の発展には必要ではないかというように考えます。

脇村　上池さんが整理してくださった議論の中で重要と思われる点について、私なりの観点から三点だけ発言させていただきます。第一の点は、企業組織の問題です。上池さんが挙げておられる小田切宏之氏の「企業の境界」という議論に関連して、ピーター・ドラッカーの指摘に触れておきます。彼は、『ネクスト・ソサエティー』（ダイヤモンド社、二〇〇二年、原著二〇〇二年）という本の中で、二〇世紀は大企業の時代だったが、二一世紀の企業は統合から分散、拡散へ向かうだろうと言っています。情報というものが関連してくる産業について、そうならざるをえないだろう、と言っています。かつて企業は、市場での取引費用が高い場合にはそれを内部化することによって大企業化してきた。二〇世紀のアメリカからその流れが始まって、日本も戦後大企業化して、経済大国になった。主要な企業はどんどん内部化、大企業化して、そこで強みを発揮していった。ところが現代の基幹産業、キー・インダストリーは、非常に高度な知識、科学を必要とするようになってきた。それを内部化するのはものすごくコストが高い。そうすると、それは外部化するほうが企業にとっては都合がいい。一方、コンピューターを利用したコミュニケーション技術は非常に高度化してきている。つまり取引費用が逓減してきている。これら両方の側面から企業は分散化せざるをえない、というようなことをドラッカーは言っています。それはまさにIT産業の場合に然りだし、バイオテクノロジーの場合にも当てはまる。そうすると、ベンチャー型の企業が果たす役割がものすごく大きくなってくるわけです。アメリカの場合は、そうした変化に適合的な企業組織が非常にスムーズにできあがった。これには文化的なものとか、いろんな背景――大学のあり方にも関係するでしょう――があるのだと思いますが、日本の場合はそれがうまくいかないよう状況になっている。これがまず第一点です。

それからもう一つは、暗黙知の問題。かつて日本が強みを発揮した産業では、暗黙知が非常に重要な役割を果たしていました。労働者と技術者が近接した所にいて暗黙知を共有しているということが非常に重要であったわけです。これは、企業による内部化がなされている場合や、あるいは下請け取引のように中間組織という密接な関係が結ばれていて、スポット取引ではない長期相対の取引であるような、そういう関係の場合には非常にうまくいく。自動車産業はその典型です。ところがバイオやＩＴの場合ではそれがあまり必要ではありません。ここで必要とされる知識は、どちらかというと形式化された科学的な知識です。それは文字にされて、理論化して伝えることができますから、距離が離れていても電子的に共有できるし、また別の人と組んで新しいものを生みだすということに意味があるわけです。こうしたことから、八〇年代から九〇年代にかけてキー・インダストリーが転換したときに、日本が企業組織のあり方において大きく遅れをとったということが背景にあるのではないか、というのが第二点です。

さらにもう一つ、経済史的な観点からいうと、日本は戦後、冷戦体制のもとで、基本的にアメリカの技術を導入しながら、大企業組織をつくってうまくやってきました。その際の産業は民生部門です。冷戦体制下で軍事力を持てないから、軍事産業を最小限に抑えてきた。これは、杉原薫氏が『アジア太平洋経済圏の興隆』（大阪大学出版会、二〇〇三年）という本の中で言っていることですが、アメリカは軍事、航空機、石油化学などの諸産業に特化し、他方日本は民需中心の機械工業（造船、自動車、家電など）に特化したわけです。アメリカの場合には民生部門を他国に任せることによって、それらの産業は弱体化していきます。家電とか、自動車とか。だけど軍事関連についてはがっちり押さえていて、大量の投資をする。戦略的に国家投資をやって、それはずっと維持してきています。冷戦の終了後、軍事部門から民需部門へとスピン・アウトというべきか、スピン・オフというべきか、IT産業のようにインターネットのようなものが出てきたりする。バイオのやり方は軍事産業そのものではないけれども、NIH（アメリカ国立衛生研究所）を中心に政府がお金を付けていくというやり方はまさしく国家戦略としての産業です。このやり方の起源は戦時期にあります。この意味では日本も、アメリカのやり方とある時期までは張り合っていたと言えましょう。ところが、日本は戦争に負けて、ほとんど軍事部門から降りてしまった。それで民生部門では強みを発揮してきたわけですが、軍事産業のパターンをうまく利用するような産業政策は、日本には欠落している。だからNIS（ナショナル・イノベーション・システム）を考えるうえにおいて、そういう視点からの日米比較を行わなければならないんじゃないか、というのが第三点めです。

佐野 日本の組織の問題として、やっぱりどうしても縦型の組織というものが文化的に染みついてますよね。企業への帰属意識も非常に高いですし、日本とアメリカでは極端に違うんじゃないかと思います。日本の場合は、たとえば「プロジェクトX」に描かれるように、組織内の人間関係において何かを切り開いていくということがあったと思うんですね。ところが九〇年代、バブルが崩壊してリストラが進み、そんなことを言ってられなくなってきた。特にひどかったのが造船業です。造船の技術には非常に特殊な分野があって、たとえば船の先端に付ける鉄板を曲げるという分野があるんですが、それは完全な特殊技能で、それこそ暗黙知です。だけど団塊の世代の人たちが定年で辞めていっちゃうと、それをもう受け継ぐ人もいない。だから日本の場合、空白の九〇年代とか言われてましたが、経済だけでなく組織もだめになってしまった。バイオのイノベーションでも、最初は遺伝子解析の先端を行っていたのに、すぐにアメリカに取られてしまった。もういいとこ何もないんじゃないかというイメージになってしまうんですが、果たして大丈夫なんですかね？　組織もだめ、サイエンスもだめではどうしようもないじゃないかという気がするんですが……。

上池　ダービーとズッカーの一九九九年の論文でも、日本の文化的背景の一つのポイントとして、集団と組織を好むという点が挙げられています。アメリカはおもに個人主義を理想として、個人の能力というものを重視する。それはつまり、優れた個人が集まるということです。一方、日本の場合はグループやチームの活動というのがまずあって、公平に報酬を受け、そして成果を出していく。もちろんこのことがバイオ産業における日本の遅れにつながったわけです。ですが、そのような文化的背景があるにもかかわらず、近年日本政府が競争原理を導入し、たとえば同僚同士で評価をさせるなど、そういう方法で財政的支援を行っていたりするのはプラスなのだろうかという印象をもちます。ダービーとズッカーの論文を読むと、日本の政府は実際の日本の良さというものを無視して、アメリカ型へ変えようとしている、日本には日本の良さがあるにもかかわらずそこを無視している、ただアメリカ型との違いばかりを気にしすぎるあまりうまくいってないのではないか、そう思います。たとえば企業組織、系列についても、それをうまく活かせばよかったのに、アメリカにはベンチャー・キャピタルがあってそれによって成功したというと、すぐにそっちへ流れてしまうというわけです。日本人による研究ではそういう点が指摘されない。日本にもＮＩＨのような組織が必要であるとか、ベンチャー・キャピタルのような金融支援が足りない、というようなことを指摘するものは多いです。だけど、ダービーとズッカーは、日本の良さをもっと活かしたかたちでの施策ということを指摘しているのではないか。だから文化的な背景や、精神的な問題とか、そういうものをもうちょっと考慮して、それに合うような制度づくりが必要なのではないか、そんな感じがします。そして、やはり、根本的な問題として研究者の人材が少ないというのが大きいですね。たとえばシンガポールなどでは、教育という面から生命科学・生物科学の教育を積極的に推進している。将来を見据えて科学者を育成するというスタンスですが、日本はまだまだ将来を見据えた教育ということまでをケアしていないという気がします。ダービーとズッカーも指摘していますが、間違いなく日本にも優秀なスター・サイエンティストがいて、多くの研究資産があるはずですが、昔からの習慣、先進的科学技術は輸入してくるものという習慣が災いしている。企業はもっと国内に目を向けていくべきではないでしょうか。

◆日本はほんとうに負けているのか

土屋　根本的な疑問が三つあります。異分野なので、ちょっと野蛮なこともいっぱい言いますが。まず、勝たなくてはならんのかっていうこと。根本的な問題ですが、バイオで何で勝たなくてはならんのかっていうのが一つ。二つめは本当に負けてるのかということ。ちょっとわからないのですが、表1-6、表1-7（本書三八―三九頁）の解答企業に聞きましたっていうので、マイナスがずっと続いていますが、これの意味がよくわからないんですよ。つまり勝った負けたというにしても、いろんな尺度があってそれによって違ってくるだろうということです。そして三つめは社会科学における原因分析の問題なんですが、これが負けている原因だとある原因が突き止められたとしても、ほんとうにそれで負けたのかというのをどうやって検証するのかという問題です。つまり因子が多すぎて、全部の他の因子のすべてをそろえて一つの因子だけを変えて、それで実験すればわかるんだけど、そんなことはできないわけですよね。たとえば日本的な因子としてモノがなかったとかがあります。もちろん、それもあるだろうけど、でもそれはもしかしたらたいしたことじゃなくて、もっと大きいことで、決定的な要因があるのかもしれない。その濃淡付けといいますか、原因のランク付けはどういうふうに付けられるのかという問題です。そうでなければ、「これもやればよかったよね」、「あれもやればよかったよね」っていうことになって、これは科学的にはすごく問題なことだと思うんですよ。「これもやればよかった」、「あれもやればよかった」、「これもやってみよう」という、そういう呼びかけ文書、あるいは力づけ文書、もうちょっと悪くいえば政治的な文書ということであれば、それはそれで理解できるんですが、科学となったらそうはいかない。今回いろいろとレビューしていただいて、ある程度見通しがついたんだけど、だけどいっぱい原因があって、結局どれがほんとうに重要だったのかよくわからない。ほんとうの重要な原因はどれだったのか、こいつが変わっていればこうなったのか、そこのところを上池さんはどう考えているのか。

上池　まず第一番めの疑問、なぜバイオで勝たなくてはならないのかという問題ですが、それはその通りで、先行研究を読んでいるとあまりにも日本が負けているという論調ばかりなので、先入観としてそう思ってしまうということはあるかもしれません。国際競争力についても、資料は日本のバイオ企業に対するアンケート調査をもとにしていますから、主に企業の人たちがこういうふうに感じているという競争力です。実際にこの数値のままなのか、どこがほんとうに負けていてどこがほんとうに勝っているのかというと、それは難しい。もしかしたらバイオテクノロジー企業は、「かなり負けているからもっと財政的支援がほしい」というような意図をもっているかもしれません。ダービーとズッカーの場合も、日本の大学のバイオ研究者とバイオベンチャーに対するヒアリング調査を行って、それをもとにした議論です。そしてその質問は、日本について「なぜ遅れていると思いますか」という問いかけから始まっていますから、アメリカに遅れているという見解が出ているのはある意味当然かなとも思います。

土屋　たとえばもう少し具体的にいうと、表1-6、1-7でアンケートの裏を取ってみて、アメリカの企業に同じようなアンケートをやったらどういう結果が出るのか。実は同じような結果が出てきちゃったらどうするんでしょう。

上池　ほとんどの研究は、アメリカはバイオテクノロジー分野において勝ち組で、日本は負け組ということを前提にして始まっています。だからアメリカに対してこういう調査を行っているっていうのは見たことがない。逆に、アメリカには優秀なスター・サイエンティストがたくさんいて、その周りに企業が発生し、クラスターが形成されているという研究は多いように思います。

脇村　勝ってるか負けてるかということでいえば、もっとハードなエビデンスってありえるんじゃないですか？　バイオ産業を担っている企業の規模がどのくらいで、アメリカと日本で比較してどうなのか、それが利益面でどう違うのかとか。

土屋　だから結局どのエビデンスを重視するかをはっきりさせないと。

佐野　パテント問題で、日本の特許の出願関係でみると、全分野の平均の八％に対して、遺伝子工学で五四％を占めているっていう数字がありますよね。これなんかを見ると、パテント政策で引っ張っているというのは明らかだと思うんです。それでＩＴベンチャーとバイオベンチャーを比べたときに、日本はＩＴベンチャーとか成功しているんじゃないかっていう方もいらっしゃいますが、ＩＴで決定的にやられているのは、マイクロソフトにすべて支配されているという点ですよ。日本にはトロンというものがあった。ほんとうは日本の学校のＯＳはトロンになるはずだったんです。ところが特許問題でマイクロソフトになってしまった。最終的にビル・ゲイツは世界一の大金持ちになりアメリカはそこから莫大な収入を得ている。ナショナリズムを声高に言うつもりはありませんが、国家戦略みたいなものをもたないとアメリカにやられちゃうんじゃないかっていう気がします。要するに特許領域のところで支配されてしまうんではないかと。

粥川　土屋さんのご指摘の第一点めをもう一回蒸し返しますが、結局上池さんの論文は、日本はバイオテクノロジーの産業化でアメリカに出遅れている、それに対して日本はバイオテクノロジーで起死回生を図らねばならないということを前提にしているように私には読めたんですね。しかし、たとえば国益とか競争とかいいますが、この世界の熾烈な競争の中で生き残ろうとする努力によって、結果的に韓国ではあのような事件が起こったとは思えないでしょうか。あの事件についていえば、論文のねつ造というのは問題の一部分でしかありません。まずむしろ卵子入手の問題のほうが大きな問題です。

上池　先行研究を読むうちに、とにかくアメリカに比べて日本は遅れているというような印象でまず入ってしまい、それに引きずられてしまったという点は否定しようがありません。先行研究には、とにかく生き残らなければならないというような文章が数多く出てきます。たとえば、医薬品産業に勝ち組負け組ができたのは、バイオテクノロジー分野で成功した企業が生き残り、それがうまくできなかったものが世界市場で生き残れなかったというような。そういう表現を多く目にするうちに、生き残らなくちゃならないと思ってしまうというのはたしかにあると思います。韓国のES細胞の問題についても、粥川さんのおっしゃられた通り、そういう国益だ、国策だということが、あのような負の側面を生んでしまうということもあるでしょう。もちろん日本としてもああいう経験はふまえなくてはならないと思います。国益だとか国策だというかたちで大量に開発投資をするとうまくいくケースも実際にあるわけですが、逆にああいう歪んだかたちで出てしまうことも弊害としてあるということは、私自身も認識しています。が、今回の論文については、とにかく先行研究をサーベイするということで、そういう点については触れることができませんでした。とはいえ、ここで紹介した先行研究のうち、ダービーとズッカーの論文については、私自身、非常に関心をもちました。とにかく日本は日本で考えるべきではないのかと。もちろんこの点について、私自身はまったく掘り下げられてはいません。ですが、個人的な印象としては、生き残ろうが生き残るまいが、別にニューバイオじゃなくてもいいのではないかな、とは思います。発酵とか醸造技術とか、もともと競争優位のある、得意なところでやればいいんではないかと。バイオテクノロジーの産業化で遅れていると言われているのは、基本的にどの論者もニューバイオの部分について言っていて、ゲノム以降のことが中心です。ですが、バイオテクノロジーといっても範囲が広すぎるし、正直私の考えはうまくまとまっていないのですが、アメリカ追従ばかりではどうかとは思います。

佐藤光　ＢＴ戦略会議のホームページを開くと、どっと業界の人や科学者や経営学者などが出てきて、やはりこの調子ですよ、遅れてる遅れてるってね。そこで、三年くらい前から急に膨大な予算を付けだしたんですね、文部科学省や厚生労働省や経済産業省が。では日本がほんとうに遅れているか、遅れていることがデータで確認できるかというと、去年（二〇〇五年）僕が科研費の報告書を書くときに、院生を動員して探したんだけれど、なかなかはっきりしたデータが出てこなかったんですよ。それから出てきたとしても、こういうことがあるんです。この間一〇年間の医薬品に限定すると、日本の市場規模がほとんど停滞しているのに、アメリカは四倍になっている。そうすると、アメリカのメーカと日本のメーカの相対的力関係が同じでも、アメリカのマーケットが四倍になってますから、アメリカ企業のグローバルなマーケットシェアが大きくなるに決まってるんです。そうであれば、それはサプライサイドの問題ではなくて、ディマンドサイドの問題となるわけで、薬価の切り下げの話が出てくることになる。日本では薬屋さんがブーブー文句言っているけれど。エコノミストが貢献できるとすると、戦略会議の言ってることの経済的前提を疑うことぐらいかな。クルマや鉄鋼で日本がアメリカよりも圧倒的に強かったし、いまも強い、これに比べて日本のバイオや医薬品が弱いということ、これはたしかだと思います。ただし、ここ二〇年なり一〇年なりの間に、バイオがもっと弱くなってきたかというと、上池さんが引用している小田切さんの本のどこかにも書いてあったと思うのですが、データによっていろんな結論が出てくることになる。こんなに膨大な予算を付けなくても、いまのままでも日本の薬屋さんは結構健闘してる、といったデータが出てくる場合だってある。ところが、そういう議論をすると審議会とか戦略会議が面白くなくなるから、どんどん落とされちゃうんですよ。まず遅れているって危機感をあおらないと、話にならないわけですよ。予算がつけられないですからね。

◆国家戦略はどうあるべきか

脇村　佐藤光さんの言われていることに一つ疑問があるんですが、自動車産業とか鉄鋼産業とかはある程度成熟した産業ですよね。ところがバイオについては、将来、マーケットが相当大きくなると予想されているわけです。何年後かには何百何十兆円という規模になるとか。そのようなマーケットの急成長が予想されているような産業であるから戦略が必要だということなのではないでしょうか。さっきマイクロソフトの話が出てきましたが、あのソフトウェアの話も二〇年、三〇年前だったら、こんな巨大な売り上げになるようなものだって誰も予想しなかったと思うんですね。そういうことがまたバイオでも起こりうるだろうっていうことを想定しているとしたら、いまの段階で打つべき手は打っておかなくてはならないでしょう。日本の競争優位、国としての競争優位、あるいはある産業の競争優位をもつためには、それを考えざるをえないっていうことなんじゃないでしょうか。

佐藤光 アメリカから買ったらまずいですか？ 比較生産費でいうと、向こうのほうが安いのだから。

脇村 特許料がすごいでしょ。

佐藤光 じゃあ、その分だけクルマを売って稼げばいい。いずれにしても、ほっといても薬屋さんが今までくらいの成績を上げられるんだったら、そんなにあわてる必要はないという議論もありえます。

佐野 医薬品だと多くの日本の企業の場合、ジェネリックとかで利益を出すっていう方向に行ってるわけでしょ。ただ、それはもうオールドタイプで、R&Dにお金かけないで、収益中心でいこうというような発想だと思うんです。その不確定要素の部分を、いまどうしようかっていう話をしている段階だと思うんですよね。

土屋 さっき脇村さんが軍事面のことを言われたけど、やっぱりバイオの問題って、考えれば考えるほど、安全保障に絡むんですよね。ある意味国益とか国策っていうのは要するに安全保障なので、その問題を倫理的に考えていくと、最終的には戦い方の問題になってくるわけです。狭くいえば戦争の仕方の問題になるし、戦争しなくても要するに戦い方の問題なんですよね。だからそこは考えておかないといけない。私自身は、バイオというのは相当汚い技術だという気がしています。バイオで勝つというのは汚いやり方だと。結局のところバイオ産業っていうのは軍事産業や軍そのものと関係があるし、生物兵器とかを引き合いに出すまでもなく、バイオ戦略というのは、もろに人を変えていくっていうようなやり方ですよね。それで金儲けするっていうのは、かなり汚いやり方じゃないか。だから勝てばいいってものじゃないなっていうのが、すごく私の頭の中にあります。一方で、じゃあ負けていいのかっていうと、負けたらどうしようもないんだから、最終的には勝たなきゃいけないっていうのもあるんだけど。

佐野　金融なんかは、完全にやられちゃってますよね。要するに不良債権処理の過程で銀行にＢＩＳ規制かけられて、もうおいしいところは全部食べられちゃったって言っていいと思います。グローバルスタンダードとかいうのを、これでいいんだって言われて、それでこっちも合意したらそれに乗らなくてはならないっていうところで、そこで足下見られてしまう。バイオでもそういうことにならないかというと、特許の問題を考えてみると、そんな危惧はある。だから恐いという感じはする。

佐藤光　基本特許が押さえられてしまうっていうことね。でも、そのカネはほかで稼いで払えばいいんじゃない？　そもそも、バイオ関係でどれほどの雇用を増やせると思います？　現時点での話ですけれどね、医薬品でたったの二七万人、バイオ全部入れても一〇〇万人程度ですよ。それがクルマだと、産業連関的な波及効果まで入れたら数百万人、ことによったら数千万人単位になるのではないか。バイオ産業が自動車産業の代わりになるとは、どうしても思えないのですよ。ただし、他方では、薬の特許を押さえられたらたしかにまずいという気もするんですよ。経済規模の問題ではなくて、コメについても言えるような、ある種の「生命線を押さえられた」とでもいったような気がするのです。

瀬戸口 これはやっぱり比較すべきはヨーロッパであって、アメリカが特殊なんですよ。アメリカはサイエンス型産業っていうのが誕生した唯一の国です。日本が遅れているというよりはアメリカが進んでいるんでしょう。

上池 それはそうですね。先行研究からも確認できます。日本は欧州のほうに近い。とにかくアメリカが突出しているっていう印象はありますね。

美馬 科学論での常識を確認しておくと、この研究投資論というのは経験科学的には実証されていない仮説です。基礎科学を振興していって、それが応用されて新産業開発に結びつくというのは、戦時中のマンハッタン計画をモデルにしています。この場合は、核物理学という基礎研究が核爆弾開発に結びついたわけです。戦後、科学研究費を税金からまかなうためにこういう主張が続いていますが、基礎研究から発展した新産業創成というのは机上の空論で、それが直接的に国家の経済競争力強化につながった例はないとされてますね。

佐藤光 要するに、暗黙知や経験やチームでやってるような分野では日本は強かったけど、頭脳の勝負の時代になってきて対応できなくなった、という話でしょ。それは一見わかりやすい話なんですがね。しかし、そもそも、日本の産業組織論者やコリンズは、なんでミリタリーのことを無視するのでしょうね。バイオのことは知らないけれど、これまでのアメリカの先端技術開発の大半は、明らかに、ペンタゴンの軍事開発がリードしてきたんです、膨大な国家予算を使ってね。アメリカがレッセ・フェール（自由放任）の国だなんてまったくの嘘で、強大な国家が真ん中に控え、そのさらに真ん中にミリタリーの問題がある。そこをエコノミストは扱いにくい、というか、扱うのが嫌みたいですね。正統派のエコノミストはそんなことは問題にしないで、アメリカはレッセ・フェールでやっているのだから、日本もアメリカのように市場を開放しろ、と言ってくる。軍産複合体の話などは、正統派から外れた人たちだけが言っているわけです。そうした一般的な風潮の中で、NIHなんかは日本の旧通産省などよりはるかにすごい力を持っているくせに、相手を叩きつぶすための戦術としてレッセ・フェールの神話で迫ってくる。だって年間三兆円でしょ、NIHの予算というのは。日本は最近増えたといっても、全部あわせて四〇〇〇億円です。だから、ある意味で、日本がアメリカに遅れているというのはたしかなのだけれども、その意味が問題なのですね。

◆医薬品産業の経済学的分析は可能か

佐藤光 でも難しいですよ、マーケットシェアをデータで確認したり、バイオ産業を振興したら、どれぐらいの雇用や経済効果が生まれるかを言うのは。経済産業省に聞きに行ったこともあるけれど、なかなかはっきりしないのです。

佐野 産業の境界っていうのがよくわからないんじゃないですか？　それがわかれば統計上は定義されて出てくるはずだから、境界が定義できないんじゃないですか。

佐藤光 我々も、所詮は、ある種のイデオロギーなり思想にもとづいて語るんでしょうけど、このコンファランスを本にするとき、僕は序論で書かせてもらおうと思っているんです、BT戦略会議の議論にきちんとしたエビデンス、データはあるのか、と（本書序論参照）。そういう問いを発するのが、今度の本の大きな使命だと思っています。そういう話をきちんとしたうえで、エシックスの問題を考える。国際競争に遅れる、負けるという話を一方的にしていたのでは、ほんとうの意味でのエシックスの話にはなりません。

上池 日本は遅れているという前提で書かれてはいますが、ダービーとズッカーの論文からは、日本の回答者が言うほど、実際に日本は遅れているのかというようなニュアンスが感じられます。

佐藤光 アメリカが四倍のマーケット規模になっているのも、果たしていいことなのかどうか。要するに、アメリカではとんでもなく高い薬を売っているということでしょう、貧乏人は全然買えなくてね。アメリカに追いつけと言っている人たちは、そのまねをしようと言っているわけで、考えてみるとそれはちょっとおかしいですよね。

佐藤隆 ちょっと話が戻りますが、土屋さんの社会科学における原因分析っていうコメントに関連して少しお話させてください。国際競争力がどういう要因によって決定されているのかっていう分析は、国際貿易論の分野では実証研究がもう腐るほどあるんですよ。きちんとした理論にもとづいて、どういう要因によって、ある国のある産業が世界の中で優位をもっているのかっていう分析は無数にあります。だからそういう伝統的な経済学の実証分析の手法を使えば、バイオテクノロジー産業で、なぜアメリカが、どういう分野で、どういう要因によって、他の国と比べてあるいは他の産業と比べて優位にあるのかっていうのは、厳密に分析できると思います。統計データについては、佐藤光さんがおっしゃられたように、マーケットシェアのデータを見つけるのは難しいかもしれません。個別生産とマーケットシェアに関するデータを入手するのはおそらく難しいですね。ですが、貿易統計データっていうのはかなり整備されていますので、そこで貿易における比較優位の構造や、その決定要因については十分分析できます。ただバイオテクノロジー産業の定義をどういう具合に設定するのかっていうところで、ちょっとした細工が必要ですが、それは原理的には可能ですね。

佐藤光 日本のほうが時系列で弱まっているとか、そういうことは言えるのかな？

佐藤隆 『地域研究』(第七巻第二号、二〇〇六年)という雑誌にのった僕と上池さんの論文で、顕示比較優位指数っていう貿易論で使う比較優位を示す指標や、国際競争力を表す指標、貿易特化係数という指標なんかを、各国別に時系列で八〇年から九八年まで取りました。すると、医薬品産業に限ってみると、実はアメリカは比較優位ないんですね。非常におもしろい結果です。だからそういう意味で佐藤光さんがおっしゃられたように、一見国際的な競争力があるような産業も、具体的なデータ、経験的なデータを見たときに、必ずしも比較優位はないということがある。イメージと実際の経験的なデータにちょっと齟齬《そご》があるわけです。アメリカは、医薬品産業に関しては比較優位が必ずしもない。しかも近年、悪化してきてるんですね。

佐藤光 それは多国籍企業になっているからではないですか？　逆輸入をしている場合もあるわけで。

佐藤隆 その可能性はあります。

佐藤光 そこがまた大変なんだ。データで確認するのは。

佐藤隆　だから何が比較優位なのかっていう定義をはっきりさせないとだめですね。
佐藤光　僕がざっと見たかぎりでは、一九七〇年代、八〇年代だって、弱いといったら弱いんだよ。それでも、日本は、何とかかんとかやってきたわけでしょ。最近特に弱まっているわけではないので、なんでいま頃になって大騒ぎしなければならないのかと思うわけです。
佐藤隆　それは政治的な理由じゃないですか。業界団体のはたらきかけとか。
佐藤光　ある製薬メーカーの重役さんからヒアリングしたのだけれど、重役さん、周りの研究者はカネ、カネと言うけれど、実は、研究開発費と特許取得率などに強い相関関係はない、カネかけたらいいものができるというものではない、と言っていた。
佐藤隆　それはもう、実証研究でもさまざまなデータを使って、研究開発投資とパテントの取得の関係が分析されています。結論としては、それらの間には、相関が必ずしもない、ということです。少なくともプラスの相関はない。下手するとマイナスの相関はあるかもしれませんが。研究開発をやればやるほど、パテントをたくさん取得できるかっていうことについては、実証研究から見ればそれは必ずしも言えない。
佐藤光　「閾値《いきち》」みたいなのがあって、一定程度の実験設備などがないと話にならないけれど、それ以上はカネをかければかけるほど研究成果が出るというものではない。素人でもわかりそうなものではないですか。変なもの買って、予算を無駄使いする場合もあるわけですから。
森本　ある大手製薬メーカーの研究員に、なぜ日本はヒトゲノム計画で負けちゃったんですかって聞いたことがあるんです。そうすると、ああいう研究っていうのはシーケンサーの数がものを言うんだ、最後はあの数が多いほうが勝つんだっていう答えだったんですよ。物量作戦では絶対にアメリカには勝てない。ただ研究設備の数的な量だけで必ずしも勝敗が決まらないような分野だと、日本はまだまだ勝ち目がある、そういう話でした。

◆アメリカの特殊性

佐藤隆　大企業が小さい企業にスピン・オフしていくっていう話ですが、上池さんの論文もそういう流れを、ＩＴ技術の展開ということで強調されています。ですが、もう一方の最近の大きな潮流として、莫大な医薬品の研究開発に莫大な機器を抱えるっていうことで、スピン・オフと同時に大企業同士の合併やM&Aっていうのも展開していくわけですよね。この二つの側面をどんなふうに統一的にみればいいのでしょうか。

脇村　アメリカの製薬企業がマージャーというか、M&Aでどんどん大きくなっている。他方でベンチャーみたいなのもいっぱい出てくる。これはつまり、研究開発の初発の部分、基礎研究に近い部分をベンチャーがいろいろと競争的にやって、失敗するやつがいっぱいあるなかで一個ぐらいが浮かび上がってくる。それを大企業がすごいお金を使って買い取る。というようなことがうまく機能しているから、成功しているということですよね。たしかに製薬企業はますます大きくなっている。他方でしかし、アウトソーシングする部分も必要になる。日本の場合は、そういう部分はこれまで企業の中で、企業の研究所がやってきたわけです。そのために、目覚しい開発はできなかった。それでは勝てないっていうことで何かそこのシステムづくりをしなくちゃならんっていう話になっているわけでしょ。

上池　医薬品産業のM&Aについては、規模の経済や範囲の経済があるから、M&Aをするっていうふうに一般的に言われています。ですが小田切宏之氏の研究では、医薬品に関しては規模の経済も範囲の経済もあるとは言えないというようなデータが出されています。バイオに関しても同じことが言えるようで、規模の経済や範囲の経済が必ずしもあるとは言えない。特に研究開発においてはまったくないということです。かたやベンチャーで、かたやM&Aという傾向がある。どうしてM&Aというかたちで大きくなっているのか、私にもわからないのですが、たとえば販売網のような補完的資産というものを持っていたほうが有利であるとか、そういうことがあるのではないでしょうか。大企業がそれに特化して、研究開発がベンチャーに任されているというかたちがアメリカでは多いようです。とにかく、研究開発に関して、規模の経済も範囲の経済もデータ上は見られないということです。にもかかわらず、M&Aなどによる大企業化の傾向がある、ということです。

瀬戸口　しかし研究開発をベンチャーに任せるというような状況は、アメリカでも新しいことですね。アメリカでも戦後ずっと、企業内に研究所があって、そこで基礎研究をやる。それが直接応用に結びつくというかたちでやってきた。七〇年代くらいにそういう考え方が崩壊してきて、基礎的な部分は大学とか、あと潰れてもいいようなベンチャー企業に任せるような状態が生まれてきた。つまり、かなり歴史的に特殊な現象なので、その文脈をまったく無視して、上澄みだけをすくい取って日本に持ってくるという議論は問題があると思います。

佐藤光 政府のやり方はいまでもそうですよ。

瀬戸口 先行研究もそういった議論がほとんどなので、歴史家から見ると、これでいいのかと思いますね。

佐藤隆 アメリカの破産制度っていうのは結構特殊なんですよね、チャプター・イレブン（米国破産法、第一一章）といって、破産をしても新しい企業に買収されてもいいし、融資先が見つかればまた事業を再開してもいいということになっています。潰れることに対して非常に寛容な法制度っていうのがアメリカの破産法ですね。日本の場合は大陸の法律で、破産を絶対させない、破産はだめだっていう法律で、だから退出がうまくできないし、新陳代謝がうまくいかない。そういうのもあるのではないでしょうか。ベンチャーキャピタルが一〇個あったら、ベンチャーのバイオ企業っていうのが九つ倒れてしまう。アメリカの場合はそれがそれほど大きな社会的問題にならないっていうことです。

美馬 今日は人類学者がいないので、人類学の立場を代弁しておきます。ダービーとズッカーっていうのは、今日の人類学の視点から見れば、やはり八〇年代の典型的な文化本質主義です。日本文化というものが実体としてあって、それに対してアメリカ文化は別の実体として存在します。それぞれにこういう特徴があって、この特徴のおかげで日本は経済的に成功しましたというお話ですね。そんな単純化した考え方は、他者の文化を蔑視して対象化する帝国主義の考え方の遺物であって、たんなる人種差別を学問的に言い換えているだけです。もう九〇年代以降でのジャパン・スタディーズやアジアン・スタディーズの中では、学問としては成り立たない議論です。

佐藤光　自動車だって鉄鋼だって日本的なのはだめだって、はじめの頃は、マルクス派などを中心に言ってました。これは日本の後進性の現れなのだ、とね。そういう議論をくつがえしたのが小池和男ですよ。彼が出てきて、ＯＪＴ（オン・ザ・ジョブ・トレーニング）とかＴＱＣ（総合的品質管理）とか言い出して、あれはある種の暗黙知の技能形成システムなのだ、別に日本的ではなくて普遍的なシステムなのだと切り返した。それなのに、まあ不況のせいでしょうか、日本モデルはだめだ、アメリカを見習え、という話にまた戻ってしまった。ある意味でわかりやすいけど、古くさい話だね。昔に戻ったって感じですよ。

第2章　医薬品研究開発のセントラル・ドグマ
――医薬品企業の機能と限界

姉川知史

1　はじめに

二〇〇五年五月、台湾保健省は健康保険制度導入一〇周年を記念するシンポジウムを開催した。内外の研究者と政策担当者が集まり、台湾の医療保険制度、医薬品の研究開発のあり方について議論した。(1)その冒頭に台湾保健省の政策担当者が基調講演を行い、医療費増大を抑制するための医薬品価格低下政策を検討中であると説明した。その直後、アメリカ合衆国から参加した経済学者が次々と発言を求めた。それは「医薬品開発には巨大な費用がかかり、その費用回収のためには特許保護を強化し、価格を高く維持する必要がある」、「台湾が計画している医薬品価格抑制は国際的な研究開発のただ乗りである」、「医薬品価格の抑制が実現されれば、新しい医薬品を台湾に導入することが遅れたり、欧米医薬品企業の台湾からの撤退が進む」などという発言であった。これらの発言の激しさに台湾の政策担当者は言葉を失った。

二〇〇五年七月、国際医療経済学会の世界大会がバルセロナで開催された(2)。大会では医薬品価格、特許保護、国際的販売が重要な討議課題であった。そのセッションの一つにおいて医薬品産業を研究する著名な経済学者による論文が発表された。そこではマラリアの医薬品研究開発資金を確保する制度、開発途上国にとって受け入れやすい医薬品特許制度の提案等がなされた。そのセッションの最後に聴衆の一人が発言した。それは「これらの論文はいずれも政策提言を行っているが、いかなる経済理論あるいは研究成果に基づく提案なのか」という質問であった。発表者達は自らの論文が研究成果に依拠したものであるという反論を試みたが、質問者は納得しなかった。

このようなエピソードは医薬品をめぐって世界で行われている広範な議論のほんの一部にすぎない。しかし、次のような事情を明らかにしている。第一は、医薬品供給とりわけ医薬品価格をめぐって医薬品企業と消費者の間の経済的利害の対立が先鋭化しているということである。消費者は医薬品価格が高すぎると不満を持ち、政策担当者も価格を抑制しようとする。また、消費者は必要な医薬品が研究開発されていないと不満を持つ。他方、医薬品企業は十分な経済的動機付けがないかぎり医薬品開発を行う意思がない。第二に、このような医薬品供給における経済的利害対立は医薬品供給の制度、企業、政策の問題に経済学が重要な役割を果たしていることである。むしろ医薬品研究開発の実務家、政策担当者、経済学者の三者は、お互いの活動を通じて、医薬品研究開発と医薬品企業に関する正統派的見解を形成してさえいる。台湾のシンポジウムにおける経済学者の発言、バルセロナの学会における経済学者の提案は、それらが実務家や政策担当者の提案とは区別できないという点に特徴があった。

それでは実務家、政策担当者、経済学者に共有される医薬品研究開発に関する正統的見解とはどのようなものであろうか。また、そこからどのような政策と企業マネジメントの命題が導かれるであろうか。それらの見解ははたして正しいのであろうか。このような観点から本稿では次の検討を行う。第一は、医薬品の実務家・政策担当者、研究者が医薬品研究開発についての共通認識として、「医薬品企業が市場競争において研究開発の社会的分業を統合し、医薬品を効率的にもたらす」という「医薬品研究開発のセントラル・ドグマ」が存在することを示し、その内容を経済学の枠組みで要約する。第二は、そのような共通認識から、いかなる政策と企業マネジメントに関する提言が導かれるかを要約する。第三は、セントラル・ドグマの形成過程を検討し、それが実際には一九九〇年代以降、アメリカ合衆国の医薬品市場の成長を基盤にして成立したものであることを示す。しかし、現在の医薬品開発の停滞、医薬品研究開発費の上昇は、現在の医薬品研究開発体制では人々が必要とする医薬品を安価に供給することが困難になりつつあり、医薬品企業と消費者の対立を激化していることを示す。このとき、セントラル・ドグマは破綻し、別の研究開発体制、例えば公的動機にもとづく主体が既存の医薬品企業に代わって社会的分業を統合する新しい医薬品研究開発体制が必要となっていることを明らかにする。第四に、日本のライフサイエンス政策は現在のセントラル・ドグマを基礎としているが、そこでは医薬品価格の上昇が不可避であることを軽視している。政府や企業がセントラル・ドグマの変化を先取りして、新しい政策を採用すべきことを検討する。

2 医薬品研究開発のセントラル・ドグマ

分子生物学には次の「セントラル・ドグマ（中心命題）」がある。その内容は「DNAがRNAを作り、RNAがタンパク質を作る（DNA makes RNA makes Proteins）」という表現に要約される。これは生命現象の基礎である遺伝情報を持つDNAがRNAを作り、そのRNAがタンパク質を作り、タンパク質が生命現象を作り出すということである[3]。このセントラル・ドグマは一九五三年のワトソンとクリックのDNAの構造解明以来、ライフサイエンスの中心に位置する命題であり、分子生物学の研究成果の多くはこの中心命題を形成し、補強するものとして位置づけられてきた。ここでセントラル・ドグマの「ドグマ」という表現には「独断的」といった否定的な語義はないことに注意する必要がある。このようなセントラル・ドグマは分子生物学だけでなく社会科学にも存在するであろう。金子勝・児玉龍彦の『逆システム学』[4]はライフサイエンスと経済の二つの領域でのセントラル・ドグマを対比することでそれぞれの領域における方法論の問題を論じている。そこで医薬品研究開発においても、実務家、政策担当者等に共有される中心命題があると想定してみよう。これは医薬品の研究開発においてのいかなる制度が最も効率的かという点に関する命題であり、医薬品企業の役割に関する命題である。それを本稿では「市場競争において利益最大化をめざす医薬品企業が、医薬品研究開発の社会的分業を統合し、医薬品を効率的にもたらす（"pharmaceutical firm in market competition" makes "R&D division of labor" makes "pharmaceuticals" efficiently)」と表現する。より簡単には "pharmaceutical firm" makes "R&D devision of labor" makes "pharmaceuticals" と表現される。これは医薬品企業は私的利益最大化をめざす主体であり、それが市場で競争すること、医薬品企業が医薬品研究開発の社会的分業の中核に位置して、それを統合する役割を持っていること、それらの結果、医薬品が効率的に作り出されることを表現している。これは一見、何の変哲もない一般的命題であり、とりわけ検討すべき論点はないように見受けられる。ところが、このセントラル・ドグマには重要な疑問が潜んでいる。第一は、医薬品の研究開発の社会的分業に関する疑問である。医薬品の研究開発は細分化され、それぞれが専門的主体によりなされるようになっている。例えば基礎研究と臨床研究においては大学・研究機関、医療機関等のように非営利主体が大きな役割をはたすとともに、各種のサービスを供給する営利企業も同様に重要な役割をはたしている。このような社会的分業を形成する要因は何であろうか。第二は、そもそも医薬品企業とは何かという疑問である。医療サービスの多くは医師、看護師、検査技師等の人的サービスを利用して、営利動機に基づかずに消費者に供給される。ところが医療サービスの一部である医薬品供給は、医療機器、医療材料と同じように営利動機に基づく企業によって市場競争の中で供給される。これはなぜであろうか。医薬品企業は医薬品の研究開発の社会的分業をどのように統合するのであろうか。はたしてそれは効率的なのであろうか。第三は、上記の医薬品研究開発のセントラル・ドグマからは医薬品研究開発の制度、政策、企業マネジメントに関していかなる提言が導かれるかという疑問である。例えば医薬品企業の知的財産権は強化すべきであろうか。医薬品価格規制は強化すべきであろうか。医薬品企業はM&Aを促進し、規模の経済を実現すべきであろうか。政府はいかなる社会資本整備を行うべきであろうか。第四は、このセントラル・ドグマはいつ、どのように成立したのか、はたしてそれは今後も持続するのであろうかという疑問である。それが維持できないとすれば、将来どのような医薬品研究開発体制を社会として実現すべきであろうか。このように医薬品研究開発の現在の多くの問題をこのセントラル・ドグマの枠組みによって提示することができる。

3　医薬品の財としての性質

命題一「医薬品は人の健康を維持、向上するために不可欠の財であり、その薬効、副作用、品質、価格の属性によって区別され、優れた薬効を持ち、重大な副作用がない、高品質な医薬品が安価に供給されることが求められる。」

セントラル・ドグマの前提として、医薬品とは何かに関する命題が必要である。医薬品は財としてどのような特殊性があるのであろうか、消費者は医薬品の属性として何を求め、規制主体はいかなる属性を指標に規制を行うのであろうか。医薬品の歴史は人類の歴史とともに古い。例えば中国の生薬は、朝鮮・韓国、日本にも伝わり、漢方薬として永く用いられてきた。また、古代インドにはアユルヴェーダと呼ばれる医療体系があり多様な生薬を利用した。同じく、古代ギリシア、ローマにおいて生薬が使われ、中世ヨーロッパ、アラブ世界でも多用された。しかし、これらの歴史的な医薬品を除く現代的医薬品の開発は一九世紀のドイツ化学に始まる。一八〇三年のモルヒネ、一八二〇年のキニーネから始まり、一八九六年にはアスピリンが開発され、一九三〇年代にはスルファニルアミドの抗菌性が発見され、さらにその合成が可能となり、感染症に対する抗生物質が作られることになった[5]。さらに二〇世紀後半には医療、生命科学の進展とともに、多種多様な医薬品が開発されるようになった。これらの医薬品は人類の健康を飛躍的に高めるものであった。現在使用されている大半の医薬品は高々過去数十年に発見されたものにすぎない。抗生物質のない時代、抗潰瘍剤のない時代、血圧降下剤のない時代、抗癌剤のない、ＡＩＤＳ治療薬のない時代は遠い昔ではない。

医薬品の研究開発と供給は人々の健康と安全に直結する重要な課題であることが実際にも多くの人々に認識されている。例えば日本やドイツでは政府が主体となって将来数十年におよぶ技術予測を行い、技術振興政策に役立てている。この技術予測において、国民がいかなる技術領域を必要と考えているかを特定する調査が行われている。ドイツが採用している技術予測「futur」調査では国民が需要者として重要と想定する技術領域を抽出した結果、最終的には「医薬品と健康」があらゆる技術領域の中で国民にとって最も重要な技術領域として特定された。[6] 一般に健康と安全は多くの人々の関心事であり、その中核の財として医薬品がある。現在のライフサイエンス、バイオテクノロジーの進展は、医薬品の供給を介して国民の健康と安全に直接に貢献するものとして、人々に意識されている。

このような医薬品は人々の健康を維持、増進するための財であり、その財の属性として「薬効(effect)」が求められる。医薬品は人が特定の物質を摂取することで、その身体に及ぼす有益な作用を利用して病気の予防・治療をしようとする医療手段であり、有益でない作用「副作用(adverse drug reaction)」も併せ持つ。医薬品の副作用とは医薬品がもたらす意図しない有害反応で、予防・診断・治療の目的で人が用いる用量において発現するものである。実際にはこの副作用の内容は多様である。また、医薬品は製品としての品質の高さが求められる。品質の低い医薬品は期待される薬効をもたらさず、あるいは予想できない副作用をもたらす。このため多くの国は承認制度を設け、医薬品の薬効、副作用、品質等の諸属性について規制を行う。また、薬効、副作用に関する情報を広く、消費者に伝達する方法を設け、あるいは逆に誤った情報の伝達を規制している。

さらに、医薬品は経済的に取引される財であるが、それが人々の健康に直結するものであるため「安価(affordable price)」であることが要求される。医薬品価格の高低はその薬効、使用方法との関係で決まるため、近年は個別の医薬品の経済的効果を定量的に評価する方法として「薬剤経済学(Pharmacoeconomics)」と呼ばれる手法が発達してきた。これは特定の医薬品の治療上の効果を他の治療手段あるいは同じような医薬品との比較を経済学における「費用便益分析」の手法を利用して行うものである。そこでは医薬品や治療手段に必要な費用、それらがもたらす「生活の質（quality of life）」あるいはその経済的評価を指標として用いて比較する。この手法の研究については「Value in Health」、「Pharmacoeconomics」等の専門雑誌が存在し、薬剤経済学の理論、方法、応用の論文を掲載している。個別医薬品が消費者に受け容れられるか否かは、その医薬品が他の医薬品と比較して、対費用効果において優れているという条件が必要となっている。

このように医薬品の属性は薬効、副作用、品質、価格の四つに区別される。この医薬品供給では、消費者の必要に応じて合理的な医薬品の選択と使用を可能にするものであることが必要である。また、消費者にとって安価でアクセスが容易なことも求められる。このような医薬品はこれまでに発明された古い医薬品も含むが、医薬品の存在しない薬効領域は依然として多い。新規の薬効を持つ医薬品あるいは、副作用、品質、その他の属性において既存の医薬品を上回る医薬品の開発が行われている。このような医薬品の研究開発によって新しい医薬品を作り出すことが極めて重要な課題となる。

4　医薬品研究開発の社会的分業

①　医薬品研究開発の細分化と専門化

命題二「医薬品研究開発は学術研究、基礎研究、応用研究、臨床研究、承認申請、市販後研究の段階に区別され、それぞれの段階における財・サービスが細分化されるとともに、それぞれの供給主体が存立可能となり、医薬品研究開発の社会的分業が進展する。」

医薬品研究開発は通常は次のように要約される。まず、伝統的考え方は、「基礎研究」を特定の疾病を対象とする医薬品候補の「リード化合物」が「探索、合成」される段階である。ここでは新規物質を創製して、この性状を研究し、スクリーニングによって医薬品候補とする。[7] 次に「応用研究」とここで呼ぶ段階は通常は前臨床研究と呼ばれる段階で、医薬品候補物質がどのような薬効を持つかを調べる薬効薬理研究、それがどのように生体内で吸収、分布、代謝、排泄されるかを調べる薬物動態研究、一般毒性、催奇性、発癌性等を調べる安全性研究、医薬品候補物質を薬剤化するための製剤研究等が含まれる。この応用研究で医薬品候補物質として薬効が認められ、副作用の問題がないとされたものが、ヒトを対象とした「開発研究」あるいは「臨床研究」に移行する。この臨床研究のうち医薬品企業が医薬品承認申請を目的として資金を提供し、自らの研究デザインによって行うものは治験と呼ばれる。通常は三段階によって構成され、それぞれ第一相あるいはフェーズI、第二相あるいはフェーズII、第三相あるいはフェーズIIIと呼ばれる。フェーズIでは少数の健康なヒトを対象にして、安全な範囲の摂取量を決定し、併せて薬物の吸収、伝達、代謝、排出、毒性を調べる。フェーズIIでは、医薬品候補物質が対象とする疾患を持った患者を被験者として、医薬品候補物質を投与して、その薬効と安全性を調べる。フェーズIIIは被験者数を拡大して、医薬品候補を医療機関で患者に対して投与して、薬効と副作用に関するデータを得る。これは医療機関が医薬品企業の資金提供に基づいて研究を受託し、患者の自発的参加を募り、それを被験者として研究を行い、薬効や安全性等に関するデータを生成、記録する過程である。

このような研究の結果、医薬品企業がその医薬品候補物質について十分な安全性と薬効があると判断すると、その医薬品の承認申請を審査機関に対して行う。医薬品の承認規制は、医薬品の研究開発を公的な規制主体が医薬品企業の研究開発を監督、モニター、評価して、意思決定することに他ならない。この承認は各国政府が、例えばアメリカ合衆国では食品医薬局（Food Drug Administration＝FDA）、日本では厚生労働省が行う。これらの規制機関は特定の医薬品が所定の薬効を持ち、安全性の問題がないかを医薬品企業が申請するデータをもとに判断する。さらに医薬品が承認され市販化された後も研究開発は継続する。とりわけ、市販後調査は多数の患者を対象にして、医薬品の薬効と副作用を調べるもので最近では第四相あるいはフェーズⅣとも呼ばれる。

規制主体は医薬品の研究開発、製造、販売、流通のすべての段階において詳細な規則を設定し、医薬品の供給主体がそれらの規則を遵守することを求める。医薬品の研究開発過程においても、医薬品の薬効の有無、副作用の有無等を正確に判別するために必要な研究方法、研究手続、規則を医薬品研究開発の基礎研究、応用研究、臨床研究の各段階において詳細に定め、研究開発主体はこれらの規定を満足した上で、そのためのデータの提示を求められる。このように医薬品供給についてはアウトプットとしての医薬品が薬効、副作用、品質の基準を満たすだけでなく、研究開発、製造、販売等の医薬品供給過程そのものが規制基準を満たして運営される必要がある。

伝統的な医薬品の研究開発過程のうち基礎研究の部分は近年のゲノム科学、プロテオノミクス（蛋白工学）、バイオ・インフォマティクス（生命情報学）などの発達により大きく変化している。まず、基礎研究の早い段階におけるドラッグ・ターゲット特定（drug target identification）が強調されるようになっている。そこでは疾病の原因となるタンパク質、DNA、RNAが特定される。このようなドラッグ・ターゲットが特定されると、それに対して望ましい所定の効果を持つリード物質（化合物あるいは分子）を発見するリード探索（lead discovery）が行われる。さらにそのリード物質を最適化して最も適切な医薬品を作るリード最適化（lead optimization）が行われる。

このような医薬品研究開発は基礎研究、応用研究、開発研究、審査、市販後研究の各段階が平均してそれぞれ二から数年の期間をかけて行われ、全体では一〇から二〇年かかる長期にわたる。このような医薬品の研究開発では基礎研究、開発研究、臨床研究を行う垂直統合型の医薬品企業以外に、それぞれの過程を専門的に担当する主体が近年徐々に現れ、社会的分業が進展している（付表2）。とりわけ川上部門の学術研究、基礎研究については大学、研究機関、バイオテクノロジー企業等が専門的な研究を担当することが一般化している。医薬品開発の歴史を見ると、大学、研究機関は当初から重要な役割をはたしてきた。近年は大学、研究機関の技術を商業化することが積極的に追求されるようになっている。アメリカ合衆国では一九八〇年代から、大学や研究機関の基礎研究成果を基盤とした多数のバイオテクノロジー企業が設立されるようになった。バイオテクノロジーの定義は単一ではないが、次の六つの技術、すなわち遺伝子組み換え技術、遺伝子解析技術、発生工学技術、蛋白質工学技術、糖鎖工学技術、バイオ・インフォマティクスを中核技術として想定することができる。[8] これらのバイオテクノロジーの応用分野として、情報・機械、環境・エネルギー、化学品、食品・農業に並んで医薬品が想定される。上記のバイオテクノロジー基幹技術の市場規模としては、二〇〇〇年前後で、日本が一・三兆円、アメリカ合衆国が七・四兆円、ヨーロッパが三・五兆円と推定されるが、いずれの国の場合も四分の一以上が医薬品である。[9] 遺伝子組み換え技術が応用される医薬品分野としては、サイトカイン、血栓溶解剤、血液凝固因子、成長ホルモン、インスリン等がある。また、遺伝子解析技術が応用される医薬品分野としてはSNPS（一塩基多型：Single Nucleotide Polymorphism）の遺伝子解析、試薬、DNAチップがある。蛋白工学技術についてはインスリン改変体、血栓溶解剤改変体がある。糖鎖工学については、解毒剤、癒着防止剤が挙げられる。さらに、医薬品研究開発ではバイオ・インフォマティクスがソフトウェア、データベースに用いられる。[10] バイオテクノロジーについてはアメリカ合衆国では大学・公的機関、ベンチャー企業が主導しているのに対して、日本では必ずしもそうではない。[11] バイオテクノロジーの技術開発主体としてはアメリカ合衆国のこれらの分野の特許出願では大学・公的機関が五〇％を超え、ベンチャー企業が三〇％を占める。これに対して日本の特許出願の四分の三が大手企業で、大学・公的機関、ベンチャー企業がそれぞれ一〇％程度である。しかし、日本におけるバイオテクノロジー基幹技術の特許出願全体においては日本主体による出願は一九九五年に三五％、一九九九年に四五％であり、アメリカ合衆国を中心とする外国人・外国法人の出願が過半数を占める。

さらに川下部門の臨床研究においても専門サービスを提供する企業が成立している。アメリカ合衆国では一九九〇年代には開発研究、臨床研究、市販後研究においても特化したサービスを供給する専門企業が生まれ、担当するようになっている。例えば、臨床研究に特化してそれを補助するサービスを供給する企業として「開発業務受託機関（CRO＝Clinical Research Organization）」が成長している。これは医薬品臨床研究における「プロトコル」作成と、それにしたがって臨床研究の進行状況のモニタリング、データ入力と解析等のサービスを提供する企業である。また、臨床試験を行う医療機関に対して、治験コーディネーター（CRC＝Clinical Research Coordinator）を派遣するなどして、臨床試験に伴う各種の手続きに関するサポート・サービスを供給する「治験支援機関（SMO＝Site Management Organization）」等も成長してきた。研究開発以外にも製造に特化してサービスを供給する企業である「製造受託機関（CMO＝Contract Manufacturing Organization）、販売機能を提供する販売受託企業（CSO＝Contract Sales Organization）等が成立し、機能分化が進んでいる。日本においてもこれらの企業が一九九〇年代後半から数多く設立されるようになった[12]（付表2）。

② 医薬品企業による統合

命題三「利益動機に基づく医薬品企業は、市場競争によって医薬品研究開発の社会的分業を効果的に統合する。」

医療においては非営利企業の医療機関、医師、看護師、技師が重要なサービス供給主体であり、営利企業の役割は小さい。ところが医療サービスの中にあって医薬品については、医療機器と同様に営利企業が供給の中心的役割を担ってきた。このような医薬品企業は、医薬品の研究開発、製造、販売の三つの機能を垂直統合した主体であり、さらに研究開発については基礎研究、応用研究、開発研究の各段階を統合している。このように定義される医薬品企業は市場競争の下で利益最大化動機に基づいて研究開発を行う。(13) ところが現在の医薬品研究開発は多段階で構成され、さらにそれぞれの過程が細分化され、営利、非営利の多数の主体が専門化して、財・サービスを供給するようになっている。医薬品企業は医薬品研究開発の財・サービスについて、大学、研究機関、バイオテクノロジー企業、CRO、その他の多様な主体から購入あるいは入手する。また、研究開発以外の分野でも、製造については製造委託、バルク製造企業への委託、錠剤化・カプセル充塡について専門企業への委託等が進んでいる。さらに販売においては、他社に対するライセンス供与による販売委託、CSOに対する販売委託、コ・プロモーション（co-promotion）、コ・マーケティング（co-marketing）(14) 等を行う。

このように医薬品研究開発の社会的分業は、医薬品企業の観点からは自社内で行っていた研究開発活動の一部を取引を介して「アウトソーシング」することである。アメリカ合衆国の医薬品産業における外部企業への研究開発機能のアウトソーシングについては、一九九〇年代に急速に成長している。NSF（National Science Foundation）の統計では一九九九年二二億七四〇〇万ドル、二〇〇三年に二七億一六〇〇万ドルであり、医薬品企業のR&D支出額の二割弱を占めるようになっている。(15) ここで企業規模によって区別すると大規模な医薬品企業ほど臨床研究についてアウトソーシングすることが多い。他方、小規模な医薬品企業は製造過程をアウトソーシングすることが多いとしている。[16][17]また、日本については同種のデータがないが、日本CRO協会は会員企業の二〇〇五年の従業員は七〇〇〇人とし、医薬品業務売上額は五一八億円、そのうちフェーズⅠが四％、フェーズⅡが二〇％、フェーズⅢが三三％、フェーズⅣが二九％としている（『二〇〇五年業績報告書』）。医薬品企業の研究開発費用のうち一割弱がCROにアウトソーシングされていることになる。その比率はアメリカ合衆国に比較すると小さいが急速に成長している。このような金額表示されるアウトソーシングは過小評価されている。例えば医薬品企業が企業から財・サービスの供給を受けても、医薬企業がその企業の株式保有をしている場合にはアウトソーシングとして把握されないためである。このように医薬品の研究開発の社会的分業は医薬品企業の研究開発のアウトソーシングによって統合されている。それでは医薬品研究開発の社会的分業や医薬品企業のアウトソーシングはいかなる要因によって促進されたのであろうか。

第一の要因は、医薬品研究開発規制そのものである。医薬品の研究開発は基礎研究、応用研究、開発研究（臨床研究、市販後研究）と段階別に詳細に規制されている。このとき、医薬品企業が遵守すべき研究手続、明らかにすべきデータの内容、とるべき評価方法等、研究開発の内容が細かに規定されている。これは研究開発の標準化であり、多くの国が同様の規制を採用している。とりわけ臨床研究においては国際的な標準化作業が進められている（ＩＣＨ＝International Conference on Harmonisation of Technical Requirements for Registration of Pharmaceuticals for Human Use)。このように細分化された研究開発過程において標準的手続が明確にされることで、それぞれの過程を異なる主体が実施することが可能となる。これによって医薬品企業のアウトソーシングが進展した。

第二の要因は、技術の高度化そのものである。まず、基礎研究における科学技術の高度化によって、医薬品の研究開発における大学、研究機関、バイオテクノロジー企業の持つ技術の役割が重要になった。例えば医薬品本体である物質などを大学、研究機関、バイオテクノロジー企業がまず発見するというような場合が多くなってきた。さらに医薬品の研究開発に不可欠な重要な材料、技術等をこれらの主体が供給することが一般化してきた。その代表的例としてはハーバード大学の提供するノックアウト・マウス（knockout mouse）、スタンフォード大学、バークレー大学の提供する遺伝子組み換え技術が挙げられる。また、近年のＩＴの発達は、バイオ・インフォマティクス等の新しい分野を作り出すとともに、新しい分析機器やデータ・サービスを供給するようになった。このような技術変化においてはそれぞれ細分化された領域において高度の専門性が必要となり、その技術に特化した大学、研究機関、バイオテクノロジー企業が成立するようになった。臨床試験においてはＣＲＯが専門的に臨床試験の企画、モニター、データ収集を行うようになった。これらの主体が専門化することで、それぞれの機能において規模の経済を実現し、平均費用を低下させていることが想像される。

第三の要因は、医薬品市場規模の拡大である。細分化された財・サービスの取引が可能になるためには、その取引市場が拡大する必要がある。アメリカ合衆国の医薬品市場規模が一九八〇年代以降急速に増大した結果、専門化されたサービスに対する需要が増加したことがそれを可能とした。例えば、医薬品候補物質、医薬品開発ツール、データ、その他のサービスに対する医薬品企業の需要が増大した。さらにCROの成長はヨーロッパや日本の医薬品企業がアメリカ合衆国市場において開発研究を行うことで実現された。医薬品市場の成長によって医薬品企業に潤沢な資金が生じたことが社会的分業の前提であった。

第四の要因は、医薬品企業の利益拡大動機である。医薬品企業はアウトソーシングによって自ら生産するよりも安価な財・サービスを購入し、費用低下を実現することができる。医薬品企業は開発した医薬品を資産として保有し、そこから発生するキャッシュ・フローを使用して、多様な研究開発機能をアウトソーシングする。ここでは大規模な医薬品企業ほど巨額のキャッシュ・フローを獲得でき、そのキャッシュ・フローを利用してアウトソーシングを行うことができる。さらに医薬品企業はそれらのアウトソーシングを介して、医薬品の研究開発の社会的分業を効果的に統合するマネジメント能力を内部に形成することができる。

このような医薬品研究開発の社会的分業は、垂直統合的な医薬品企業からみると、研究開発のどの過程を自ら行い、どの過程を他の主体にアウトソーシングするかに関する意思決定である。そのような決定を説明する枠組みとして頻繁に利用されるのが「取引費用」の概念を中核とするコースの企業理論である。(18) コースは生産活動の単位を生産のために必要となる財・サービスを供給する主体と需要する主体の間の「取引（transaction）」と想定する。取引が市場において契約によって実現される場合は「市場取引」であり、企業内部で企業の管理者の指示により実現される場合は「企業内取引」である。コースは市場取引と企業内取引とを対比して、後者を企業の本質として想定する。このとき生産過程のどの部分を市場取引で実現するか、企業内取引で実現するかの決定要因としてコースは取引費用という概念を導入する。それによれば市場取引であれ企業内取引であれ、その取引を実現するためには、何らかの取引費用が発生すると想定する。同じ取引について、市場取引にともなう費用と、企業内取引にともなう費用の大小によって、より取引費用を節約するように取引形態が決定されるとする。ここで問題となるのは取引費用の定義と範囲である。

そこでコースの取引費用の概念を発展させたウィリアムソンの枠組[19]を利用して医薬品企業がバイオテクノロジー企業から医薬品の研究開発に必要なＤＮＡ情報を購入する場合を検討しよう。このような専門化したＤＮＡ情報を提供できるバイオテクノロジー企業の数は少ないため、「少数性（small number）」の問題が生じる。このバイオテクノロジー企業はサービスの価格を高くし、医薬品企業の望む情報提供をしないでむしろ自らの利益を最大化しようとする「機会主義的行動（opportunism）」をとりがちになる。その結果、医薬品企業はバイオテクノロジー企業から契約どおりの価格で、所定の情報を入手できない「不確実性（uncertainty）」に直面する。他方、医薬品企業はこのようなＤＮＡ情報の質と価格の適否を判別する能力が欠けているという意味で「判断能力の限界（bounded rationality）」がある。これらは医薬品企業が市場取引によってバイオテクノロジー企業からＤＮＡ情報を入手する取引費用である。このような市場取引の取引費用が大きくなりすぎると、医薬品企業はこのバイオテクノロジー企業を自らの企業組織に垂直統合した取引費用の方が小さくなる。現実に多くのバイオテクノロジー企業がこのようにして、大規模な医薬品企業に買収されている。

他方、医薬品企業がそのDNA情報を自社内で生産しようとするときは別の種類の取引費用が発生する。まず、このDNA情報はバイオテクノロジー企業のように、独立した企業で研究者が自らの専門性に基づき、自由な研究を行うときに最大の成果をあげる可能性がある。ところがこれが医薬品企業に買収されて、その一部門として位置づけられるとき、企業内のさまざまな手続きの遵守が求められ、研究者の動議付けが著しく減少してしまう可能性がある。さらに企業内部で必要とされるコミュニケーションは研究者の労働時間や意欲を奪う可能性もある。また、企業内では関連部門が絶えず連絡をとり、それぞれの活動をモニタリングして、それに基づいて活動を調整する必要がある。このような動機付け、コミュニケーション、モニタリング、調整に関する取引費用が企業内で発生する。したがって、このように市場取引と企業内取引それぞれに必要な取引費用の大小の比較によって、実際にはそれに付随する実際の費用も考慮して、特定の取引を医薬品企業内で行うか、あるいはそれを市場でアウトソーシングするかが決定される。

5　医薬品研究開発の政策命題

以上の医薬品研究開発に関するセントラル・ドグマを前提とするといかなる「政策命題」が導かれ

るであろうか。医薬品の研究開発に必要な公共政策、社会資本マネジメント、企業マネジメントの三つの領域について検討する。

①　知的財産権、競争政策と価格政策

政策命題一「医薬品研究開発投資の経済的動機付けを確保するために、政府は医薬品の知的財産権保護と承認規制によって、一定期間、他者の参入を規制して研究開発を行った企業に独占を認め、経済的対価を与えることが必要である。他方、一定期間を経過した医薬品については、ジェネリック製品によって価格競争を促進し、独占利益の発生を抑制する必要がある。政府による価格規制は研究開発の経済的動機付けを損なう。」

医薬品の研究開発投資を促進するためには、研究成果を特許等の知的財産権で保護し、その技術を利用する他社の新規参入を一定期間制限し、研究開発を行った企業に研究成果の利益を獲得させることが有効である。一般に特許制度は社会的に二つの機能を持つ。第一は研究開発を行った主体に、その研究成果の商品化について一定期間、他者が参入することを許さず、それによって研究開発者が研究成果の経済的対価を獲得できるようにして、技術の専有性を確保することである。第二は、特許として研究成果を広く公表し、新技術を社会に普及させることである。医薬品の研究成果はこの特許制度によって効果的に保護されてきた。レヴィンらは企業がいかなる方法で研究成果の経済的価値を守

るか、すなわち専有性を守るかを企業マネージャーに対するアンケート調査により検討した[20]。その結果、エレクトロニクスその他の産業では特定の技術成果について模倣が容易であり、専有性が守りにくいのに対して、医薬品産業では特許制度が新技術の専有性を高める手段として効果的という結果が示された。これは医薬品の技術の特性に基づく。いかなる物質を医薬品として用いるか、それをどのような用途に用いるか、その物質をどのように製造するかといった情報は、それぞれ物質特許、用途特許、製造特許として保護される。これらのうち、いかなる物質を医薬品とするか、それをどのような医療用途に用いるかは情報としての性質が強く、いったんその情報が他者に開示されると、他者はその情報を用いて、同じ医薬品を製造することが容易である。すなわち物質特許、用途特許に保護されていない医薬品は他の企業によって容易に模倣され、その結果、新規参入による価格競争がおきて、研究開発を行った企業は利益を実現できない。このような状況で医薬品の研究開発を行う経済的動機を確保するためには特許保護は不可欠である。ここで特許期間は法律によって限定される。特許出願から二〇年といった現在の特許期間の場合には、医薬品研究開発に十数年をかけると、医薬品開発に成功し、製品が販売された時点ではすでに特許の残存期間が残り少なくなっていて、研究開発を行った主体が十分な利益を獲得できない可能性が大きい。このため、特許期間延長制度がアメリカ合衆国、日本を含む多くの国で設けられている。さらにこのような特許制度だけでなく、医薬品の承認規制においては政府が「排他的権利（exclusivity）」期間を設定し、新規有効成分、臨床試験、オーファンドラッグ等の条件に応じて、研究開発を行った企業が、一定期間その技術を独占する期間を政府が設定する。この排他的権利期間は特許と同様に、技術の専有性を保護する役割をはたしている。

他方、医薬品研究開発成果の権利保護が強くなりすぎると企業は独占度を高め、医薬品価格は高く設定され、消費者の経済的負担が大きくなるという弊害が生じる。そこで医薬品供給に関する競争促進政策が必要になる。欧米日本の各国は特許期間の終了した医薬品については簡略化された試験と申請手続によって、市場参入を容易にする制度を設けている。そのような医薬品は「ジェネリック」と呼ばれる。その結果、特許が終了した医薬品については多くの企業が参入し、価格競争が発生して医薬品価格が急速に低下する。欧米の各国ではジェネリックの参入によって、先発企業の医薬品の市場占有率が低下し利益は激減する。[21] また、消費者は安い医薬品を購入できる。これに対して、日本はまだジェネリックの市場占有率は数量ベースで一五%、価格ベースで五%程度と小さい。[22] このように医薬品市場においては、医薬品の特許や承認規制によって一定期間、医薬品研究開発者の独占を認めて技術の専有性を保護するが、その期間が過ぎた医薬品についてはジェネリック医薬品の市場参入によって価格競争を促進し、消費者に安価な医薬品を提供することが追求される。

多くの国では医薬品価格の高騰を抑制して、安価な医薬品を消費者に供給する目的で価格規制が行われる。とりわけヨーロッパの主要な国あるいは公的保険による国民皆保険を採用している日本、台湾、韓国では政府による医薬品価格抑制が政策課題になっている。他方、アメリカ合衆国は伝統的に医薬品価格規制には消極的であった。これは医薬品の研究開発を促進するためには一定期間は研究開発企業による市場の独占を認め、専有性を確保するという政策命題の実現が強調されているためである。代わりに、特許切れの医薬品についてはジェネリック医薬品の導入と使用を促進することで、医薬品価格規制を行うということが強調された。医薬品価格については医薬品を研究開発する企業の利益と、消費者の利益のどちらを重視するかで政策内容が対立する。しかしながら、セントラル・ドグマの立場は、医薬品価格規制は研究開発を抑制すると想定する。

② 社会資本マネジメント

政策命題二「政府は大学、研究機関の学術研究、基礎研究に公的資金を補助して医薬品の研究開発と成果の移転を促進し、さらに臨床試験の制度を整備すべきである。政府は医薬品の研究開発過程に関する規制を行って医薬品研究開発が適正に行われることを確保し、的確な医薬品承認規制を迅速に行うことが必要である。また、政府は研究開発主体を地理的に集積させて効率的な分業体制を形成し、あるいは国際的な医薬品研究開発を容易にする制度を実現することが求められる。」

医薬品研究開発の社会的分業は医薬品企業だけでなく、大学、研究機関、医療機関、CRO、患者、その他の多様な主体、政府、規制主体等によって構成される。それらは医薬品研究開発の社会的基盤であり、しかもそれぞれの主体の相互連関によって成立している制度である。政府は医薬品研究開発の社会的分業の基盤について、規則を設定し、資源を投入して、それを整備する役割が要求される。まず、大学や研究機関に対する公的資金供給の重要性は各国政府に強く認識されている。それを積極的に実施しているアメリカ合衆国の場合、連邦政府によるR&D予算では、一九九〇年代以降国立衛生研究所（National Institute of Health＝NIH）を介した支出が急増し、近年は年間二兆五〇〇〇億円を超える巨額のライフサイエンスの予算水準に達している。これはエネルギーや宇宙等の他の技術分野を大きく上回る。このNIHは保健福祉省（Health and Human Service＝HHS）のR&D資金の中核を占める。二〇〇三年のHHSから全米の大学へのR&D資金は連邦政府の大学に対するR&D資金の七〇％近くを占める。同じく、HHSは病院等の非営利公共機セクターに対する連邦R&D資金の七五％にあたる五〇〇〇億円を補助している。[23] このような政府のR&D資金は大学や医療機関において研究者を養成する。このとき大学・研究機関からの他の企業への技術移転が強調される。その目的で、アメリカ合衆国では一九八〇年のスティーブンソン・ワイドラー技術革新法（Stevenson-Wydler Technology Innovation Act）が制定され、連邦研究機関からの州や民間企業への技術移転を促進が図られた。また、同年のバイ・ドール法（Bay-Dole University and Small Business Patent Act）は、連邦資金の受託者が研究成果の権利を保有して、他の企業にライセンスすることを可能にした。さらに一九八二年の中小企業技術革新開発法（Small Business Innovation Development Act＝SBIR）は小規模な「ハイテクノロジー企業」の商業化の可能性がある技術に対する連邦資金の提供が目的とされた。また、企業間の共同研究を反トラスト法違反とならないように実行できるようにする法律、その他が制定された。このような技術移転においては医薬品の研究開発に見られるように、バイオテクノロジー企業、医療機関等を特定地域に集中する産業集積が効果的であり、それが政策的に追求された。

例えば臨床研究においては、医療機関における治験を効果的に行うためには政府の詳細な規則設定と、モニタリング、監督が必要であり、同時に規則の標準化による効率的な研究が求められる。臨床研究における医療機関は公共性が高く、それに参加する患者も臨床試験に自発的に参加する研究協力者として位置づけられる。

医薬品の研究開発においてはその各段階において詳細な規則が設定され、モニタリングによって各主体が規則を遵守することが必要である。また、医薬品承認規制においては、規制主体が正確に迅速に意思決定を行うためには、人的資源投資、設備投資を行って専門能力を蓄積する必要がある。このように医薬品の学術研究、基礎研究、開発研究、臨床研修のすべてに政府あるいは公共部門が積極的に関与し、公的目標実現の観点から、多額の資源の投入が必要となる。

さらに、政府は特定の地域に、医薬品の研究開発に関する多様な主体を集積し、それらの連携を容易にすることで、医薬品研究開発の効率性を高めようとする。また、国際的に医薬品を販売しようとする医薬品企業は、外国市場においても容易に販売できる制度の実現を望んでいる。世界各国が医薬品についてどのような特許保護を行うか、特許期間延長、医薬品承認制度をどのように運営するかによって医薬品のもたらす利益は大きく異なる。そのために、国際的に医薬品特許の権利保護強化を実現することが必要であった。これは一九八六年から一九九四年に行われたGATTウルグアイ・ラウンドのTRIPS（Trade Related Aspects of Intellectual Property Rights）交渉で議題とされ、その結果、開発途上国においても医薬品特許の権利保護強化が求められる国際的な条約が成立した。さらに、医薬品の臨床研究の結果を外国での医薬品承認申請に使用できるように臨床研究方法の国際的調和を図るＩＣＨの国際的取り組みも進行している。また、アメリカ合衆国政府はその医薬品企業の意向を受けて、二国間交渉によって医薬品の外国市場での販売を促進している。その代表的な交渉として、一九八〇年代より継続している、アメリカ合衆国の日本との交渉であるＭＯＳＳ（Market Oriented Sector Specific）協議がある。これは医薬品、エレクトロニクス、通信機器等の製品分野を特定して、それらの日本市場における参入障壁を解消する目的で二国間協議を行うものであり、医薬品についてはアメリカ合衆国の医薬品の日本市場への参入を容易にする目的で実施されてきた。

③　医薬品研究開発マネジメント

政策命題三「医薬品企業は研究開発マネジメントによって研究開発の効率性を高めることが必要であり、さらにＭ＆Ａ等による企業規模の拡大によって規模の経済を実現し、あるいは研究開発の社会的分業の統合能力を高めるべきである。さらに研究開発プロジェクトのポートフォリオを拡大することで研究開発リスクを低下させ、効率性を高めることが望ましい。」

医薬品企業が行う医薬品研究開発マネジメントは原理的には三つの領域が区別される。第一は個別の研究開発プロジェクトの効率化である。医薬品企業は複数の研究開発プロジェクトを保有し、自社の設備、労働力、資金を利用して、研究開発プロジェクトを効率的に実施し、医薬品を開発することを目的としている。医薬品企業は研究開発プロジェクトで医薬品開発に成功し、平均して利益を確保できなければ長期的には存立できない。そこで研究開発に必要な時間と資源を節約し、医薬品販売によって研究開発費を上回るキャッシュ・フローを獲得することがマネジメントの課題となる。その目的で医薬品企業は予算管理、資源配分、プロジェクト・マネジメント等の経営手法を効果的に利用して、研究開発の効率性を上げようとする。この研究開発プロジェクト・マネジメントの優劣が医薬品企業の利益率の相違を作り出す。

第二のマネジメントの領域は企業規模の拡大である。医薬品企業の研究開発、製造、販売等のいずれかの段階で規模の経済が存在する場合には大規模な医薬品企業の優位が生じる。製造や販売はそれぞれ巨額の固定費が必要であり、大規模な医薬品企業の費用上の優位性が生じると考えられる。他方、医薬品の研究開発においてもいずれかの過程に規模の経済があれば大規模な医薬品企業ほど研究開発の効率性を高めることができる。例えば医薬品探索におけるハイスループット・スクリーニング機器、ヒトDNA情報等のように、大企業にしか購入できない財・サービスがあれば、大規模な医薬品企業には規模の経済が生じると考えられる。また、医薬品企業は外部主体と契約を結んで専門的な財・サービスに関するアウトソーシングを行うことで、医薬品研究開発の社会的分業の中心に位置し、その調整機能を担う。医薬品企業の規模拡大はこの社会的分業の効率性を高めることが考えられる。それでは実際に医薬品研究開発において規模の経済が生じているであろうか。ヘンダーソンとコックバーンは研究開発プロジェクト単位には規模の経済は明確には存在しないとしている。[24] 他方、複数のプロジェクトを保有する医薬品企業には個々のプロジェクトでは実現できない費用逓減が可能であるという意味で「スコープ・エコノミー」が存在するとしている。さらにヘンダーソンとコックバーンは臨床研究については規模の経済が生じるとしている。[25] 臨床研究については、それを実施する能力がいったん医薬品企業に蓄積されると、多くの異なる臨床プロジェクトを効率的に行うことができ、その平均費用が低下することで規模の経済が発生すると考えられる。例えば同じ医薬品の臨床研究を複数の国で行う場合には極めて大きな規模の経済が発生する。この実証研究結果を前提とすれば、基礎研究、応用研究においては規模が大きい企業が、小さい企業と比較して優位とは言えないが、臨床研究については大規模企業ほど優位であるという相違が生じる。

しかし、このような研究開発プロジェクトの効率性が規模によって増大しない場合であっても、企業は規模拡大を追求することが有利な場合がある。まず、医薬品企業が合併することで、重複するR&Dプロジェクトを統合してR&D費用を節約できる。このとき合併後の企業の売上額がR&D費用の節約分を上回って減少しない限り、合併後の企業の利益は増加する。さらに企業規模の拡大は医薬品企業の政策担当者に対する影響力を大きくし、自らに都合のよい政策を実現できる。他方、大規模な企業はポートフォリオとして資産を持つ効果を実現できる。まず、大規模な医薬品企業はリスク、キャッシュ・フロー、開発段階の異なる複数のプロジェクトをポートフォリオとして保有することができる。その結果、企業全体にとっての研究開発リスクを削減することができる。さらに大規模な医薬品企業は複数の医薬品のポートフォリオを保有することで、医薬品企業全体としてのキャッシュ・フローを時間を通して平準化することができる。

6　セントラル・ドグマの成立背景

ここまで、「市場競争下の医薬品企業が医薬品研究開発の社会的分業を効果的に統合して、効率的に医薬品をもたらす」というセントラル・ドグマと、そこから導かれる政策命題を要約した。このドグマを形成し、自ら信じ、それに基づいて行動する三つの主体が想定される。第一は、医薬品研究開発に直接、間接に携わる「実務家」である。主に大学・研究機関で医薬品研究を行う研究者、医薬品企業で医薬品研究を行う研究者、医薬品の研究開発を企画、資金配分、管理するマネージャー、さらにはこれらの周辺に位置する多様な関係者が含まれる。第二は、医薬品政策を立案、実施する政策担当者である。第三は、医薬品産業あるいは医薬品の研究開発を研究対象とする経済学者である。これらの三者が医薬品の研究開発について正統的なものとして前提とする思考枠組みを本稿ではセントラル・ドグマと呼んだのであった。このとき医薬品の実務や政策を担当しない経済学者をセントラル・ドグマの担い手として特定することに対しては違和感があるかもしれない。何よりもその存在感がない。しかし、数は少ないものの、医薬品研究開発を対象とする経済学分析が存在する。医薬品の実務家や政策担当者は医薬品研究開発について把握するとき研究成果を利用して問題を設定し、理解しようとする。例えば研究開発プロジェクトの費用、収益、資金調達、研究開発の役割、知的財産権による発明者の権利保護、医薬品価格の役割、医薬品企業間の競争、M&A、規模の経済、その他の問題はすべて経済学に関わることであり、それらの分析には経済学の枠組みが利用される。このため、実務家はそうとは明確に意識しないままに無意識に経済学の成果を利用するのである。経済学者はこのようにセントラル・ドグマを形成、維持するときに大きな役割を持っている。ここでイギリスの経済学者ケインズが現実に対する経済思想の役割を強調したことが想起される。「世界の動きを決めるものは、一般に信じられているように既得権益ではなく、思想である。……経済学者や政治哲学者の思想は、それが正しくても間違っていても、一般に考えられているより、はるかに強力である。事実、世界を支配するものは、思想しかないのである。いかなる知的影響とも無関係であると信じている実務家も、実は過去の経済理論の奴隷なのである。……危険なものは、既得権益ではなく、思想なのである」[26]。この表現は経済思想についてケインズが言及した箇所である。しかし、これは医薬品研究開発についても該当する。医薬品研究開発の実務家、政策担当者、経済学者が、医薬品研究開発の真実として想定する姿はこのように、経済思想に基づいて作られた首尾一貫した仮構の姿なのである。そして経済学者は逆に、今度は自らが作り出したセントラル・ドグマこそ医薬品研究開発の姿の唯一正統的理解と考えがちになるのである。セントラル・ドグマはこうして医薬品研究開発の「教義」として確固たる信念となる。

この意味でのセントラル・ドグマの成立は極めて最近のことである。遺伝子組み換え技術を中核にしたバイオテクノロジーの医薬品研究開発への応用が進み、アメリカ合衆国でバイオテクノロジー企業が数多く設立された時期は一九八〇年代であった。さらにアメリカ合衆国で大学、研究機関に対する公的研究費が急増したのも一九八〇年代以降である。アメリカ合衆国の医薬品市場が急速に拡大したのもやはり一九八〇年代以降で、それにより一九九〇年代には医薬品研究開発に関する各種のサービス企業、CRO（臨床受託企業）が急速に成長し、医薬品企業のアウトソーシングが一般化するようになった。例えば医薬品企業のキーワードとしての「医薬品企業のアウトソーシング」の用語が医薬品企業関係者に広範に用いられるようになったのは一九九〇年代後半からである。[27] このようにセントラル・ドグマは一九八〇年代以降のアメリカ合衆国の医薬品研究開発の構造変化を反映して成立した。

これに対して、日本ではこのセントラル・ドグマが受容されるのはアメリカ合衆国よりも一〇年ほど遅れたと考えられる。これは日本では医薬品研究開発のアウトソーシングが欧米に遅れて進行したこと、医薬品企業の研究開発の垂直統合が維持されて、基礎研究において大学、研究機関、バイオテクノロジー企業等へ依存が大きくなっていないことから伺える。その結果、セントラル・ドグマから導かれる政策命題は必ずしも積極的に追求されなかった。例えば医薬品価格規制について日本は世界でも稀なほどの徹底した医薬品価格抑制を実現し、研究開発の経済的動機付けの議論は必ずしも行われなかった。また、医薬品研究開発に必要な社会資本についても整備が遅れた。とりわけ大学、研究機関、バイオテクノロジー等による基礎研究が遅れた。また、臨床研究においても、医療機関における治験、そこでの患者のリクルートの体制整備が遅れ、一九九七年の薬事法改正によって厳格な規制が導入されると、医療機関における臨床研究が急減してしまった。医薬品企業のマネジメントにおいてもアウトソーシングは遅れ、企業規模を拡大するためのM&Aについても二〇〇〇年前後になってようやく積極化した。

7　セントラル・ドグマの破綻

このように二〇世紀末に成立した医薬品研究開発のセントラル・ドグマとその政策命題は確固たる論理として実務家、政策担当者、経済学者に共有されるに至った。二一世紀初頭の世界ではあらゆる技術領域の中で医薬品を中心とするライフサイエンスを重視し、それを将来のリーディング産業として特定する国が多い。そのような国ではセントラル・ドグマとその政策命題が前提にされている。日本のライフサイエンス政策もつまるところはこのセントラル・ドグマを基礎にしたものであった。ところがこの堅牢に見えたセントラル・ドグマ自体に早くも大きな破綻が生じるようになっている。それは医薬品研究開発の停滞、医薬品研究開発費用の増大、安価な医薬品を求める消費者の要求の三つの領域で生じている。

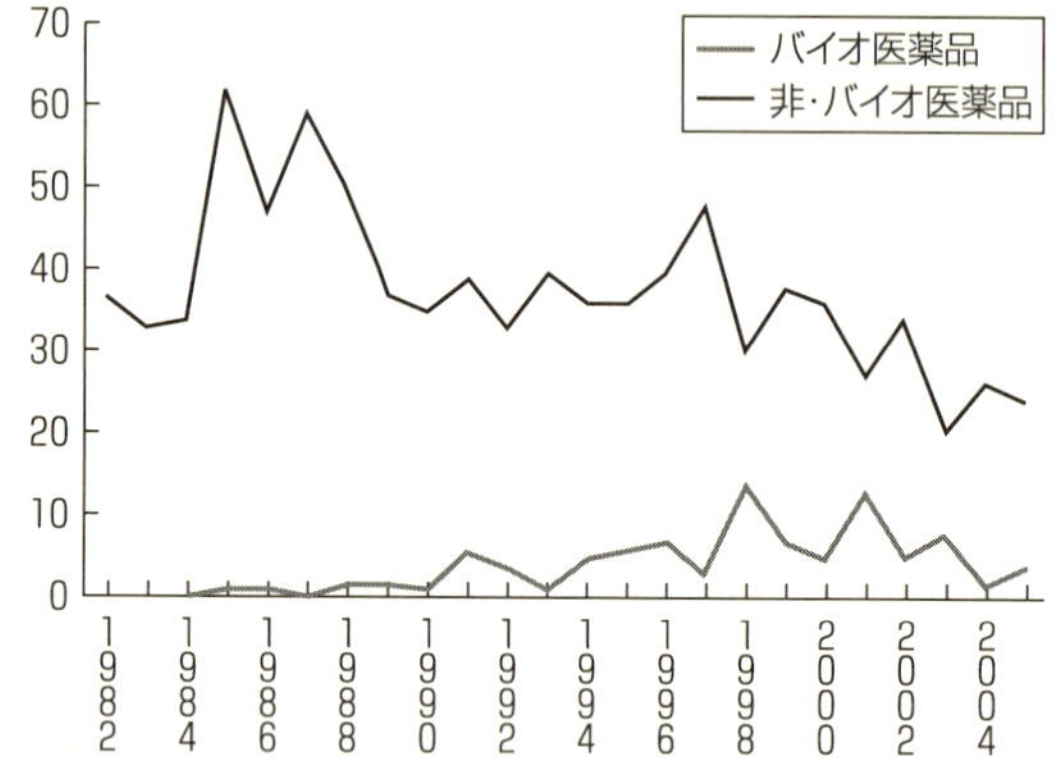

図 2-1　世界の医薬品開発数（バイオ医薬品と非・バイオ医薬品）

①　医薬品研究開発の効率の低下

近年問題となっているのは医薬品研究開発の停滞である。一九八〇年代以降R&D支出額は飛躍的に増加している。例えば世界全体の医薬品R&D支出額は一九九三年の二七〇億ドルから二〇〇三年に五〇〇億ドルにほぼ倍増している。[28] 同期間にアメリカ合衆国のR&D支出額は一〇〇億ドルから二七〇億ドルにさらに高い増加率で成長している。[29] このようなR&D支出額統計は医薬品企業を単位としたR&D支出額データを集計したものであり、大学、研究機関に対する公的研究資金を含めると、R&D支出額はさらに大きく増加している。このようなR&D支出額の増加がライフサイエンスを支えている。ところがアウトプットである医薬品は逆に減少傾向にある。これを世界各国における新規有効成分（New Chemical Entity）と認定される医薬品承認数を見ると、傾向として一九八〇年代末、一九九〇年代後半にピークがあり、二〇〇一年以降減少している。このときバイオテクノロジーによるバイオ医薬品と非・バイオ医薬品を分けると、非・バイオ医薬品は趨勢として減少している。これを補うものとして一九九〇年代以降バイオ医薬品数が増加している（図2-1）[30]。すなわち、R&D投資や前臨床試験に入る医薬品候補数といった指標は増加しているが、最終的な医薬品承認数は逆に減少している。これは医薬品研究開発がとりわけ臨床試験において滞っていることを示している。すなわち、薬効の有無、副作用の有無を確認する臨床試験の承認基準をこれらの医薬品が満足することが次第に困難になっている。

② 医薬品研究開発費用の上昇

医薬品開発には多額の研究開発費が必要である。その金額の推計は医薬品を研究する経済学の関心の一つである。医薬品開発費用の推計はタフツ大学CSDD（タフツ大学新薬研究センター：Tufts Center for the Study of Drug Development）によって継続的に行われている。タフツ大学CSDDの研究では代表的な企業の新薬プロジェクトのサーベイ・データをもとにして、その支出のタイミング、資本費用、研究開発プロジェクトの段階ごとの成功確率を推定し、それらを医薬品発売時点の税引き後キャッシュ・フローの現在価値として求める。この医薬品の研究開発費においては推定の困難な基礎研究費は含めずに、応用段階の前臨床研究以降の支出額を含める。また、この推定においては研究開発が川上から、川下に逐次進行していくという前提で、前段階から後段階へ移行するときの成功確率を推定する。このような前提で各段階の研究開発にかかる時間と費用が個別に推定される。

この種の最初の推計であるディマージらの研究では一九八〇年代の医薬品開発の費用は一九八七年

のドル表示で二億三一〇〇万ドルであった[31]。これに対し連邦議会技術評価局（U.S. Congress, Office of Technology Assessment＝OTA）も同様の推定を行い二億五九〇〇万ドルと推定した[32]。これがタフツ大学CSDDの二〇〇一年の研究では二〇〇〇年ドル価格で八億ドル、さらに二〇〇三年の研究では九億四八〇〇万ドルであることが報告されている。このように、医薬品の研究開発費用は一九九〇年代に急上昇したことが示されている。また、各研究段階の研究開発費についてはディマージらの研究では、研究開発費の平均はフェーズⅠで一五二〇万ドル、フェーズで二三五〇万ドル、フェーズⅢで八六三〇万ドルと推計される[33]。また、その各段階からの移行する成功確率すなわち各段階の成功確率をフェーズⅠからⅡを七一％、ⅡからⅢを三一・四％としている。さらにそれぞれの段階の平均研究期間をフェーズⅠが二一・六ヶ月、Ⅱが二五・七ヶ月、Ⅲが三〇・五ヶ月と想定している[34]。同じような手法による日本の医薬品研究開発費の推定は山田武によって行われた[35]。これは日本の医薬品企業の開発した医薬品を対象にして、タフツ大学と同様の手法を採用し、失敗した研究プロジェクトを含めて、資本費用を年率九％、一九九五年価格で三五〇億円という推計値を導いている。

これらのR&D費用の推計結果は医薬品研究開発の実務家に頻繁に引用され、医薬品研究開発にいかに費用がかかるかという論拠に使われている。ところがこれらの手法には妥当性に関する問題がある。まず、これらの研究は代表的な企業を選択し、サーベイ・データを用いてその研究開発費を推定している。しかし、そのデータには公開性がなく、研究成果の再検証ができない。そのため選択された企業や医薬品がはたして代表的サンプルであるか不明である。とりわけ臨床試験費用の範囲については、定義によって大きく変動する。例えば慢性疾患の医薬品は臨床試験の被験者が急性疾患の医薬品のそれよりもはるかに数が多く費用がかかる。医薬品の研究開発費用の近年の増加は、開発医薬品が急性疾患から慢性疾患へ転換されたためである可能性もある。また、医薬品を国際的に販売するために、研究開発とりわけ臨床研究が一つの国だけでなく多数の国で実施されるようになっていることを反映している可能性もある。国際的に販売される医薬品の場合は外国における臨床試験が含まれるため臨床研究の費用は当然に大きくなる。国際的に行われる臨床試験はそのタイミングも異なり、それらをどの範囲で含めて推計するかによって費用推計は大きく変わる。さらに割引率として使用する資本費用を固定して推定する方法の妥当性の問題もある。投資プロジェクトについて、実施の途中で意思決定を変更できる柔軟性を強調するリアル・オプション理論の立場からは上記の研究では医薬品プロジェクトの価値が過小評価され、研究開発費用が過大評価されることになる。

しかしながら、このような手法上の問題を考慮しても、医薬品の承認数が減少していることを考慮すれば、医薬品一個当たりのR&D費用が上昇していることは間違いない。それでは医薬品の研究開発のプロジェクトの利益率はこのようなR&D費用を賄うほど十分に高いであろうか。利益率の代表的指標である売上高利益率では日本の大規模な医薬品企業は一〇%を超え、他産業に比較すると高いが、欧米の大規模な医薬品企業はその水準を上回る。このため、医薬品企業は過剰な利益を享受していると批判されることが多い。その背景には人々の健康に直結する医薬品価格が高すぎることは望ましくないとする考えがある。また、競争政策の観点からは、医薬品の特許制度、承認制度による独占が医薬品企業の過剰な利益率をもたらすのは望ましくない。

これに対して医薬品企業は高い利益率を得ていないという反論が経済学者によってなされている。その第一は、医薬品企業の真実の利益率は見かけほど高くないという主張である。彼らが強調するのは利益の概念である。通常、利益の大小を議論する場合に用いられるのは会計的利益である。ところがこの会計的利益は会計手続によって作成される指標であり、資産が生み出す将来キャッシュ・フローを反映していない。とりわけ減価償却費は会計的な減価償却方法によって測定されたものであり、資産価値の減少を反映する経済的な減価償却費でない。企業利益を正確に反映するのは会計的利益でなく、「経済的な減価償却費」を反映した「経済的利益」でなければならない。したがって会計的利益で医薬品企業の利益率が高いからといって経済的利益率が高いとは言えないと主張する。(36) 日本製薬工業協会による研究(37)はこの例である。

反論の第二は、利益率は医薬品ごとに大きく異なり、利益率の高い医薬品は少数であることを強調する。高価格で大量に販売されて高い利益率を実現する医薬品の数は極めて少数である。他方、大部分の医薬品の利益率は低いため、少数の利益率の高い医薬品がこれらの利益率の低い医薬品の損失を相殺する「内部補助」を行う。これはグラボウスキとヴァーノン(38)、アメリカ合衆国議会ＯＴＡ(39)等の研究において強調される。このような高利益率の医薬品を保有するような少数の企業の利益率は高いが、企業全体としては高いとは言えないことになる。医薬品企業は個別の医薬品について高い利益率を期待して巨額の研究開発投資を行う。しかし実際に高い利益が確保されても、それは利益率の低い医薬品あるいは失敗した医薬品の研究開発費として使用されることになる。医薬品の研究開発費用の最新の推定値はついに一〇億ドルという数値に達した。その結果、医薬品一品目で平均年間一〇〇〇億円単位の売上を確保できる、国際的な「ブロックバスター」を医薬品企業が持たない限り医薬品企業は研究開発投資が困難になってきていることを意味している。ところがそのようなブロックバスターの開発は年々困難になり、実際には極めて稀な幸運に恵まれた医薬品企業が保有しているにすぎない。その結果、ブロックバスターに頼る垂直統合型の医薬品企業の研究開発モデルはR＆D費用の上昇によって持続できない状態に達している。セントラル・ドグマは医薬品企業が研究開発を行うのに必要な利益率を確保していることが前提であった。研究開発費の増加、医薬品承認数の減少によって、医薬品企業の利益率が抑制されるとき、セントラルドグマは成立しない。

③　医薬品価格をめぐる経済的対立

医薬品研究開発には研究開発に成功した者には特許が与えられ、さらに医薬品の承認規制制度で新規参入が抑制される。このため研究開発に成功した企業は市場において容易に独占力を持つことができ、その結果、高い価格が設定されると多数の人々が医薬品価格を負担できず、医薬品を使用できなくなる。この価格をめぐって、世界のさまざまな国や地域で医薬品企業と消費者・患者との間の経済的対立が顕在化している。

アメリカ合衆国では政府による医薬品価格規制がなく、価格は市場によって決定される。アメリカ合衆国では医薬品のみならず、多様な財・サービスについて価格規制を回避しようとする傾向が強い。一九八〇年代以降には医薬品価格が急上昇し、これが医薬品産業の高度成長を可能にした。しかし、一九九〇年代以降、医薬品価格の上昇に対する消費者の不満が高まり、医薬品価格規制の導入が大統領選や連邦議会選挙のたびに政策課題として取り上げられるようになった。その代表はクリントン政権における医療改革であった。この医療改革は実現せず、アメリカ合衆国では自由な医薬品価格設定が続いている。アメリカ合衆国では公的医療保険対象の患者は一部に高齢者や貧困層に限定され、大多数の国民は民間保険に依存している。このため、政府は公的医療保険制度を利用した医薬品価格の直接的な規制を行えない。しかし、近年は政府主導による医薬品価格規制の導入が議論されている。例えば老人対象の保険であるメディケア（Medicare）において、メディケア制度改革法（Medicare Prescription Drug, Improvement, and Modernization ACT＝MMA）が制定され、医薬品支出が保険対象となった。ここで政府の購入する医薬品についてはその交渉力を活用して医薬品価格を低下させることが期待されている。このようにアメリカ合衆国においても今後は医薬品価格規制の導入が検討されている。

開発途上国においても消費者は同様の問題に直面している。世界の医薬品の研究開発は先進国に本拠地を置く多国籍企業によって主導されている。このとき医薬品の研究開発は購買力の大きな先進国市場の疾患領域を中心とし、開発途上国向けの医薬品は開発が停滞する。また、医薬品価格も一人当たり所得の高い先進国の国民を前提とした価格設定が行われる。その結果、開発途上国の国民は最も医療と医薬品を必要としながら、必要な医薬品を消費する機会が限られている。その典型的例がマラリアの医薬品において生じている。マラリアは最も代表的な熱帯地方の疾病で、多くの人命を奪っている。ワクチンはなく、治療薬は高価であり、それを必要とするアジア、アフリカの人々は容易には入手できない。治療薬についても耐性が生じているため効果が小さくなっている。ＷＨＯや世界銀行はマラリア対策のためのプログラムを策定して、巨額の資金を投入しているが、現在のところ医薬品の開発は進んでいない(40)。

開発途上国における医薬品価格が議論されるもう一つの契機としてＡＩＤＳ患者の急増がある。南アフリカ、ボツアナ、ザイール等のアフリカ諸国、タイ、インド、中国等のアジア諸国では一九九〇年代以降、ＡＩＤＳ患者が急増している。例えば南アフリカの人口四五〇〇万人の一〇分の一を超える五〇〇万人がＡＩＤＳに感染し、その結果、平均寿命は六〇歳代に達していたが現在は四〇歳代にまで低下している。ところが、南アフリカのＡＩＤＳ治療薬が欧米並みの一人当たり年間一万ドルを超えると、一人当たりＧＤＰ四〇〇〇ドルの所得と比べて著しく高い。そこで開発途上国政府は、自国内における廉価なＡＩＤＳ治療薬の供給を目指して、ＡＩＤＳ薬の特許権保護を制限して、特許強制ライセンスによって、開発途上国企業が安価なＡＩＤＳ薬を供給することを促進しようとした。ところが欧米の医薬品企業や政府は医薬品の特許権保護を理由にこの政策を批判してきた。

これらの開発途上国における医薬品価格の問題は医薬品特許を国際的にどのように保護するかということである。これは一九八六年から一九九四年まで行われたＧＡＴＴウルグアイ・ラウンドにおけるTRIPS（Trade Related Aspects of Intellectual Property Rights）交渉に遡る。アメリカ合衆国、ヨーロッパ諸国、日本では早い時点から医薬品特許が保護されてきた。これに対して、アジア、アフリカ、中南米、その他の国では医薬品の特許は必ずしも強く保護されてこなかった。そこでアメリカ合衆国の医薬品企業は政府機関を説得して、国際的な知的財産権保護の強化を貿易の自由化をめざすGATTにおける議題とすることに成功した。取引の阻害要因となりかねない知的財産権保護の強化をGATTの議題とするのは必ずしも自然ではなかった。しかし、ファイザー（Pfizer）等のアメリカ合衆国の医薬品企業は、アメリカ合衆国、ヨーロッパ、日本の三地域における企業経営者の連携を効果的に組織し、それによって各国政府に影響を与えてTRIPS交渉を進めた[41]。その結果、開発途上国を含めて特許権保護を強化することが決定され、インド、ブラジル等の国は特許法を改正して、医薬品特許保護を強化するという義務を負うことになった。

ところが一九九〇年代末からの開発途上国のAIDS患者の急増な事例は、開発途上国における医薬品特許権の保護強化によって消費者が安価な医薬品にアクセスできない問題を明らかにした。このためアフリカ諸国の主導により、WTO（世界貿易機構）はTRIPS合意の修正に取り組むことになった[42]。そこでは開発途上国政府が医薬品特許について、その保有者の同意がない場合に、政府が「強制ライセンス」を国内企業に対して実施し、その国内企業が安価なジェネリック製品を供給できるようにすること、さらに特許保有者が特定の医薬品をある国で他の国よりも安価に供給しているときは、その安価な医薬品を別の国が特許権保有者の同意なく輸入する「並行輸入」を可能とすることが検討された。この二点については二〇〇一年のWTOのドーハ宣言で認められた。さらにTRIPS合意は各国政府が国民の健康を守ることを禁じるものではないことが確認され、開発途上国の医薬品特許保護に関する免除規定も二〇一六年まで有効とされた。残る問題は国内でジェネリック製品を生産できない国が、強制ライセンスによって外国で作られたジェネリック製品を輸入できるようにすることであり、二〇〇三年総会においてそれを禁じているTRIPS三一条（f9）を一時的に免除するという決定がなされた。さらに最近では新たな問題として国際的な感染症のリスクが問題となっている。SARS、インフルエンザ、鳥インフルエンザ等の新型感染症の国際的拡大は今後いつでも発生しかねず、いったん発生すればその影響は深刻である。これは開発途上国の医薬品アクセスを現在のような不備なままに放置することはできないことを意味する。

開発途上国だけでなく、台湾、韓国その他の国でも医薬品をめぐる経済的対立は明らかになっている。これらの所得水準が高くなった国では最近になって国民全体を対象とした医療保険が導入されて普及している。その医療保険によって消費者に対する医薬品給付がなされるようになったが、それが医療費上昇をもたらした。そこで医療費抑制あるいは医療保険財政を維持するために医薬品価格の低下が政策的課題として位置づけられるようになっている。台湾、韓国の主たる医薬品企業は特許切れの医薬品を製造販売するジェネリック・メーカーであり、他方、欧米日本の医薬品企業が特許で保護された新薬を発売する。その結果、これらの国における医薬品価格抑制は、欧米日本の医薬品企業の経済的利益を抑制して、消費者の経済的利益を守ることになる。このような政策に対して、欧米日本の医薬品企業が強く反対している。その一例が冒頭に挙げた台湾におけるエピソードであった。

このように医薬品供給をめぐる経済的利害の対立は世界各地において重要な政策課題として顕在化している。ところが医薬品をめぐる経済的対立について一般の日本人はこれまで明確には意識していなかった。これは日本では医療保険制度により国民皆保険が成立し、医薬品価格低下政策が採用されてきたため、すべての国民が比較的安価に医薬品を入手できたという世界的には稀な恵まれた状況にあったからである。ところが、そのような日本においても医療保険財政の悪化が危惧されるようになり、さらに個人間の所得格差によって負担能力の相違が大きくなってくると、安価な医薬品に対するアクセスの問題が顕在化してきた。国民はこれまで考えることのなかった医薬品価格についてこれまでより深刻に考えざるを得なくなってきた。医薬品価格をめぐる世界的な議論の場に遅れて到着したのである。

8　セントラル・ドグマの転換——医薬品研究開発の将来像

医薬品研究開発の社会的分業を統合する医薬品企業にとってR&D投資採算性が低下すると、費用を賄うために医薬品価格を上昇させるしかない。しかし、他方では人々は多くの領域で安価な医薬品を必要としている。これは現在の医薬品研究開発体制ではもはや医薬品企業が医薬品を効率的に開発することは困難になってきたという意味で、セントラル・ドグマが破綻していることを意味する。これは経済学の枠組みでは収穫逓減の問題に他ならない。この問題をどのように解決すべきであろうか。まず、医薬品企業は現在のセントラル・ドグマをさらに徹底することで問題を解決できると想定しているようである。そのような人々は医薬品企業の医薬品研究開発を主導しているのは、依然として医薬品企業であり、医薬品企業が利益最大化動機に基づいて、市場競争の下でR&Dを行い、アウトソーシングにより社会的分業を統合して、医薬品を開発するという現在の方法が最も効率的であることを前提としている。したがって、その研究成果の知的財産権は最大限保護されるべきで、人々はその成果を経済的に負担しなければならず、医薬品価格規制は研究開発の効率性を低下させると想定する。また、医薬品企業はM&A等によって大規模化し、医薬品研究開発の社会的分業をより効率化しなければならない。[43]現在見られるような研究開発の効率性の低下は、バイオテクノロジーを利用した医薬品研究開発、CRO等を利用した研究開発のアウトソーシングによって医薬品の研究開発の効率性を向上させることができれば、回避可能であると想定する。彼らによればセントラル・ドグマは破綻しているのではなく、その政策的命題が十分に実現されていないために、現在の問題が生じていることになる。

このようにバイオテクノロジーの発達をセントラル・ドグマの破綻を回避する重要な要因として位置づける人々がある。しかし、バイオテクノロジーによる医薬品の研究開発は実際に医薬品のより効率的な開発を実現するのであろうか。いま便宜的に通常の医薬品企業とバイオテクノロジー企業とに分けてR&D支出額を見る。アムジェン（Amgen）、ジェネンテック（Genentech）は医薬品企業と

	医薬品企業2002年(1)	バイオテクノロジー企業2003年(2)	(2)／(1)
世界上位10社	32,230	5,208	0.16
次の10社	11,979	1,666	0.14
次の10社	4,802	1,185	0.25

表 2-1　医薬品企業とバイオテクノロジー企業の R&D（100万ドル）

しても上位一〇―二〇位に入る規模のR&D支出を行っているが、これらはバイオテクノロジー企業として分類する。医薬品企業の世界上位一〇社の二〇〇二年のR&D支出額は三二二億ドル、次の一〇社が一一九億ドル、次の一〇社が四八億ドルである（表2-1）。これに対して、バイオテクノロジー企業は一位のアムジェンの一七億ドル、二位のジェネンテックの七億ドルを含めて、上位一〇社で五二億ドル、次の一〇社が一七億ドル、次の一〇社が一二億ドルである。確かに医薬品企業の上位企業のR&D支出額は、バイオテクノロジー企業の上位企業のそれもはるかに上回っている。しかし、R&D支出額の大きな医薬品企業はこの表の世界上位の数十社に限定され、それ以下の医薬品企業のR&D支出額は必ずしも大きくはない。これに対して、バイオテクノロジー企業は、順位の低い企業も相当額のR&Dを支出している。医薬品企業のR&D支出分布が規模の上位企業に偏っているのに対して、バイオテクノロジー企業ではこの偏りが小さい(44)。

次に新規有効成分（New Chemical Entity）の医薬品承認数で見ると一九八五年には世界全体で毎年五〇個前後あったのが、近年は二五個に低下している。この間、R&D支出額は増加し、医薬品候補物質の数も増加しているが、研究開発途中で打ち切られ比率も急増している。これは深刻な問題であり、医薬品開発により巨額の費用がかかるようになっていることを意味する。この問題を解決する一つの可能性がバイオテクノロジーである。これをバイオテクノロジー医薬品の承認数で見ると、全医薬品の一五から三〇％をバイオテクノロジー医薬品が占めるようになっている。[45] このように医薬品産業においてはバイオテクノロー産業の占める役割が次第に重要になっている。このようにバイオテクノロジーに代表される技術の発達によって、新しい医薬品研究開発の可能性は拡大している。

しかし、セントラル・ドグマにおいては、バイオテクノロジー企業と医薬品企業との関係が問題になる。バイオテクノロジー企業は、大学や研究機関の技術の実用化を行う主体であり、医薬品候補物質を含めて、各種のサービス機能を医薬品企業に供給する主体として想定される。バイオテクノロジー企業は医薬品の研究開発の社会的分業の重要な一翼を担うものではあるものの、それは医薬品研究開発の社会的分業においてその基礎研究、応用研究といった川上部分を担当している。これに対して医薬品企業は社会的分業全体を統合する役割を担っている。実際に多くのバイオテクノロジー企業はその株式保有を医薬品企業に依存しており、また、売上額の多くを医薬品企業との取引であげている。もちろんアムジェン、ジェネンテックのように、バイオテクノロジー企業として始まった企業で、現在では承認済みの医薬品を複数保有し、自ら医薬品研究開発の社会的分業を統合する機能を担って、医薬品企業と変わらないような存在となっている企業も現れている。これはセントラル・ドグマにおいては、バイオテクノロジー企業が医薬品企業となった事例として位置づけられる。しかし、バイオテクノロジー企業が医薬品候補物質を多く生み出しても、臨床研究の段階で失敗すると最終的な医薬品は増加しない。そして現在起きているのはまさしくこれであり、この傾向が続けばバイオテクノロジー産業の発達にもかかわらず、セントラル・ドグマは遅かれ早かれ破綻する。

それではセントラル・ドグマが破綻した場合に、残る解決方法は何であろうか。論理的には一つの選択肢しかない。それは現在の医薬品企業に代わる、医薬品研究開発の社会的分業を統合する主体を見つけることである。医薬品研究開発の社会的分業の傾向は今後も継続するであろう。ここで社会的分業を見ると、医薬品研究開発の主体として、大学・研究機関、医療機関、医師、患者等のように営利動機に基づかない多くの主体が関わっている。医薬品というアウトプットは私的財として営利企業によって供給されているが、その研究開発の中核には非営利動機に基づく資源が大量に投入されている。これは研究開発資源は社会にとって共通する制度的基盤であることを意味する。宇沢弘文は基本的財・サービスを生み出すために使用される資本のうち、私企業に所有されずに、社会的に所有、管理されるものを「社会的共通資本」と呼んだ(46)。この社会的共通資本には自然環境、社会的インフラストラクチュア、制度等があるとする。医薬品の研究開発を可能とする大学、研究機関、医療機関、患者、規制主体、政府等は制度としての社会的共通資本を形成すると考えられる。同時にバイオベンチャー企業、医薬品企業、CRO、SMO等のような私企業が医薬品の研究開発に関わる。このように医薬品研究開発は社会的共通資本と私企業の共同によって可能になる。これまで医薬品企業がこの共同作業において主導的役割を果たしてきた。それができなくなれば他の主体が医薬品の研究開発の社会的分業を統合する役割を担うしかない。

しかし、実際にはこのような提案は現時点では突飛な提案としてしか受け止められないであろう。

その理由は、現実には医薬品企業以外に医薬品研究開発の統合主体が具体的に想定できないからである。ここでヒューマン・ゲノム・サイエンス（Human Genome Science）を創立し、ＤＮＡを利用した画期的医薬品を開発してきた研究者ウィリアム・ヘーゼルタインの次の提案が注目される。[47]「発見者である研究者が知的財産権を保有し、そのグループを中心に、少数の財務専門家、医師を雇用し、世界各国の提携企業に多様な業務をアウトソーシングして医薬品を開発する。とりわけインド、中国、中南米、東欧、ロシアの企業において臨床研究を行い、発売する」。これは医薬品企業に代わって、基礎研究を行う研究者にその医薬品研究開発の社会的分業の統合を肩代わりさせる案に他ならない。ヘーゼルタインは現在の医薬品研究についてては基礎研究が進んでいるのに対して、臨床研究の効率性に問題があり、現在の開発方法は機能しなくなっているとする。しかしながら、医薬品企業からすれば、継続事業体でない研究者がはたして長期にわたる研究開発期間全体にわたって統合し続けることが可能かという疑問が提起されるであろうし、統合主体がどのような動機付けのもとにその役割を担うか、あるいは実際にこのような体制が効率的に医薬品を開発できるかも不明である。しかしながら、新しい医薬品研究開発体制があるとすれば、それはこれまでとは異なる体制であり、論理的な帰結としては利益動機に基づく医薬品企業以外の統合主体に代替する方法しかないことがわかる。これは新しいセントラル・ドグマへの転換である。

9　日本の医薬品研究開発政策

次に問題を日本に限定して、日本政府の生命科学に対する政策あるいは医薬品の研究開発政策の妥当性を検討する。二〇〇一年に発足した小泉政権はその最優先政策課題として経済構造改革を挙げ、日本の産業構造を停滞する古い産業から、新しい成長産業へと転換させることを目的として掲げてきた。政策担当者は新しい成長産業の例として情報産業に並んで、医療、介護、医薬品等の生命関連産業を挙げる。しかし、生命関連産業の成長をどのように実現するかについてはこれまで具体的計画が欠けていた。その役割をはたすのが、厚生労働省が二〇〇二年八月に改訂発表した『「生命の世紀」を支える医薬品産業の国際競争力強化に向けて』（以下、ビジョン）である。そこでは政府は日本の医薬品産業が国際競争力を失いつつあり、国と業界が協力して対応しなければならないとして、知的財産権強化、研究者養成、産業再編、技術振興、医療、治験等の社会的基盤の整備、承認制度改革、薬価制度改革、後発医薬品市場育成等、多岐にわたる政策を提案している。このような政策体系を検討することで、日本の医薬品、バイオテクノロジー、ライフサイエンス政策に共通する問題が明確になる。

上記ビジョンは本稿で述べたセントラル・ドグマに忠実に、そこから導かれる政策命題を実現しようとするものである。しかし、そこにはいくつかの問題がある。第一の問題は、個々の政策がはたして適切な時期に、十分な規模で実行されるのかという点である。アメリカ合衆国やヨーロッパは早くから医薬品、バイオテクノロジー、ライフサイエンスを最優先分野と位置づけ、一連の政策を実施してきた。日本政府の政策体系はそれらの遅れた模倣にすぎない。例えばビジョンは基礎研究助成の増加、審査機関、治験制度の整備を提案している。その提案の方向性は適切であるが、アメリカ合衆国の研究助成機関であるＮＩＨや、審査機関であるＦＤＡ、あるいは治験制度ほどに大規模で、徹底したものを目的とはしていない。先に挙げた政策命題において、医薬品の研究開発に必要な社会資本マネジメントを欧米が先行して行っているときに、後追いで、不十分な規模で模倣をしたとしても、それがアメリカ合衆国の医薬品、バイオテクノロジー、ライフサイエンスの成功と同様の効果を持つとは思われない。この意味で、日本政府の政策は世界各国の競争という条件としては実効性が欠けている。

第二の問題は、ビジョンが医薬品の供給側の条件整備を強調するものの、医薬品費用を誰が負担するかという需要側の問題については解決していないことである。アメリカ合衆国の医薬品産業の成長、専門企業の成長、社会的分業の発達は、アメリカ合衆国の医薬品市場の一九八〇年代以降の高度成長が基礎にあった。アメリカ合衆国における医薬品価格はすでに高くなりすぎて、国民の不満は大きく、今後の成長率は低下する。他方、日本はどうであろうか。一九九〇年以来、日本の医薬品産業は先進国の中で唯一、売上額が停滞している。これは薬価低下政策が極めて効果的に機能してきたことを意味する。現政権は緊縮財政、公的医療保険の維持、医療費抑制政策を堅持している。これは二〇〇六年度からの医療改革の理念においても明瞭に示されている。公的医療保険外の私的負担による医療需要の増加も期待はできない。日本政府がライフサイエンス産業を成長産業として位置づけたとしても、それが産み出す財・サービスを誰が費用負担するか、需要はあるのかという基本問題に答えていない。セントラル・ドグマを忠実に受け容れるとすれば、医薬品価格を高くして、その売上額増加を認めなければならない。このとき研究開発の成果による医薬品の価格を高くしてその売上額の増加を認めつつ、すでに研究開発投資の回収を終えたような古い医薬品については価格を低下させるしかない。政府はそれを実現するために、ジェネリック製品の市場占有率を高めようとしている。この意味で政策の方向性に問題はない。問題はこの二分法がはたして研究開発の動機付けを維持しつつ、医薬品価格低下をもたらすかということである。そうではないと判断する日本の垂直統合型の医薬品企業は、日本市場ではなく、外国市場、これまではアメリカ合衆国市場、今後はヨーロッパ市場、アジア市場を中心にして、売上額の拡大を追求している。

第三の問題は、ビジョンは企業マネジメントについても軽視していることである。本稿で要約した政策命題を前提とすれば、医薬品の企業規模の拡大が必要になる。実際に欧米の大規模な医薬品企業は一九九〇年代以降もM&Aを繰り返して、規模を拡大させてきた。日本の医薬品企業は一九九〇年代のM&Aは少なかったが、近年になってM&Aを開始した。山之内製薬と藤沢薬品の合併によるアステラス製薬、第一製薬と三共の合併による第一三共、三菱ウェルファーマの設立等、大規模なM&Aが続いている。ビジョンも日本の医薬品企業のM&A、企業間提携を想定している。しかし、日本の医薬品企業はそれが生み出す利益に比較して、株価が高すぎるため、買収対象企業としては適さない。また、自由な解雇ができない日本ではM&Aの費用削減効果は小さい。このため日本の医薬品企業のM&Aの効果は欧米のM&Aと比較して小さい。企業規模を大きくする別の利点は、アウトソーシング、企業提携について広範なネットワークを形成することであった。ところが、欧米の大規模な医薬品企業は既に広範なアウトソーシングとネットワークを形成していて、日本に基盤を置く医薬品企業が後追いで同じようなネットワークを展開することは極めて困難である。他方、非効率な企業の退出方法についても検討されていないため、企業再編の方法が必要である。

このようにビジョンに示された政策では、国際競争力のある成長産業としての医薬品産業を実現することは困難であると予想される。現在提案されているビジョンは多様な政策の一覧表、見取り図にすぎず、現実に医薬品産業政策を効果的に行うために不可欠の論理的枠組み、政策評価、国民的な判断基準が欠けている。政策担当者はアメリカ合衆国で成立した成長産業を日本においても実現したいという願望と、それはアメリカ合衆国で成功した一連の政策命題を部分的に模倣することで可能であるという根拠のない楽観に依拠している。それはセントラル・ドグマを前提としているが、需要を誰が負担するかという部分を看過している。また、国ごとの相対的な条件の相違、優位性の分析に欠けている。さらに、セントラル・ドグマ自体が破綻しつつあることも意識していない。セントラル・ドグマが破綻したときにどのような医薬品研究開発体制がとられるかという最重要の課題が検討されていない。

10 結論

本稿では医薬品研究開発について、「医薬品企業が市場競争において医薬品研究開発の社会的分業を統合して、効率的に医薬品をもたらす」という命題が医薬品研究開発に携わる実務家、政策担当者、経済学者に共有されているとして、これをセントラル・ドグマと呼んだ。このセントラル・ドグマでは私的利益最大化をめざす医薬品企業がそれまでに備えていた多様な機能を外部主体にアウトソーシングするという形で、医薬品の研究開発の社会的分業を促進し、統合している。このセントラル・ドグマは一九八〇年代以降のアメリカ合衆国の医薬品市場の急速な拡大によって成立した。そこでは一九八〇年代から急増した公的資金を基礎にした大学、研究機関におけるライフサイエンスの進展、さらにバイオテクノロジー企業、一九九〇年代に多数成立した、CRO、SMOその他の専門的サービス企業が分業において重要な主体となっている。ところが一九九〇年代以降、R&D支出額の増加、医薬品候補物質の増加にもかかわらず、最終的な医薬品承認数が減少する傾向が明らかになっている。その結果、医薬品のR&D費用は急増している。他方、医薬品価格抑制が各国で行われたため、開発された医薬品の投資採算は低下している。また、このような医薬品企業は医薬品を国際的に販売する必要から、開発途上国においても知的財産権の強化と高薬価を求め、それが貧困な消費者の批判を呼んでいる。医薬品企業が必要な医薬品を安価に開発することができなくなるという現象が明らかになって、セントラル・ドグマが成り立たなくなりつつある。ところが、セントラル・ドグマを受け容れ、形成してきた医薬品研究開発の実務家、政策担当者、経済学者はその枠組みを否定することができないでいる。しかしながら、セントラル・ドグマの破綻を認める限り、医薬品研究開発の社会的分業を統合する医薬品企業を、新しい別の主体に代替しなければならないのは論理的帰結である。これは現在の垂直統合型の医薬品企業が医薬品研究開発の中心にあるという前提の終わりを意味する。日本における医薬品研究開発政策あるいはライフサイエンス政策では、医薬品等のアウトプットの支出を誰が負担するかという需要の問題を検討すべきであり、現在提案されているような欧米の政策の小規模な模倣ではない独創的な政策を模索して、新しい型の医薬品研究開発分業形態を欧米に先駆けて実現することをめざす必要がある。

付表1　医薬品研究開発のセントラル・ドグマとその政策命題

セントラル・ドグマ

「市場競争において利益最大化をめざす医薬品企業が、医薬品研究開発の社会的分業を統合し、医薬品を効率的にもたらす。」

医薬品の財としての特殊性

命題一「医薬品は人の健康を維持、向上するために不可欠の財であり、その薬効、副作用、品質、価格の属性によって区別され、優れた薬効を持ち、重大な副作用がない、高品質な医薬品が安価に供給されることが求められる。」

医薬品研究開発の社会的分業

命題二「医薬品研究開発は学術研究、基礎研究、応用研究、臨床研究、承認申請、市販後研究の段階に区別され、それぞれの段階における財・サービスが細分化されるとともに、それぞれの供給主体が存立可能となり、医薬品研究開発の社会的分業が進展する。」

市場競争と医薬品企業の役割

命題三「利益動機に基づく医薬品企業は、市場競争によって医薬品研究開発の社会的分業を効果的に統合する。」

知的財産権と競争政策、価格政策

政策命題一「医薬品研究開発投資の経済的動機付けを確保するために、政府は医薬品の知的財産権保護と承認規制によって、一定期間、他者の参入を規制して研究開発を行った企業に独占を認め、経済的対価を与えることが必要である。他方、一定期間を経過した医薬品については、ジェネリック製品によって価格競争を促進し、独占利益の発生を抑制する必要がある。政府による価格規制は研究開発の経済的動機付けを損なう。」

社会資本マネジメント

政策命題二「政府は大学、研究機関の学術研究、基礎研究に公的資金を補助して医薬品の研究開発と成果の移転を促進し、さらに臨床試験の制度を整備すべきである。政府は医薬品の研究開発過程に関する規制を行って医薬品研究開発が適正に行われることを確保し、的確な医薬品承認規制を迅速に行うことが必要である。また、政府は研究開発主体を地理的に集積させて効率的な分業体制を形成し、あるいは国際的な医薬品研究開発を容易にする制度を実現することが求められる。」

医薬品研究開発マネジメント

政策命題三「医薬品企業は研究開発マネジメントによって研究開発の効率性を高めることが必要であり、さらにM&A等による企業規模の拡大によって規模の経済を実現し、あるいは研究開発の社会的分業の統合能力を高めるべきである。さらに研究開発プロジェクトのポートフォリオを拡大することで研究開発リスクを低下させ、効率性を高めることが望ましい。」

供給主体	研究開発 学術研究	研究開発 基礎研究	研究開発 応用研究	研究開発 開発研究 臨床研究	研究開発 承認申請	研究開発 市販後研究	製造	販売 マーケティング 販売 MR 活動	流通 卸取引	流通 処方	流通 調剤	消費	支払
大学	◎												
研究機関	◎												
バイオテクノロジーなど専門企業	○	◎	◎										
開発業務験受託機関（CRO）				◎									
治験支援機関（SMO）				◎									
製造受託企業（CMO）							◎						
販売受託企業（CSO）								◎					
医薬品企業（狭義）		◎	◎	◎	◎	◎	◎	◎					
卸業者									◎				
医師	◎	○	○	◎		◎				◎			
医療機関				◎		◎					○	◎	
薬剤師・薬局										○	◎	◎	
患者				◎		◎						◎	◎
医療保険													◎
政府													
安全性，有効性，品質規制		◎	◎	◎	◎	◎	◎				◎		
競争政策		◎		◎				◎	◎		◎		
知的財産権政策	◎	◎	◎	◎		◎							
参入規制		◎	◎	◎	◎	◎	◎	◎	◎		◎		
価格政策									◎			◎	◎
流通規制									◎	◎	◎		
技術政策	◎	◎	◎	◎		◎							

付表 2　医薬品供給の社会的分業：供給主体、サービス、公共政策

注）◎：各主体にとって主要な機能・活動
　　○：各主体にとって関連する機能・活動
　　網掛け部分は垂直統合型医薬品企業の範囲

開発業務験受託機関（CRO: Clinical Research Organization）
治験支援機関（SMO: Site Management Organization）
製造受託企業（CMO: Contract Manufacturing Organizaiton）
販売受託企業（CSO: Contract Sales Organization）

◆註

（1） International Conference on Pharmaceutical Innovation Mag, 2005.
（2） Session, "Global Market for Pharmaceuticals" 5th World Congress, of the International Health Economics Association. July 10, 2005.
（3） Watson *et al.*（2004, pp. 31-35）; Crick（1970）
（4） 金子・児玉（2004）
（5） Iversen（2001）
（6） 丹羽（2003）
（7） 日本製薬工業協会（1997）
（8） 特許庁、技術調査課（2001）
（9） 特許庁、技術調査課（2001）
（10） 特許庁、技術調査課（2001）
（11） 特許庁、技術調査課（2001：12）。日本については一九九〇―一九九七年に日本において日本主体によって出願された特許、アメリカ合衆国についてはアメリカ合衆国の主体によってアメリカ合衆国に出願された特許数。
（12） これらの主体と、医薬品企業、政策、歴史の関係の概説については姉川（2007）がある。
（13） 武田薬品工業、アステラス（旧山之内製薬、旧藤沢薬品）、第一三共（旧第一製薬、旧三共）、塩野義製薬、エーザイ、大正製薬、三菱ウェルファイド（旧吉富製薬、三菱ウェルファーマ）、田辺製薬、中外製薬、万有製薬、大日本製薬、小野薬品工業、参天製薬、科研製薬、持田製薬、Pfizer、GlaxoSmithKline、Johson & Johnson、AstraZeneca、Aventis、Novartis、Roche Holding、Merck & Co. Bristol-Myers Squibb、Eli Lilly、Wyeth、Abbott Laboratories、Schering-Plough Corp、Bayer、Boehringer Ingelheim、Sanofi-Sysnthelabo、Amgen、Genentech、Novo Nordisk、Elan、

Baxter、Merck KGaA 等を想定している。

(14) 複数企業が同一医薬品を同一の製品名で販売するのがコ・プロモーション（co-promotion）、別の製品名で販売するのがコ・マーケティング（co-marketing）と、区別される。

(15) National Science Foundation（2006 : Ch. 4）

(16) これらの研究開発のアウトソーシングはＣＲＯ等が実施する臨床研究におけるサービスへの対価、基礎研究におけるバイオテクノロジー企業とのライセンス契約による対価等が含まれる。

(17) Borchardt（2000 : 28-29, 31-32, 34）における Centre for Medicines Research International の行った三六社のサーベイ調査結果の引用。

(18) Coase（1932）

(19) Williamson（1975）

(20) Levin *et al.*（1987）

(21) アメリカ合衆国では一九八四年の Haxman-Watch 法（Drug Price Competition and Patent Term Restoration Act of 1984）によるＦＤＡ法の改正で新薬の特許期間の延長とジェネリック製品の参入を容易にした。その効果の分析については Grabowski（1986）。

(22) 医薬品工業協会「ジェネリック医薬品について」ホームページ、二〇〇六年三月二四日、二〇〇四年データ、これによればアメリカ合衆国はそれぞれ五三%、八%、ドイツ四六%、二六%、イギリス五五%、二四%（二〇〇三年）、フランス一三%、七%である。

(23) National Science Foundation（2006 : 4-30）

(24) Henderson and Cockburn（1996）

(25) Henderson and Cockburn（2001）

(26) Keynes（1936）

(27) 例えば一九九四年発行の医薬品企業のマネジメント代表的なレファレンスである Spilker の著作では

アウトソーシングやContract Research Organizationが扱われていない（Spilker　1994）。

（28）　CMR International Institute for Regulatory Science（2004）

（29）　PhRMA, Annual Survey（2004）

（30）　IMS Health, Life Cycle, New Product Focus, 2005 version, 世界全体のNew Chemical Entityを各年別に集計した。

（31）　Dimasi, Hansen and Grabowski *et al*.（1991）

（32）　US Congress, Office of Technology Assessment（1993）

（33）　Dimasi, Hansen and Grabowski *et al*.（2003）

（34）　医薬品の研究開発の各種の支出推計結果についてはPAREXEL's Pharmaceutical R&D Statistical Sourcebook, PAREXEL International, 各年に記載されている。

（35）　山田（2001）

（36）　このような主張は、代表的な例では一九六〇年代のＩＢＭのアンチ・トラスト法違反の裁判においてＩＢＭの会計的利益の大きさは、経済的利益の大きさを意味するものではないという主張にある（Fisher and McGowan 1983）。

（37）　日本製薬工業協会（1997）

（38）　Grbowski and Vernon（1990）

（39）　U.S. Congress, OTA（1993 : Ch. 4）

（40）　World Health Organization, "Malaria," homepage, 2006, http://www.who.int/topics/malaria/en/

（41）　Paine and Santoro（1995）

（42）　World Trade Organization, 2006, "Trips and Public Health," homepage, 2006, http://www.wto.org/english/tratop_e/trips_e/pharmpatent_e.htm

（43）　同様の主張をPhRMAなどに求めることができる。

（44） 医薬品企業のR&D支出はMed Ad News, “Healthcare R&D 2002,” PAREXEL（2004）より再引用、バイオテクノロジーはNature Biotechnology, June 2004, PAREXEL（2004）より再引用。
（45） IMS Life Cycle, 世界で承認されたNew Chemical Entityを、バイオテクノロジー医薬品とそれ以外に分類した。
（46） 宇沢（2000）；Uzawa（2005）
（47） Haseltine（2005）

◆参考文献

Borchardt, John K.（2000）“Playing the Economics Game with Outsourcing,” *Modern Drug Discovery*, Vol., No. 2, pp. 28-29, 31-32, 34

CMR International Institute for Regulatory Science（2004）*CMR International R&D Compendium*, March, 2004.

Coase, Ronald（1932）“The Nature of the Firm,” *Economica*. 4. n.s.: 386-405.

Crick, Francis（1970）“Central Dogma of Molecular Biology,” *Nature*, Vol. 227, pp. 561-563.

Dimasi, J. A., Hansen, R. W., and Grabowski, H. G. et al.（1991）“The Cost of Innovation in the Pharmaceutical Industry,” *Journal of Health Economics*, Vol. 10, pp. 107-142.

Dimasi, J. A., Hansen, R. W., and Grabowski, H. G. et al.（2003）“The Price of Innovation: New Estimates of Drug Development Cost,” *Journal of Health Economics*, Vol. 22, pp. 151-185.

Fisher, Franklin M., and John J. McGowan（1983）“On the Misuse of Accounting Rates of Return to Infer Monopoly Profits,” *American Economic Review*, Vol. 73, No. 1, pp. 82-97.

Grabowski, H. G., and J. M. Vernon（1986）“Longer Patents for Lower Imitation Barriers: The 1984 Drug Act,” *American Economic Review*, May 1986.

Grabowski, H. G., and J. M. Vernon (1990) "A New Look at the Returns and Risks to Pharmaceutical R&D," *Management Science*, Vol. 36, No. 7, pp. 804-821.

Haseltine, William (2005)「途上国発の新薬を世界に」『日本版ニューズウィーク』二〇〇五年七月一三日、四八―四九頁、"Going Global: the search for new medicine," *Newsweek*, June 12, "10 Big Thinkers for Big Business."

Henderson, Rebecca, M., and Ian M. Cockburn (1996) "Scale, Scope, and Spillovers: The Determinants of Research Productivity in Drug Discovery", *RAND Journal of Economics*, Vol. 27, No. 1 (Spring), pp. 32-59

Henderson, Rebecca, M., and Ian M. Cockburn, (2001) "Scale and Scope in Drug Development: Unpacking the Advantages of Size in Pharmaceutical Research", *Journal of Health Economics*, Vol. 20, No. 6 (November), pp. 1033-57.

IMS Health, Life Cycle, New Product Focus, 2005 version.

Iversen, Leslie (2001) Drugs: *A Very Short Introduction*. レスリー・アイヴァーセン『薬』岩波書店、二〇〇三年。

Jones, Oswald (2000) "Innovation Management as a Post-Modern Phenomenon: The Outsourcing of Pharmaceutical R&D," *British Journal of Management*. Vol.11, No.4.

Keynes, J. M. (1936) *General Theory of Employment, Interest, and Money*. Originally published: New York: Harcourt, Brace & World.

Levin, Richard C., Alvin K. Klevorick, Richard R. Nelson, and Sidney G. Winter (1987) "Appropriating the Returns from Industrial Research and Development," *Brooking Papers on Economic Activity*, Vol. 3, pp. 783-820.

National Science Foundation (2006) *Science and Engineering Indicators 2006*.

Paine, Lynn Sharp, and Michael A. Santoro (1995) "Pfizer: Global Protection of Intellectual Property," Harvard Business School Case.

PAREXEL International (2004) *PAREXEL's Pharmaceutical R&D Statistical Sourcebook 2004-2005*, PAREXEL International, MA.

PhRMA, Annual Survey (2004) "R&D Spending by Research-Based Pharmaceutical Companies."

Spilker, Bert (1994) *Multinational Pharmaceutical Companies: Principles and Practices 2e*. Raven Press, New York.

Taaffe, Patrick (1996) *Outsourcing in the Pharmaceutical Industry-The Growth of Contracted Services for Pharmaceutical Companies*, Financial Times, Pharmaceuticals & Healthcare Publishing.

US Congress, Office of Technology Assessment, 1993, *Pharmacuetical R&D, Costs, Risks, and Rewards*. OTA-H-522, Washington, DC, U.S. Government Printing Office, February.

Uzawa, Hirofumi (2005) Economic Analysis of Social Common Capital, Cambridge University Press.

Williamson, Oliver (1975) *Markets and Hierarchies: Analysis and Antitrust Implication*, New York: Free Press.

World Health Organization (2006) "Malaria," homepage, http://www.who.int/topics/malaria/en/

World Trade Organization (2006) "Trips and Public Health," homepage, http://www.wto.org/english/tratop_e/trips_e/pharmpatent_e.htm

姉川知史（2007）「日本の医薬品産業」吉森賢編『世界の医薬品産業』東京大学出版会。

宇沢弘文（2000）『社会的共通資本』岩波書店。

金児勝・児玉龍彦（2004）『逆システム学――市場と生命のしくみを解き明かす』岩波書店。

特許庁、技術調査課（2001）「バイオテクノロジー基幹技術に関する技術動向調査」。

丹羽冨士雄（2003）「Futur―ドイツにおける需要側からの科学技術政策の展開」『科学技術動向』No. 6, 1

八―二六頁、文部科学省科学技術研究所科学技術動向センター。

日本ＣＲＯ協会（2006）『二〇〇五年業績報告書』

日本製薬工業協会（1997）『Data Book, 1997-98』日本製薬工業協会。

日本製薬工業協会（1997）「製薬産業の収益性は本当に高いといえるだろうか」『Fact & Findings』No. 6. 日本製薬工業協会。

山田武（2001）「医薬品開発における期間と費用――新薬開発実態調査に基づく分析『医薬品産業政策研究所リサーチペーパー・シリーズ』No. 8.

［討論］　医薬品産業とはどのような産業なのか

姉川知史（産業組織論）
安藤泰至（宗教哲学）
佐藤隆広（経済開発論）
佐藤光（社会経済論）
佐野一雄（経済統計学）
瀬戸口明久（生命経済学）
美馬達哉（医療社会学）
脇村孝平（アジア経済史）

◆政策決定を支配する経済学のドグマ

姉川　今回は通常の論文とは違うスタイルで書きましたが、その理由について話をさせてください。私はこの一〇年近く、医薬品産業を経済学によって分析をしてきました。ですが、ここ二、三年、疑問を抱くようになってきました。それを象徴するエピソードが二つありまして、少しその話をさせていただければと思います。一つは、二〇〇五年に台湾の健康保険一〇周年記念シンポジウムが開催され、それに出席したときの話です。台湾は健康保険の導入で国民皆保険を実現していますが、そこで医薬品の価格設定が非常に大きな問題になっています。ここで台湾にも薬価差が存在するようになっています。薬価差とは何かというと、保険の計算をするときに決めた公定薬価と、医療機関や薬局が卸業者から購入するときの市場価格と、その間に差があるということです。日本の場合ですと、かつて一九八〇年前後には大体薬価の二〇〜三〇%、場合によっては半分くらいは薬価差ということもありました。薬価差が存在すると、医療機関が医薬品を処方すると、その差額分が医療機関の所得として入ってくるという、信じがたい世界があったわけです。その薬価差が医薬品の技術開発や研究開発の方向を左右する、あるいは医療の制度を歪めている、あるいは医薬品を過剰に使用するといったさまざまな問題を引き起こしたのです。そこで一九八〇年代になってそれが政策課題となり、薬価低下政策が推進されるようになりました。また、一九九二年くらいからだいたい一〇年がかりで薬価差を一〇%未満まで抑えこみました。ところが、台湾の場合はまだまだ薬価差があって、それを英語で'Blackhole'と呼んで、それが社会問題化しています。そこで台湾では最近になって薬価差を医薬品の価格を下げる政策が追求されるようになりました。それでシンポジウムの基調講演で、台湾の保健省の責任者が医薬品価格を低下させる計画を話した。するとアメリカの経済学者と、アメリカの医薬品関係の代表者たちから、批判や反論が出された。そのときの議論の雰囲気があまりにも異様だったのが、とても印象的に残っています。そこに出席していたのはおもに経済学者で、医薬品関係の経済学者としては世界的に名前の通った方で、バーント（Berndt）とか、ヴァーノン（Vernon）、リヒテンバーグ（Lichtenberg）といったアメリカの医薬品産業研究の第一人者たちです。そのなかで、学問というようよりは医薬品をめぐる利害の衝突がそのまま議論となっていたのです。

それから、もう一つ印象的だったのは、業界代表の人たちが話をするときに、経済学の用語や命題を使って、自分たちの政策は正しいという言い方をするわけです。たとえば、台湾が薬価を下げると、知的財産権を保護しないことになって、医薬品の研究開発が衰退するとか、台湾だけが一国の医療政策、保険政策で薬価を下げるということはグローバルな研究開発に関するただ乗りであるとか、経済的なインセンティブというものをきちんと考えるべきであるとか、経済学の命題を使って批判する。そのときに私は、経済学者と実務家が、政策論議になるとほとんど区別がつかないという印象をもちました。

また、逆に経済学者が実務家の発想になるという場面もあります。バルセロナのインターナショナル・ヘルス・エコノミックス・アソシエーションという医療経済学の学会の世界大会に出たときのことです。そこで、マラリアの医薬品の開発というのがうまく進まない、これをどうすべきかという話が議論されていて、やはりアメリカの代表的な研究者が論文の発表をするわけです。けれども、それを聞いていると、研究発表というより政策提言をしている。新しい知的財産権はこうあるべきだとか、マラリアのワクチン開発のためには需要はこれくらいあって、それをこれくらいの負担でこれくらいの価格であれば、開発途上国の人も負担できるはずだというような、政策提言をやるわけです。最後に質疑応答の時間になって、多分ヨーロッパの若手の研究者だと思うんですが、「皆さんの提案はそれぞれごもっともな場面もあるのだけれども、いったいそれは経済理論からいかなる方法で導かれるのか、提案には何の理論的根拠もなく、勝手に制度をデザインして提案しているだけではないか」、そういう批判が出された。それに対して、発表した人たちはいろんなかたちで反論していましたが、その場の雰囲気としては批判した人の意見が正しいというような受け止め方になっていました。私もその批判はもっともだと思ったわけですが、よくよく考えてみると、ここでも実務家と経済学者の境目というのはほとんどないのではないかと感じたわけです。

医療の経済学、医薬品の経済学という世界では、実務家と経済学者が同じものの見方をしている、それを出発点にしてこの文章を書きました。経済学者が医薬品の経済学の命題のようなものを作り上げていて、それを業界の人たちも自分たちのものだと思って政策提言につなげている。さらにそれを見て、経済学者が自分の研究題材としての方向付けを決めるというような構図になっているのではないかというものです。ここで、実務家、政策担当者、経済学者が正統的あるいは主流と想定する思考の枠組みを、用語としては、「セントラル・ドグマ」という言葉で表現しました。これはワトソン・クリックがDNAの構造を解析し、DNA、RNA、たんぱく質の情報伝達の役割をセントラル・ドグマと表現したのを借用したものです。

佐藤隆　非常に面白く読ませていただきました。何点か感じたことをお話させていただきます。第一に、経済政策の形成における経済学者の役割というのはどういうものなのか、というのを経済学者自身が問い詰めるというアプローチを、今回姉川さんはとられていますが、これには先例がないわけではありません。たとえば僕の専門である開発経済学では、こういうことがありました。一九八〇年代前半からＩＭＦ（国際通貨基金）と世界銀行が、途上国とか旧社会主義国に対して、市場経済自由化プログラムというのを、実行させていきました。たとえば、累積債務問題の渦中にあったラテンアメリカの問題に関しては、流動性問題すなわち短期的な外貨繰りがうまくいかなかったという問題ではなくて、経済の体質そのものが非常に悪くなってきているのでその体質を改善しなければならない、と考えられたわけです。そのために何をしなければならないのかといえば、国営企業の民営化とか、貿易の自由化とか、あるいは外国資本の流入の自由化であるとされたわけです。そういう一連の経済自由化プログラムを掲げて、ＩＭＦ、世界銀行が前面に立って、全世界的に経済自由化という大きな潮流をつくっていった。それが今日のいわゆるグローバリゼーションの大きな契機になっています。それで、一九九〇年に、ジョン・ウィリアムソンという人が、ＩＭＦや世界銀行、あるいはそれに関わる政策担当者たちというのは、ワシントンコンセンサスという、姉川さんの言われる一種のセントラルドグマのようなものを共有しているのではないかと指摘しました。途上国はなぜ発展が遅れているのかといえば、政府がつまらない規制をたくさんやっているからだ、市場の自由化をやっていけば経済はうまくいくんだ。そういう考え方を、開発援助を担当する政策担当者や、ＩＭＦ、世界銀行の構造調整計画を受け入れる官僚すなわち途上国側の官僚の人たち、それから主流派の経済学者たちみんなが受け入れている、というわけです。その後、ポール・クルーグマンとかジャグディシュ・バグワティ、あるいはジョセフ・スティグリッツなんかが、著書の中でワシントンコンセサスを批判しています。援助機関と途上国の官僚組織と経済学者のずぶずぶの癒着の構造、それも既得権益というだけじゃなくて、ケインズが『一般理論』で書いているような「既成観念」に浸ってしまっているということですね。そういう観点から、医薬品産業に関しても同じようなパラダイムの共有があるんだなというのを感じました。これがまず一つめの感想です。

それから、やや細かい点ですが、営利企業である医薬品産業こそが効率的な研究開発を行えるということについて。そもそも発明者の権利を守り、発明者の発明に対するインセンティブを確保する、そういう制度が特許制度だと思いますが、発明とか発見というものの財としての性格をみれば、純粋公共財的な側面が非常に強いですね。純粋公共財というのは非競合性と排除不可能性という二つの側面を同時にもっている財のことです。アイデアというのは誰でも簡単に利用することができて、それを止める手段というのはなかなか見つからない。だから、特許というかたちで排除可能にさせる、ということです。そういう意味では研究開発というのを、姉川さんも書かれているように、公共財とみなせば、公共財をどのように適切に提供すればいいのか、すなわち民間ではなかなか市場で供給できない財をどのように自発的に民間が、あるいは国が効果的に供給すればいいのかという公共財の理論として、もう少し考えてみる必要があるのかなと思います。必ずしも営利企業が公共財を供給するのに得意であるとは、僕は思わないので、その点では姉川さんのおっしゃられる通りだと思います。

さらにもう一つ細かい点ですが、医薬品の研究開発や生産販売に関しては規模の経済が存在するということが前提となっていることです。僕自身インドの医薬品産業の生産関数の推計というのをやったことがあるのですが、手法にかかわりなく実に頑健に、この規模の経済が存在するという結果が出てきます。医薬品産業というのは、そうすると規模の経済を特徴にする産業ということです。だとすると、完全競争市場を仮定して、医薬品産業を、少なくともインドのそれは、分析できないということになります。ならば、医薬品産業について、どのような競争形態、競争構造を考えればいいのか。さまざまな形態の不完全競争があるなかで、どれがもっとも医薬品産業の分析にとって妥当なかたちなのか。それをずっと考えているのですが、まだ私自身は結論を出せていません。規模の経済というのが正しければ、不完全競争市場という側面を強くもつはずで、製品別とか分野別でおそらく競争形態が違うはずだと思うのです。一般的に日本やアメリカで、医薬品産業の競争構造、市場構造はどんなふうにみられていて、それを姉川さんはどんなふうに把握されているのか、ぜひ聞かせていただければと思います。

それから、政策命題に関わる点について。一九七〇年代後半に、ウイリアム・ボーモルたちが、コンテスタブル・マーケットセオリーというものをつくりました。従来、独占は競争を制限するものでありいけないものだとされてきたわけですが、コンテスタブル・マーケットセオリーによると、独占そのものは必ずしも悪いものではない、という考え方です。実は独占であってもその企業の潜在的な競争者というのが存在して、その産業にいつでも参入できる。こうした新規参入の恐怖みたいなものが存在すれば、一見一社だけしか財を供給していなくても、非常に効率的なかたちで財が供給されるんだというわけです。この医薬品産業の命題では、コンテスタブル・マーケットセオリーというのがパラダイム全体の下支えみたいなことをしている側面があるんじゃないかな、そういうことを感じました。

最後に大きな問題を二つ。まず、たとえばエイズについていえば、グローバルな次元でエイズ患者はたくさんいますが、一方で医薬品を供給する企業は高い値段で販売して利潤を上げたい。すなわち、グローバルな医薬品に対する需要と、グローバルな医薬品に対する供給の大きなミスマッチという問題がいま世界の中で大きく問われているのではないか。医薬品産業は当然営利企業ですから、自らの利潤を最大にするように行動する。そういう利潤最大化を追求する営利企業の行動の結果と、グローバルな次元の社会的な厚生、あるいは国民の厚生、国民の健康というものがどうしてもずれてしまう部分があって、そこをどう埋めていけばいいのかという問題です。非常に一般的な経済学の重要な課題として、市場に任しておけばすべてうまくいくということではなく、市場も時には大きな過ちを起こしてしまう場合があって、その場合に政府なりそれに代わりうるメカニズムがどのように対処すればいいのか、という問題があると思います。

それから、これでほんとうに最後ですが、大きな質問として、姉川さんが挙げられたセントラル・ドグマと政策命題は、どういう歴史的経緯をもって形成されてきたのか、いつこのセントラル・ドグマが共有されるようになったのか。それは九〇年くらいに成立したものなのか、それとも八〇年くらいに成立したものなのか、あるいはどういうかたちで成立するようになったのか、その成立を支えた重要な歴史的契機としてはいかなるものが挙げられるのだろうか。それをお聞きできればと思います。

◆不完全競争市場としての医薬品市場

姉川　医薬品の市場というのは完全競争市場ではなくて不完全競争であろうということで、これをどういうふうに分析するのかということから考えます。医薬品産業は数理経済学でゲーム理論の研究者の格好の応用問題になるだろうと思います。ただ、そのときのエコノミーズ・オブ・スケール（規模の経済）がどこに発生するのかという観点が必要になります。佐藤隆広さんたちがインドについて研究されたときに規模の経済があったというときの定義としては、医薬品企業全体が対象ですから、研究開発・製造・販売全部をあわせた企業レベルのデータを使って実証したとしたら、企業全体で規模の経済があるということになったのであろうと考えます。そのとき、たとえば研究開発というプロセスの一部や、製造・販売というプロセス、つまり医薬品企業、製薬企業の機能の部分はよくわからないが企業全体としては規模の経済があるということになるかと思います。実証研究では企業データを使うわけですから、全体として規模の経済がありそうだという言い方になります。しかし、実務家がたとえば、M&Aをめざすときには「研究開発のところで規模の経済を実現したい」というような特定の関心があります。あるいは「研究開発の効率性が上がらなくとも、巨大な販売組織や広告の体制を持っているので、その体制に載せて販売できる医薬品を獲得したい」というような関心であることもあります。ですから企業規模の拡大がいかなる機能において規模の経済があるのかは見極めをつけるべきだと思います。いまのところ実証研究で機能別の規模の経済の研究は少ないのですが、基礎研究では規模の経済がなく、臨床研究では多少ありますという研究結果が多少ある程度です。

それから、もう一つ大きな問題であるボーモルのコンテスタブルマーケットについて。医薬品市場をどうみるかというときに、これはもう制度的に独占であるということは間違いない。知的財産権で守られていますし、医薬品の承認規制で守られていますので、ある一定期間は必ず独占になります。ただし、完全な独占かというと、ある日突然独占が終わってジェネリック製品が出てくるというように、独占から競争にある日突然変更される特殊なマーケットです。そういう意味では、コンテスタブルマーケットであることは間違いない。ただ、ある日突然競争が入ってくるわけで、そのリスクは考えている。

佐藤光　コンピュータもそうじゃないですか。ＩＢＭは永遠なりなんて言っていたのが、パソコンが出てきてあっけなくやられたでしょ、アップルに。イノベーションが出てくるとあっけない。

姉川　そうですね。だから医薬品の会社というのは、早い時点でできるだけ研究開発その他の固定費用を回収したい。だから価格を高くしたい。そういう発想になります。

この論文で述べたセントラル・ドグマがどういうかたちで、いつ成立したのかという点ですが、最近のことであろうと考えます。医薬品の研究開発過程が現在のように細分化されていろいろな企業が生まれてきていると言われますが、これは、アメリカで一九八〇年代にバイオテクノロジー企業が生まれて、大学発のビジネスということが言われた頃からであろうということは察しがつきます。ただ、それを論文や文献を挙げてきちんと特定せよと言われるとなかなか難しいですね。医薬品研究開発の費用が高騰したと言われ始めたのは一九八〇年代の末くらいからです。比較的これはわかりやすいですね。ということで、なんとなく時代的に特定はできますけれども、明確にモニュメンタルな文献を挙げるのは難しい。

◆公共財としての医薬品

佐藤光　アメリカなんかは、大統領が変わると、ざあっとブレーンのエコノミストや外交政策アドバイザーが変わるわけです。すると、学界へのカネのつき方や、理論モデルのあり方も変わってきますし、論文も、そのトレンドに乗っからないと投稿しても通らなくなってしまう。そういう意味で、経済学は高度にイデオロギー的な学問だと思います、もともとね。かつて、ああいう市場主義的経済学に対しては、マルクス派がいたので一応批判できていたのですが、これが失速するわけですね、一九七〇年代に。「マルクス経済学」という名前のついた学科が全国の大学でほぼなくなるのが、一九八〇年くらいからでしょうか。それ以後、誰が元気にたてをついているかというと、西部邁、佐伯啓思、松原隆一郎、それから僕などの保守派ですよ。反市場主義的経済学というと、青木昌彦なんかも近経の論理を使いながら日本的経営システムの合理性を証明したり、実証的には小池和男が、工場の実態調査にもとづいて日本的経営のある種の合理性を強調していたのですが、それが、不況になったら急に、何の学問的決着もついていないのに、日本的システムはだめだとみんなが言い出した。アカデミズムのパラダイムチェンジというのは、トーマス・クーンが言うように、「気分」や現実の権力関係で変わるって感じですね。もし医薬品産業論の分野でこういうドグマが支配しているとすると、姉川さんにこういうものを書いていただくというのは、やはり、とても意義のあることですね。ドグマを完全に論破できないまでも、少なくとも、それに客観的根拠があまりないということまでは言えるのではないですか。こちらから科学的に積極的主張をするのは難しいですが、そういうことを常にやっていくことは大切なことでしょう。私自身もそういう議論を常にやってきたつもりです、劣勢ですけれどね。だから、姉川さんの議論を知識社会学の仕事とされると非常に面白いと思う。そもそも、社会科学の場合には、命題の論拠といっても数式かなんかできれいに証明できるものではない。経済学の場合は立論が多くて、一つの命題を出すのに何個も仮定が必要なのです。そして、その仮定の一つを外すと、たいていの場合、結果がわからなくなってしまう。だから、経済学の場合は、理論的にしっかりした根拠をもった命題はなかなか導き出せないことになる。もちろん、十分な根拠をもった政策命題なんてもってのほかです。佐野君はよく知っていると思いますが、経済学の少なからぬ部分は、裏側見ているといろいろ問題を抱えているのに、それをあたかも科学のように見せかけて、外へ出かけていって根拠があるかのように主張するわけです。ところで姉川論文では、最後に、いまのシステム以外の公的なシステムについての、展望みたいなものが書かれていたと思うのですが。

姉川　医薬品の研究というのはもともともう公共的になされている。しかし、その一部の、臨床研究と販売のところは医薬品企業が担当している。ところが臨床研究でも実際に医療機関と患者が中心に行い、医薬品企業はスポンサーの役割である。このような実態を考えると、医薬品企業という営利企業だけで、あるいは営利企業だから研究開発ができるというのはフィクションに近い。

佐藤光　研究者が、ではちゃんと、利潤インセンティブなしでやれるのでしょうか。こんなにすごい発明をしたのだから一〇〇億円よこせ、とか言う人もでてくるわけでしょう。科学者だって、アメリカ的な雰囲気の中では、ああいう要求を出してくるわけでしょう。これにかぎらず、理科系の人と話しているとお金の話ばかりですよ、同じ大学の中でもね。科学者の世界自体が拝金主義に毒されていて、もう牧歌的な期待はもたないほうがいいかなという気もするのです。それから政府もひどいものですよ。だからおっしゃることはわかるけれど、じゃあどこにそういうパブリックな、公共的なものを担う主体が存在するのかというと、心細くなってくる。

姉川　その点は私にはわかりません。今回の研究の企画で、倫理や価値観について議論する（本書第4章参照）ということでしたが、結論は出たのでしょうか。

佐藤光　いや結論は出ないのです。問題提起だけです。昨日の美馬さんの結論（本書第3章参照）も、こういういわば貪欲のシステムに対する世界のエイズ患者たちのある種の公共性への展望ということになるわけですが、そこをどういうふうに考えたらよいのか。僕もわからないのですが、かつてはそのところは社会主義が担っていたわけです。ところがそれが潰《つぶ》れてしまった。そこで市場主義や資本主義に代わるような、どういう想像力を我々がもてるのかということですね。

瀬戸口　それに関連することなんですが、伝統的な育種（農産物・家畜の改良品種の生産）などは、市場ではなくて公的な研究機関がずっと担ってきた。それと似たような、医療も民間に任せるのではなくて公的なサービスでやったほうがよいのではないかという提案なのですか。

姉川 具体的な提案をするというところまではまだ踏み切れていません。医薬品の開発についても、企業が営利で行うほうがいいと言い切るところはおかしいとは思うんですが。他方、研究開発全体のマネジメントの機能は必要ですし、規模の経済があるところを細分化することもできません。公的な研究開発に期待しようとしても、それではそのビジネスモデルはきちんと成立するのかというとできていないわけです。そういう意味では医薬品企業の社会的な意義というのはあることはあると思います。しかし、だからといって知的財産権を守れとか、価格を上げろとかいうことを過度に主張しすぎるのでは別の問題が生じると思ってこの論文を書きました。たとえば、医薬品の会社は、研究開発をやったのだから価格を高くして当然だろうという言い方をします。けれども、同じことを液晶パネルを作っている会社が主張するのかというとそれはできない。研究開発をやって液晶パネルを作ったけど、価格が値崩れして困ったとしても、価格を上げさせろとは絶対に言いませんよね。同じ営利企業でも医薬品企業の行動は他の産業の企業と違う。

◆セントラルドグマを検証する

佐野 あのちょっと細かい質問なんですけれども。これ、ドグマって言われる場合には、検証も反証もできないというような意味ですか。

姉川　「セントラル・ドグマ」をいくつかの「命題」で表現し、そこから制度、政策、企業経営に対する「政策命題」が導かれるという構成にしました。このような用語法は他の分野からは適切な使い方なのでしょうか。

佐野　命題というと科学的命題とか論理的命題が考えられますよね。論理的命題の場合ではただ論理的な関係があるだけですが、科学的命題という場合には、検証とか反証という科学的な基準が出てきます。で、教義という言葉だと、たとえば宗教的な教義という場合には、反証も検証もできない、論理性もよくわからん、だけどみんなが信じている。そういうものがたぶんドグマって言われると思うんですよね。

姉川　今回用語として、セントラル・ドグマという言葉を使いましたが、最初に申しましたように、セントラル・ドグマというのはワトソン・クリックがDNAの構造を解明して以来用いられるようになった用語です。今回、医薬品研究開発はライフサイエンスの中核に位置しますので、セントラル・ドグマという用語を使用したわけです。また、DNAの構造解明ほど崇高なサイエンスの話ではないのですが、医薬品の研究開発体制についても実務家、政策担当者、経済学者との間に共通認識が成立していて、そのものの見方を形成している。それはセントラル・ドグマと言えるものだという考えです。

佐野　たとえば経済学で主観効用というのがありますが、効用学説自体はドグマですよね。どう考えてもこれを検証することも反証することもできない。ですが効用学説自体がセントラルにある。そういうふうに考えると、要するにみんながそうであると考えて議論の前提になっているようなもの、そういうふうな意味でたぶん使われているんじゃないですか。

安藤　神話って言ったら言いすぎかな。

姉川　トマス・クーンの「パラダイム」という用語を使ってもよかったかもしれません。

佐野　たとえば、この論文の草稿では当初「医薬品の経済効果」という表現が使用されていましたが、経済的効果と表現したときに、経済学者だったらその意味をどういうふうにお考えになりますか

佐藤光　この命題って、ほとんどナンセンスかもしれないですよね。どうやって効果わかる？　金はわかるかもしれないですけど、「健康の効果」なんていうのはどうやって。

姉川　これは二通り説明があります。まず、医薬品がたとえば平均寿命を延ばしているというような場面で経済的効果と表現する場合があります。次に、狭い意味では、ファルマコエコノミクスと呼ばれる学問領域があります。エコノミクスという言葉が入っているので経済学の一分野と勘違いされるんですけど、これはファルマコエコノミクスという独立した分野なのです。そこではコストベネフィットアナリシスやコストエフェクティブアナリシスというように医薬品の効果と費用を定量的に把握しようとします。たとえば、同じ症状の人にAという薬品とBという薬品を与えて、どっちのほうがコストベネフィットが高いでしょうかというのを実験したりします。そこで経済的効果、エコノミックエバリエーションが強調されるのは間違いないんです。これは医薬品だけじゃなくて、医療に関しても言われていて、医療の治療法でAという治療法とBという治療法があって、Aというのはコスト

はこれだけですBというのはこれだけですとか。ですから医療における経済的評価は実務的には進んでいます。

佐野 たとえば、経済学の理論的なドグマの世界でいうと、すべてのプライスがもし正しく評価されていたら、その効用と価格というのはすべてバランスされているわけですよね。だから安い薬の効きが悪いというのは安いからだというより、効きが悪いから安いというふうに経済学の理論ドグマではそういうふうに考えられるわけですよね。

姉川 市場の需給でそうなっていると解釈するという考えですね。他方、医薬品のような場合、政策担当者が介入して、価格を恣意的に決めているという現実があり、そこで需給とは異なる原理で価格が設定されます。

佐野 クルマのオイルっていうのは結構グレードがいろいろありまして、グレードと価格というのはかなり無差別曲線に乗っかっているんですよ。高いオイルがいいオイルなんです。それは使っている人がいっぱいいるんで、ああこれはいいねという評価が市場で定まるから決定されるわけで。もし医薬品についても同じことが言えるんなら、医薬品市場がもし効率的な市場であれば、プライスというものが医薬品の効用・効能について正しい情報をのっけているはずだというのが経済学のドグマですね。ただ、クルマ好きな人はオイルにうるさいんですよ。こういうオイルはこういう性質をもっているとよく知っているんです。だからオイルについて正しいプライスがついてくるわけで、医薬品についてはそうじゃないということをもし結論として言うとすると、医薬品市場は少なくとも効率的な市場じゃない、そのプライスは正しいプライスがついていない、つくられたものだ、そのプライスは全部幻想ですと、そういう話になっちゃいますね。

姉川 ファルマコエコノミクスという学問領域では、医薬品の価値に見合ったプライシングをしましょうという価格規制を前提にした逆の発想になっているようです。

佐野 レギュレーション（規制）を前提するんですか。

姉川 ええ。レギュレーションがあって価格を決める。だからファルマコエコノミクスが流行っているのはヨーロッパと日本です。たとえば日本で医薬品を売るときに、薬価をこれだけつけたいと厚生労働省に申請するときのドキュメントとしてファルマコエコノミクスの論文を出したりします。この価格で出せば、こういう効果があって、コストベネフィットはきちんと合っていますよ、だからこの価格にしてくださいという主張ですね。

佐野 でもコストという場合には、開発費がまずあって、宣伝費とかいろいろ積み上げて……。

姉川 規制主体が最初に薬価を設定するときには総括原価主義の考えがあって、すべての費用を積み上げている場合があります。昔の電力料金と似たような感じですね。

佐野 なるほど。電力料金をイメージするのはいいのかもしれないですね。水道料金とか。

姉川 だからそのような発想で、規制価格を採用しているのはヨーロッパ、日本、東アジアで、つまりアメリカ以外では、だいたい、価格が規制されているのです。アメリカだけは違います。だから世界のマーケットの半分が自由価格で、医薬品産業はアメリカ合衆国市場に依存するかたちになっています。

美馬　セントラルドグマがはっきりと言い出されているのは、少なくとも一九五〇年代末ぐらいです。米国の上院反トラスト・独占小委員会の管理価格公聴会では、一九五九年から六二年まで医薬品価格について調査が行われ、「キーフォーバー・ハリス修正薬事法」につながります（米国ではじめて、医薬品は医学的に有効でなければならないと定めた）。そのときに、医薬品価格が原材料費に比べて極端に高く、製薬企業の利潤率も他産業に比べきわめて高いこと、大恐慌期にも高い利潤率のままであったこと、などが指摘されています。これに対して当時の製薬企業側は研究開発費の重要性を主張しています。ところが、公聴会の中で、当時のことですから実際の研究開発はヨーロッパ中心で、米国ではライセンス生産が主体で研究開発は低調という事実が暴露されてしまうわけです（E・キーフォーバー『少数者の手に――独占との戦いの記録』竹内書店、一九六六年、原著一九六五年）。

脇村　ただ、セントラルドグマがいつ始まったのかという問いに対する姉川先生のお答えは九〇年前後じゃないかという。それは経済学にひきつけて考えると、納得できるんですよ。さっき佐藤隆広さんが言われたように、八〇年前後に市場化プログラムとか自由化プログラムとかがＩＭＦから出てきて、それが浸透していく。ところが市場的なものを導入しようとしてやったんだけど、うまくいかないわけですよ。それで次に何が出てきたかというと、市場にはそれを支えている制度が必要ですよという話になった。つまり、所有権だとか、ガバナンスだとか、そういう制度が必要なんだと、九〇年前後くらいから言い出した。ダグラス・ノースの制度の経済学というのがノーベル賞もらったりしましたね。ああいうものと、知的所有権というものをすごく重視して、九〇年代に今度はＷＴＯでまさにそれを徹底的に推し進めていこうというような政策が実施されている。医療はもちろんそれとはまったくパラレルではないかもしれないけれども、知的所有権の話というのがやっぱり強調されてくるのが、おそらく九〇年前後ですよね。

◆知のあり方の変容

佐藤光 そういうことを学説史家がきちんと調べてくれるとよいのに、やっていない。現代における学説のドグマ形成というのは相当生々しい話になるわけですね、権力との関係とか。こういうのは人事の問題でもあるんです。どの派の人をとるとか、いろいろなことをやっている。まあそれはともかく、姉川さんの仕事は大変な仕事だけれど、ぜひ継続してやっていただきたい。ずうっと書かれたら大変面白いですね、知識社会学として。

姉川 いま興味があるのは、大学発のベンチャービジネスです。大学がビジネスのインキュベーションになるというのがどうもいかがわしい。たぶん、日本の場合は多くが失敗しそうな気がしますね。アメリカが成功しているからアメリカのやり方真似すればうまくいくという安易な方法を採用しているので失敗しそうなんですけれども。

佐藤光 どうも知のあり方がものすごく急激に変わってきている感じがしますね。象牙の塔でやっている研究なんて馬鹿馬鹿しいというか、予算回す必要ないという雰囲気があるでしょう。理科系は特に切実ですね。大学からは予算が来ないので、外部資金を取ってこいという話になって、みんな浮き足立っている。大学の雰囲気が変わってしまいましたね。

姉川　私はビジネススクールに勤めているのですが、ビジネススクールの将来方向が二つに分かれてしまいました。それは何なのかというと、ＩＴとかバイオとかインキュベーターとか、大学発のビジネスとか、世界を変革する企業家を養成するとか、そういう標語を受け容れるかどうかが分岐点なのです。それではそのようなビジネス教育の理論的根拠、方法的根拠は何かというと心もとない。けれどもそれが必要だから行う、あるいはそれを標語として掲げることが必要だから主張する

佐藤光　私は全共闘世代ですが、全共闘以後、大学の本質に関わるような議論ってほとんどなくなりましたね。きわめて末梢的な改革をやっている、シラバスとか。「大学のアメリカ化」っていうけど、アメリカですら大学には知識人の共同体という側面があってそれを必死に防衛している。

姉川　アメリカの場合は研究、教育をものすごく重視していて、リベラルアーツとか、ソーシャルサイエンス教育も高度にしましょうということをやっていますよね。日本みたいに、ビジネススクールばかりが注目されているのではありません。アメリカでビジネススクールというと、大学のメインストリームとしては位置づけられていない。

佐藤光　ハーバードのビジネススクールってほかの学部より静かで、なんか哲学科みたいな感じがしましたよ。

姉川　だから、アメリカの非常にまっとうな大学はあまり浮き足立っていないんですよね。日本の大

学というのはなぜ、ビジネス教育プログラムがこんなに一時期にたくさんできるのかわからない。アメリカでビジネススクールが流行る理由というのは、たとえば、非常にオールドファッションの大学や、リベラルアーツとかヒューマニティとかでものすごくいい教育しても授業料が高いわけですよ。たとえば二万ドルとか三万ドルとか授業料とって、寄宿料とかいうと、日本円で一年間四、五〇〇万かかるわけですね。そういうところで育った学生というのは、投資を回収しないといけないと自然に思うので、それはビジネススクールとかロースクールとかメディカルスクールに行って回収しようということになる。

佐藤光　授業料高いというのはあるかもしれない。でもハーバードとかMITのキャンパスを歩いていて、日本と違うなと思うのは、「大学の商業化」という傾向はもちろんあるわけですが、それでもニュートンやアインシュタインの大きな石像が飾ってあったりして、ギリシャ以来の学問の伝統を継承しているという強い誇りを感じることです。日本の場合、明治以来、国家のためとかいって国立大学という看板を掲げてきたけれど、これを独法化したら何の誇りや精神が残るのかと思うわけです。精神的基盤をほとんどつくってこなかったということが明らかになってしまった。もともと実学から入っているわけでしょ、東大なんて。だから精神的にもともと貧困なところが、ますますぼろぼろになるというような予感がするのです。

第3章　アメリカのバイオ政策とグローバルエイズ

美馬達哉

1　はじめに

国連合同エイズ計画（UNAIDS）と世界保健機関（WHO）が二〇〇二年に作成したグラフには、アフリカのウガンダでのエイズ治療薬価格の推移が示されている（図3-1）[1]。一年間に一人のエイズ患者を対象として当時の標準的な治療（三種類の医薬品を使う抗エイズ薬の「カクテル療法[2]」）を行った場合に必要な医薬品価格を縦軸の目盛りとして、その時間的変動を一九九八年から二〇〇一年までの約三年間にわたって図示しているものだ。一九九八年には一二〇〇〇ドルだった価格が急落して、二〇〇一年にはおよそ三五〇ドルとなっている。

年間で三五〇ドルつまり一日約一ドルのエイズ治療薬であれば、サハラ以南のアフリカ（サブサハ

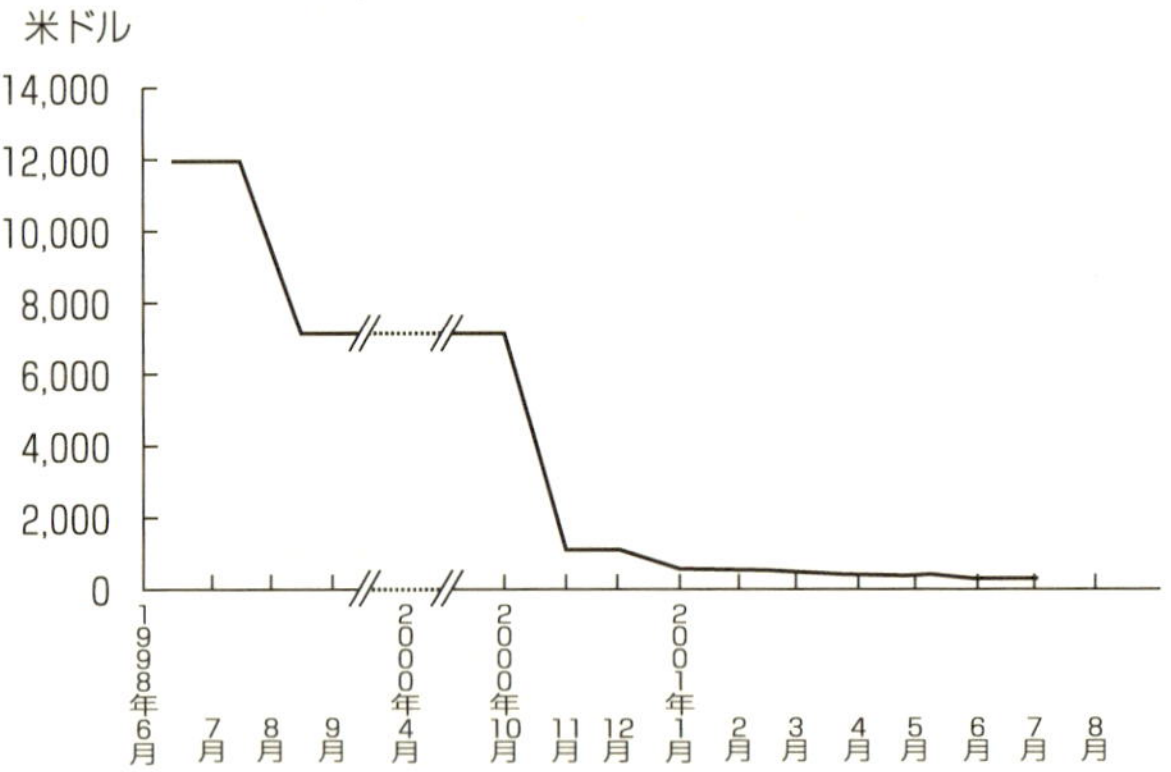

図3-1　ウガンダにおけるエイズ治療薬価格の推移（1998―2001年）
出所）WHO/UNAIDS（2002）

ラ）のように経済的に貧しい国々にあっても、購入することは可能である。一日に所得が一ドル以下の絶対的な貧困の状況にある人々が多数を占めている以上、もちろん容易に入手できるというわけではない。だが、抗エイズ薬の価格低下によって、治療へのアクセスが経済的に手の届くものとなったということは、世界のエイズ（グローバルエイズ）という危機にどう対処するかという課題に取り組む人々にわずかではあるが希望をもたらしている。一枚の紙切れに描かれた右肩下がりの折れ線の行く末には、世界中での数千万人のＨＩＶ感染者の生命が賭けられているのだ。

　このグラフに示された抗エイズ薬の価格の劇的な変化はどうやって生じたのだろうか。確認しておくが、その数年間に医薬品工業の分野での大量生産方法の画期的な技術革新があったというわけではない。先取りしていえば、生産力や科学技術の変化によってではなく、エイズ患者やＨＩＶ感染者自身とその支援者たちによる粘り強い政治的交渉によって、こうした劇的な医薬品価格の変化が引き起こされたのである。だが、もう一点だけ確認しておかなければならないのは、この値下げで巨大なトランスナショナル[3]製薬企業（ビッグファーマ）が倒産あるいは業績悪化したというわけでもないことだ。

では、なぜ、医学によって延命やコントロール可能となっているはずの病気に苦しむ多くの人々の生命を犠牲にしてまで、一万二〇〇〇ドルで販売されていた医薬品が突然三五〇ドルにまで値を下げたのだろうか。本稿は、そんな問いに答えようとする一つの試みである。エイズという一つの病気とその治療法を検討するなかで、われわれは、さまざまな学問領域を横断し、国際貿易と世界貿易機関（WTO）、アメリカ合州国での知的所有権の保護政策と技術革新、世界中に広がるゲイの社会運動のネットワークとオルターグローバリゼーション運動などの国民国家の国境を越える諸問題の絡まり合いを読み解くことが必要となるのだ。[4]

2　グローバルなエイズの現状

まず、ここで治療法と関連して、簡単にエイズという病気とHIV感染の関わりについて説明しておこう。まず、エイズとはAIDSすなわち後天性免疫不全症候群（Acquired Immunodeficiency Syndrome）の略称である。そして、HIVとは、ヒト免疫不全ウィルス（Human Immunodeficiency Virus）の略称である。したがって、エイズの原因となる病原体はHIVなのだが、HIV感染とエイズとは異なった状態として理解しなければならないので少し複雑である。その理由は、HIV感染とは人間の身体内のウィルスの有無を表現している言葉であって、エイズは免疫不全という（臨床的な）病気の有無を表現している言葉だからだ。いいかえれば、HIVに感染した状態であっても、初期段階であれば、エイズという病気であるとは限らないのだ。そのため、患者数の推計などの目的では、氷山の一角に過ぎないエイズ患者数だけではなく、全体像を表すHIV感染者数が用いられることが多い。

では、エイズという病気（症候群）の症状にはどのようなものがあるのだろうか。通常、健康人の身体には免疫系があり、外界からの細菌やウィルスやカビの侵入を防いでいる。この防御の働きをもつ免疫系の中心となっているのが血液中にある白血球である。そのなかでもCD4というタイプの白血球をターゲットとして破壊するのがHIVなのだ。その結果として、HIV感染者が何の治療も受けない場合には、ほぼ確実に八から一〇年でエイズという病気の症状を発症するとされている。

さて、HIVそのものも脳などに侵入することによって認知症を引き起こすことが知られている。だが、むしろエイズの際に臨床的に問題となるのは、HIVそのものが人間の身体に引き起こす免疫低下や認知症よりも、免疫系の機能低下による感染症（日和見感染）である。免疫系が健康な人々であれば、決して感染しないような、病原性の弱い病原体に身体をむしばまれるのだ。なかでも有名なのは、エイズ患者以外では珍しい病気であるカリニ肺炎とカポジ肉腫であるが、最近では結核も問題になっている。

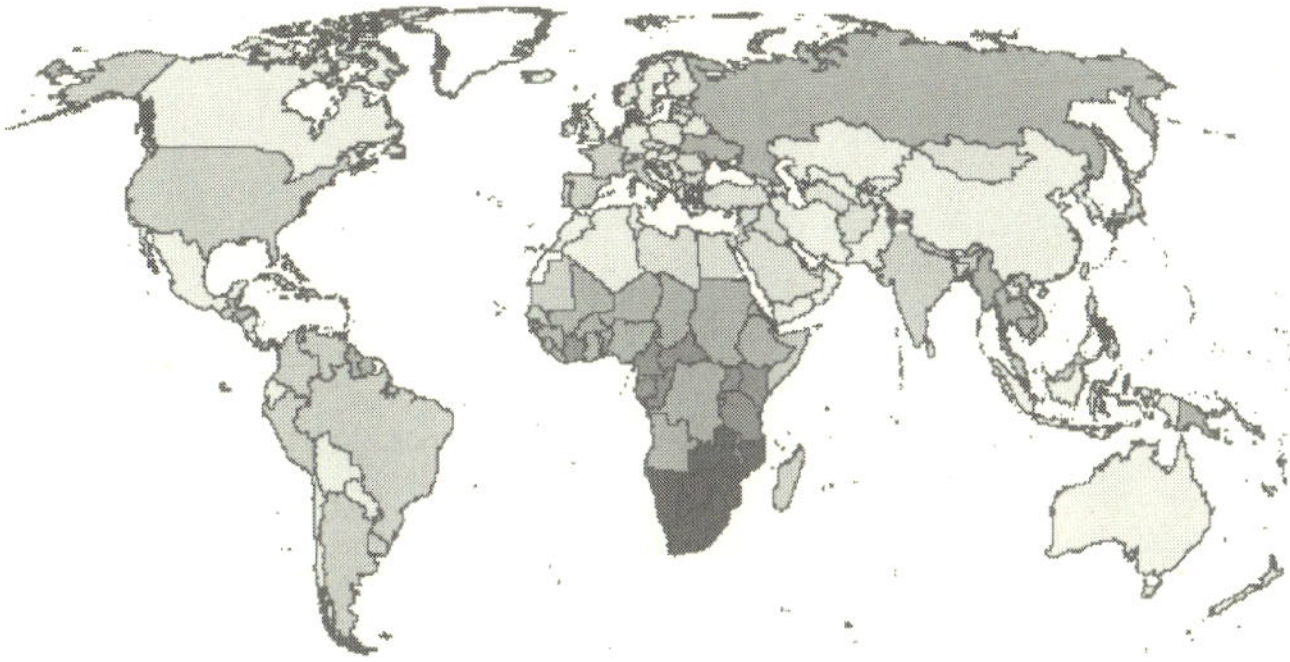

図3-2　成人のHIV感染率

二〇〇五年末でのUNAIDSの推計(5)によれば、全世界でのHIV感染者はおよそ四〇〇〇万人であり、年間に三〇〇万人が死亡し、その一方で五〇〇万人が新たに感染している。また、HIV感染者のうち半数以上の二六〇〇万人はサブサハラに集中している。一九八一年、最初にアメリカ合州国で公式発見された際には、エイズはほぼ成人の男性「同性愛」者（ゲイ）に限られる不治の病気であるかのように扱われていた。また、日本では血液製剤に混入していたHIVが原因となって血友病者たちに引き起こされた薬害というイメージが非常に強い。だが、こんにちのグローバルエイズは、地図（図3-2(6)）に示された人口学的なパターンの面でも予後という面でも、そうしたイメージとはかけ離れた病気となっている。

HIV感染者の年齢層や男女比に関する現状（二〇〇五年末）は次のようなものだ。現在のHIV感染者のうち一八〇〇万人は女性であり、新しくHIVに感染する人々の半数もまた女性である。とくにサブサハラでの新規HIV

感染の六〇％近くは女性であるという。また、ＨＩＶに感染するのは男女の成人ばかりではない。一五歳以下の子どものＨＩＶ感染者は二三〇万人であり、一年間に六〇万人が死亡し、七〇万人が新たに感染している。つまり、エイズは、もはや「同性愛」の男性成人の病気ではなくなっているのだ。

もう一つの変化は一九九〇年代の半ばに、ＨＩＶ感染からのエイズ発症やその進行をある程度はコントロールする治療法であるカクテル療法が開発されたことである。最初に挙げたウガンダの例でその価格が問題となった治療薬もこのカクテル療法に使われる医薬品である。一九八〇年代には、いったんエイズを発症すれば数年で死亡するしかない「不治」の病気という印象が強かったことは事実だ。しかし、こんにちでは、ＨＩＶ感染やエイズは死に直結する病気として扱うよりも、徐々に合併症を引き起こしながら感染者の生活を困難にしていく「慢性病」の一種として扱うべきだといわれている。

さて、感染症をコントロールする対策としては一般的にみて治療と予防があるが、いまのところ完全に体内からＨＩＶを駆逐する厳密な意味での治療法はない。そのために、予防が非常に重視されている。その場合、ＨＩＶが血液や精液などの体液を通じて感染するという性質を持っているため、性行為感染症としての対策（たとえばコンドーム使用など）、輸血用血液や血液製剤のコントロール、経静脈的麻薬での汚染された針の共有を防止すること、母子感染の阻止などが予防対策の中心となる。本稿ではくわしく論じないが、政治的・文化的・経済的な諸問題のため、これらの予防法を実行するには困難がある。ここでは、こうした予防ではなく、ＨＩＶ感染とエイズの治療法へのアクセスという点に議論を絞ることにしよう。

「慢性病」としてのＨＩＶ感染・エイズという言葉を使った。ＨＩＶ感染を完全に治療する医薬品はないというのが現状だが、このことはエイズ以外でも「慢性病」の大半に当てはまることだ。いわゆる慢性病である高血圧や糖尿病などについても、治療と呼ばれている行為は、血圧や血糖をコントロールして合併症の発症を予防しているだけに過ぎないからだ。ＨＩＶへの治療も（効果の程度や生命への危険という点では異なるものの）、初期であれば自覚症状はほとんどなく、慢性病の場合とほぼ同じような意味での「治療」が行われるのだと考えても不正確ではない。一九九〇年代に導入されたカクテル療法を用いることによって、ＨＩＶ感染からエイズ発症までの期間を延長させ、エイズ発症後の疾病の進行を遅らせることは可能となっている。それによって、欧米などの先進国ではエイズによる死亡率は低下し、寿命も大幅に延長したとされる。だが、はじめに紹介したように、患者一人に年間一万ドル以上に達する医薬品費は、先進国のなかでも医療保険システムの完備した国々（つまりアメリカ合州国での無保険者を除くことになる）でしか可能ではない金額だった。そのために、カクテル療法が先進国で普及した一九九〇年代の後半でも、貧困な第三世界の国々でのグローバルエイズへの取り組みは、治療が存在しないままに予防だけが対策の中心という状態に取り残された。

このグローバルエイズへの対策の分断、つまり先進国での治療（と予防）に対して貧困国での予防（と治療の不在）という二重基準が揺るがされたのが二〇〇〇年前後であり、エイズ治療薬価格を示す折れ線グラフが急角度に下がっていくことに表現されていたのだ。この状況を象徴的に示す例として、マスメディアでもよく取り上げられた南アフリカ共和国でのエイズ治療薬の価格をめぐる裁判[7]をたどってみることにしよう。

3　南アフリカ共和国政府対ビッグファーマ

「白人」だけを優遇し、「黒人」に対して過酷だった人種隔離政策（アパルトヘイト）で各国政府などから批判を浴びていた南アフリカ共和国では、一九九四年の全住民が参加した総選挙で、アパルトヘイト批判を続けていたアフリカ民族会議（ANC）が勝利した。その結果、ANC議長で、一九九三年度のノーベル平和賞受賞でも知られるネルソン・マンデラが大統領に就任した。その後の一九九六年には、南アフリカ共和国は、新憲法を採択して、新しい民主的国家としてのスタートを切った。

だが、その一方で、エイズの蔓延するサブサハラのなかでもHIV感染率が世界でもっとも高い国であるというのが現状である。この理由は、長年のアパルトヘイトの結果として人種間の激しい経済的格差の存在や、一九九〇年代の政治的混乱のためであろうと考えられている。図に示されているように、一九九〇年には成人での有病率は五％程度であったのが急上昇し、一九九九年以降の現在に至るまで二〇％台が持続しているのだ（図3-3）(8)。

この国家的な健康危機のなかの一九九七年末、マンデラ政権は、ブランド医薬品よりも安価なジェネリック医薬品の使用を奨励して、輸入医薬品の価格を低下させるために、「医薬品および関連物質の管理法」を改正した。具体的には、この法改正は、エイズ治療薬も含めて、政府の権限によって医

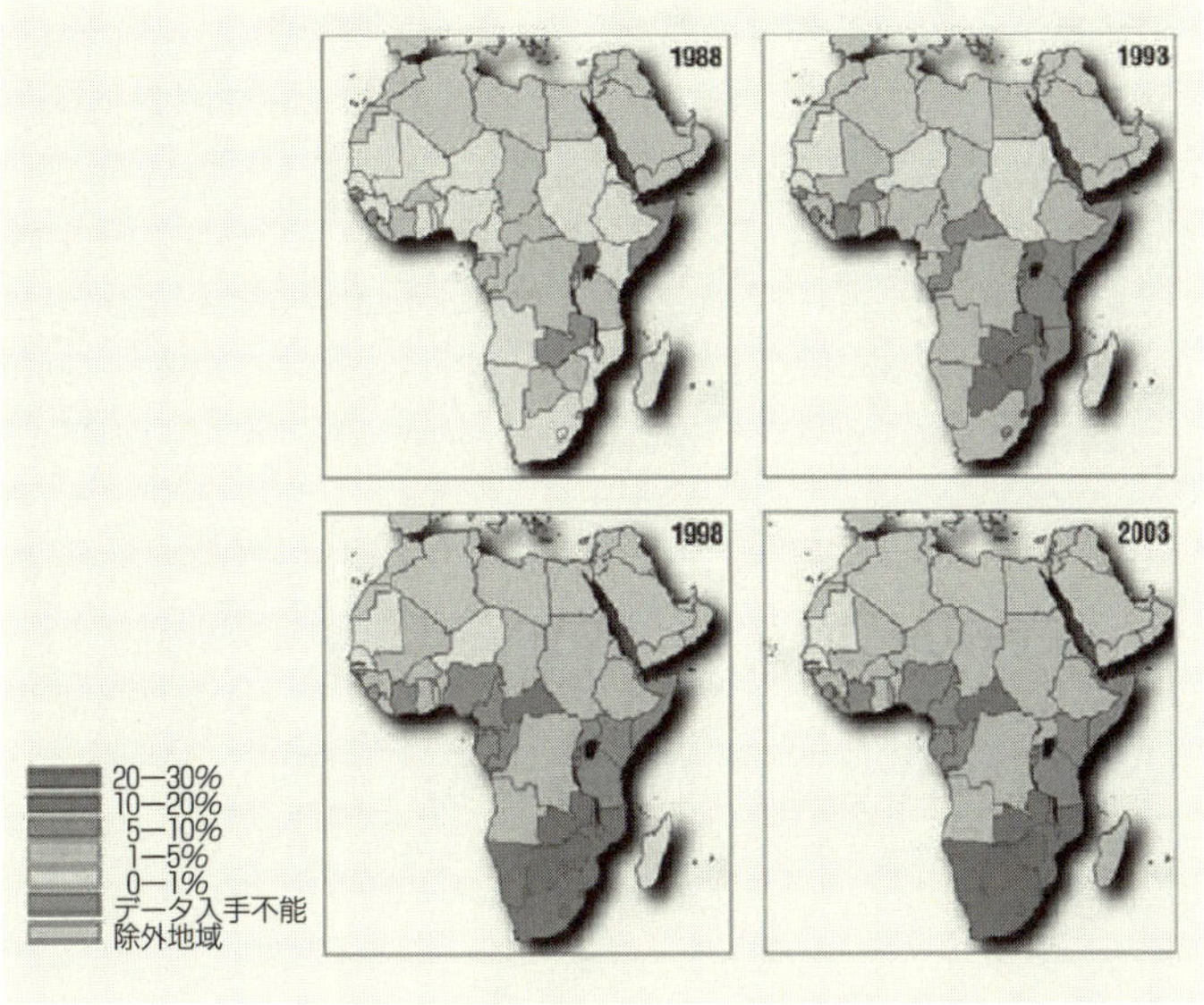

図3-3　アフリカ諸国の成人HIV感染率の推移

薬品の並行輸入や医薬品生産の特許の強制許諾権を認める内容のものであった。

ここで、ジェネリック医薬品、並行輸入、特許の強制許諾権というグローバルエイズをめぐる医薬品産業政策の三つのキーワードがでてきた。簡単にその内容を紹介しておくことにしよう。ジェネリック医薬品とは、特許によって保護された排他的市販権の期限が切れた医薬品を、もとのブランド名とは異なった商品名で、別の製薬企業が製造販売するものを指している。オリジナルの医薬品に対してコピー医薬品などとも呼ばれることもある。医薬品の種類にもよるが、ブランド医薬品とまったく同じ化学物質がだいたい二〇%以下の値段で販売されるという米国での比較調査もある（日本や多くのヨーロッパ諸国では薬価規制があるため、そこまでの価格格差はない)[9]。最初に挙げたエイズ治療薬カクテルの例の場合であれば、その価格格差は数十分の一にまで達している。最近は、日本でもジェネリック医薬品の使用が奨励され始めたから、言葉そのものはご存じの方が多いだろう。

特許の強制許諾権とは、特許権の所有者の許諾を得ないで、国家が(適切な特許権料を設定した上で)第三者に特許を実施する権利を与えることを指している。この文脈のなかでは、高価格のブランド医薬品を輸入するのではなく、国家が特許の実施権を国内製薬企業に与えてジェネリック医薬品のかたちでの国内生産を奨励することで低価格化するという趣旨だ。

そして、並行輸入とは、ある国家内では特許で保護されている製品を第三者が他国から輸入することを指している。南アフリカ共和国の場合でいえば、欧米での特許で保護された高価格のブランド医薬品を欧米から輸入するのではなく、インドやブラジルなど(特許制度の違いのために医薬品が低価格で製造販売できた国々)から低価格のジェネリック医薬品を輸入することにあたるだろう。

つまり、この法改正は、HIV感染やエイズに対するカクテル療法などの当時としては最新の医薬品を安価で入手するための国家による健康政策だったとみることができる。しかし、こうしたマンデラ政権の動きに対して、アメリカ合州国のクリントン政権は法律の改正前の一九九七年六月からアメリカ産業界の利益を守るためにさまざまな政治的圧力をかけることで対応していた[10]。

そうした状況のもとで、一九九八年には、南アフリカ共和国内で、南アフリカ製薬業協会に所属する四一(後に三九)の製薬企業が合同して、政府を憲法違反として地裁に提訴し、「医薬品および関連物質の管理法」の改正を差し止めるという事態が生じた。製薬企業側の訴えの内容は、その法改正が、製薬企業の知的所有権を侵害し、もともとの特許権法に反する内容の法的権限（特許の強制許諾権など）を政府に認める点で違憲であり、国内法に優越するはずの国際条約である世界貿易機関（WTO）の協定で認められている特許権保護の規定に違反している、というものだった。ただし、南アフリカ製薬業協会という名前ではあるが、実際には欧米に本社のあるトランスナショナル製薬企業（ビッグファーマ）の子会社が多いことが知られている。

しかし、こうした知的所有権の保護強化へ向かう流れは、二〇〇一年四月一九日、プレトリア高裁で逆転した。グローバルエイズの問題に関心を持つ世界中の人々が注視するなかで、原告である製薬企業は南アフリカ政府に対する提訴を取り下げたのである。この告訴取り下げの直接の原因とされているのは、三月に裁判所が、原告に対して、医薬品の販売価格設定を含む業務方針を公開するように命じたことだったとされる。また、その直前の二月には、インドの製薬企業であるシプラ社が、欧米の製薬企業のブランド医薬品では一人当たり年間一万ドル以上のカクテル療法の医薬品を三五〇ドル（一日当たり一ドル程度）で提供可能であると発表していたことも大きな影響を与えた。

さて、ビッグファーマの子会社による南アフリカ共和国政府を相手取った提訴とその取り下げという劇的な展開こそが、最初に示したウガンダでの医薬品価格の急落を引き起こしたきっかけとなったことはいうまでもない。だが、この事件は、裁判所での法律論争のなかだけで起きた室内劇ではない。ここでごく簡単に紹介した経過からもわかるように、むしろ法廷外での（ときには南アフリカ国外での）さまざまなできごとや社会運動が大きな影響を及ぼしている。そのなかには、インドからのコピー医薬品の並行輸入という問題も絡み合っているが、欧米のビッグファーマとそれを追撃するインドの製薬企業との間の市場のシェアをめぐる値下げ競争というだけで理解するのもまた浅薄に過ぎるだろう。

そうした法律論争や価格競争を可能とした動因は、一九九〇年代後半からグローバルな政治のなかの強力なプレーヤーとして登場してきた社会運動、つまりアメリカ政府やWTOのあり方を批判するオルターグローバリゼーション運動、グローバルな人道主義的NGO（非政府組織）、エイズアクティヴィストの運動などの国際的な連帯の流れのなかにあったのではないだろうか。グローバルエイズの医薬品アクセス問題を、こんどはアメリカ合州国を中心としたエイズアクティヴィズムの視点から眺めてみることにしよう。

4　エイズアクティヴィズムのグローバルな展開

よく知られているように、エイズの初期での感染のパターンは人口のなかでもゲイ男性に偏っていた。[11] そのことから、アメリカ合州国での初期のエイズアクティヴィズムの主要な担い手もまたゲイ男性となった。したがって、エイズをめぐる社会運動は、一九六〇年代から盛り上がりをみせた性的マイノリティ（少数派）のアイデンティティをめぐる政治、すなわちゲイに対する社会的・文化的差別に対抗する運動と密接に関わっていたことが強調されてきた。つまり、従来の労働組合活動などに代表される社会運動とは異なり、社会の経済的構造よりもむしろ、文化的な価値観や個人のライフスタイルに重きを置く社会運動と見なされてきたのだ。

そのことは、たとえばエイズのメモリアルキルト（ネームズ・プロジェクト）のように、アメリカでの伝統的なパッチワークであるキルトを使ってエイズによる死者を追悼するという文化的な営みが、エイズアクティヴィズムの一つの重要な社会的表現として認められている点にも表れているだろう(12)。メモリアルキルトとは、抗議や怒りの表現や政治的主張であるだけではなく、あるいはそれ以上に悲しみや哀悼の感情を公的に表現する場となっているのだ。

しかし、同時に、エイズアクティヴィズムは、公的医療保険制度が整備されていないアメリカ合州国においてはとくに、医薬品も含めたエイズ治療へのアクセスを経済的にも保証することを政府や製薬企業に要求する運動という面をも色濃く持っていた。その点において、エイズアクティヴィズムはたんに死者への哀悼を共有する文化的運動だったわけではない。エイズ患者やＨＩＶ感染者の治療にアクセスする権利を主張して、一九九〇年代以降にアメリカ合州国国内はもちろんグローバルにも増大した貧富の格差に対する抵抗を、エイズの問題を焦点とすることで組織化する役割を果たしていたのだ。そのとき、医薬品の価格という経済的問題は、すなわちＨＩＶ感染者の生きる権利に関わる政治的問題と一致することになる。

自らの生き方の性に関わる面をライフスタイルの一つとしてアメリカ社会に承認させようとしたゲ

イの運動が、いかにして南アフリカ共和国の貧困なエイズ患者たちと出会うことになったかの歴史は、一九九〇年代に加速的に進行した国際貿易の増大やファストフード産業の世界的な展開といった意味でのグローバリゼーションとは違うもう一つのグローバリゼーションの物語を語ってくれる。

一九八一年の公式発見以来、ゲイ男性の「奇病」として広がっていたエイズは、治療法もなく死に至る病として恐れられていた。最初のエイズ治療薬（抗ＨＩＶ薬）として有望視されたＡＺＴ（アジドチミジン）[13]のアメリカ食品医薬品局（ＦＤＡ）による治療試験が開始されたのは一九八五年のことである。[14]エイズ患者を対象として始められた第一相試験と第二相試験[15]では、すでにその延命効果は明らかなものとなった。とくに、ＡＺＴと偽薬（プラシーボ）を誰にもわからないようにして割り付ける二重目隠し法で患者三〇〇人を対象として行われた第二相試験では数ヶ月目の段階で、ＡＺＴ投与を受けたグループのうちの死者は一名、これに対して偽薬を投与されたグループでの死者は一六名に達し、偽薬を使うことは倫理的に許されないという理由から一九八六年九月に臨床実験は予定よりも早期に終了された（承認されていない臨床試験用の薬品という状態のまま、治療用に使用することが認められた）。だが、新薬として認可される前に、通常のステップであれば次に待ち受けているのは、多数の患者を対象として二重目隠し法で行われる第三相試験であり、その治療効果の評価にはさらに数年が必要と考えられていた。

一方、実験段階である臨床試験中は無料提供されていたＡＺＴの市販価格に関して、その抗ウィルス薬としての特許権を保持していたバロウズ・ウェルカム社（当時）は、将来に新薬として販売される際には、一人一年当たりの医薬品価格に換算しておよそ一万三〇〇〇ドルに相当すると発表した。

ゲイの劇作家ラリー・クレイマーの呼びかけに応じてニューヨークでエイズアクティヴィズムを掲げて、非暴力で直接行動の運動体として一九八七年に組織されたアクトアップ（ＡＣＴ ＵＰ＝AIDS coalition to unleash power）の最初の大規模な街頭行動は、こうした状況への抗議つまりＡＺＴ認可の促進と購入可能な価格での提供を要求するデモ行進だった。[16] 三月二四日早朝ニューヨークのトリニティ教会前で集合したデモ参加者は「〝平常通り営業〟はもうたくさんだ」との合い言葉で行進し、ウォール街での商取引を中断に追い込み、ニューヨーク市警によって一七人が逮捕された。直後に、ＨＩＶ感染者とエイズ患者たち自身という当事者の主張を前にして、ＦＤＡは第三相試験を中止して臨床試験開始から二年間という異例の早さでＡＺＴを認可している。

非暴力の直接行動とマスメディアを通じた派手なパフォーマンスを運動戦略とし、一九六〇年代のアフリカ系アメリカ人による公民権運動を一つの模範としていたアメリカのエイズアクティヴィズムの特徴は、初期の「沈黙は死」[17] というスローガンに集約されているといってもよい（図３-４）。このスローガンを黒字にピンク色の三角形に重ねた印象的なポスターは、アクトアップのトレードマークの一つとなった。ちなみに、ピンク色の三角形はナチスドイツの時代に、強制収容所で殺されたゲイの衣服に付けられたマークである。つまり、そのポスターのなかで、

図 3-4 「沈黙は死」

ゲイを主力とするエイズアクティヴィストたちは、ナチスドイツの時代に虐殺された性的マイノリティと、ネオリベラリズムを主導するレーガン政権のもとで保守的なキリスト教道徳に反する存在として死へとうち捨てられるエイズ患者の姿とを重ね合わせたのだ。

主として国内でのゲイ・コミュニティを中心とした運動体から、グローバルな運動体へと変貌していく大きな転機は一九九六年に訪れた[18]。当時は、AZTに続いて、作用メカニズムの異なった複数の抗HIV薬が開発され、それらを組み合わせたHIV感染に対するカクテル治療法の臨床試験が行われ、エイズ治療への希望が高まっていた時期であった。そうした状況のもと、カナダのバンクーバーで行われた第一一回国際エイズ会議では、そうした新しい治療の開発という医学的進歩だけではグローバルエイズを解決することは不可能なのではないかという問題提起が、会議に参加したエイズアクティヴィストから行われたのだ（国際エイズ会議は医学の学術集会ではあるが、一九八九年のモントリオールでの会議から、当事者であるHIV感染者やエイズ患者が世界各地から参加する場ともなっている）。その国際エイズ会議に参加したアクトアップを中心とするエイズアクティヴィストのスローガンは、「どん欲は死　すべての人々に治療へのアクセスを要求する」というものだった。

こうして、先進国のゲイの社会運動として始まったエイズアクティヴィズムは、アメリカ合州国でのエイズ治療へのアクセスという問題に取り組むとともに、一九九〇年代のグローバリゼーションの進行とともに拡大するグローバルな貧富の格差という課題に取り組み始めたのだ。また、一九八〇年代後半に、IMFと世界銀行によって第三世界での貧困な債務国に対して強制された「構造調整計画」の政策パッケージには財政再建が含まれており、財政赤字削減のために行われた公的医療サービスの低下がそうした国々でのエイズの蔓延を促進した面があるとされている。[19]

このようなグローバリゼーションがもたらす「痛み」の側面が明らかになるにつれて、トランスナショナルな大企業を中心としたグローバリゼーションのあり方に対する異議申し立てのうねりが大きく盛り上がったのは、一九九九年シアトルでのできごとだった。[20] 一一月から一二月に開催されるはずだったWTOの第三回閣僚会議が、オルターグローバリゼーション運動、アナーキスト、人道主義的NGO（非政府組織）、エイズアクティヴィストなどの幅広い立場の数万人の計画的な抗議行動によって中止に追い込まれたのだ。そのなかで、グローバリゼーションの負の側面を象徴する例として、エイズ治療薬の価格の問題もまた大きな注目を世界的に集めたのである。その翌年四月にワシントンDCで行われたIMFと世界銀行の閣僚会議もまた数万人の抗議行動とデモで迎えられた。

また、同じ二〇〇〇年七月に南アフリカのダーバンで開催された第一三回国際エイズ会議にあわせて、南アフリカ国内では、エイズ治療薬の価格引き下げや南アフリカ政府に対する提訴の取り下げを求めるデモが行われた。また、同時期には、アクトアップなどのアメリカのエイズアクティヴィストはビッグファーマのアメリカ合州国本社をターゲットとする抗議行動を行っている。人道主義的NGOとして知られる「国境なき医師団（MSF）」（一九九九年にノーベル平和賞を受賞）が集めた「提訴取り下げ」請願に賛同する署名は世界各地から寄せられ、二〇〇一年には数十万人に達していた。

一方、南アフリカでの裁判でも二〇〇一年二月、「アミカス・キュリィ（法廷助言者）」として、治療行動キャンペーン（TAC）のザキ・アハマットがHIV感染者の立場から意見を述べて、大きな国際的反響を呼んだ。アミカス・キュリィとは、社会的・政治的・経済的な影響の大きい事件において当事者ではないが利害関係のある第三者が裁判所に報告（アミカス・ブリーフ）を提出する制度を指している。南アフリカの場合でも、裁判の直接の法的な意味での当事者（原告と被告）は南アフリカ政府と製薬企業ではあるが、もっとも影響を受ける本当の意味での当事者とはHIV感染者やエイズ患者であることはいうまでもない。こうして、選挙を通じた意思表明という代議制民主主義とは異なったかたちで、直接の当事者が発言し、国境を越えたネットワークを通じて政治のあり方に影響を与えるという新しい民主主義のスタイルもまた、グローバリゼーションの帰結の一つである。

さて、二〇〇一年四月の南アフリカ共和国での提訴取り下げの後、ニューヨーク国連本部では特定の疾病を対象としては初めてという国連エイズ総会が七月に開催された。数多くの人道主義的NGOも参加していた総会では、エイズ医薬品アクセス問題においてジェネリック医薬品に関する議論が中心となり、コミットメント宣言が採択された。そして、「エイズ・マラリア・結核と戦う世界基金（GFATM）」が設立されたのである。また、一一月には、国連と並ぶあるいはそれ以上に強力な力を持つグローバルな機関であるWTOでも重要な政策変更が起きた。カタールのドーハで行われたWTOの第四回閣僚会議では、エイズ治療薬をめぐる知的所有権の保護と公衆衛生の関連が重要な議題とされ、「TRIPS協定と公衆衛生に関する宣言」が採択されたのである[21]。このドーハ宣言をどう評価すべきかについては後で論じることとして、一九九九年からの数年で、グローバリゼーションをめぐる社会運動およびグローバルエイズの問題に関して、大きな変化が起きたことをここでは確認しておこう。

さて、エイズ治療薬へのアクセスをめぐる歴史をたどるなかで、たびたび世界貿易機関（ＷＴＯ）が登場していることにお気づきだろう。だが、どういう理由で、国際社会の代表的な組織であるはずの国連ではなく、貿易だけに関連したＷＴＯがこれほどまでに大きい国際的な影響力を持つようになったのだろうか。また、なぜ関税を撤廃して国際的な自由貿易を促進するためのＷＴＯの存在とエイズ治療薬の価格の設定がこれほどまでに緊密に結びつくのだろうか。その鍵は、ＷＴＯ設立の国際条約の一部、ＴＲＩＰＳと略される「知的所有権の貿易関連側面に関する協定（Agreement on Trade-related aspects of Intellectual Property）」にあるのだが、その背景を理解するためには、グローバルエイズの医薬品アクセス問題を、国際貿易と知的所有権の絡まり合いの二〇世紀史のなかに位置づけてみなくてはならない。

5　知的所有権とアメリカの貿易通商政策の結合

国際政治経済学の伝統からみて、知的所有権と国際貿易とは直接に関係する問題ではなかった。この当たり前の事柄をまずは再確認しておこう。

この二つが密接に関連づけられ始めたのは比較的新しく、一九八〇年代初頭のできごとだ。そのきっかけは、一九八二年六月二二日、日立製作所や三菱電機の社員ら六名が、アメリカIBM社の新型のコンピューターに関する機密情報を産業スパイ行為によって違法に入手したとして逮捕された事件だった（アメリカで起訴された日立本社は刑事裁判では司法取引に応じ、民事裁判では和解している）。いわゆる日米コンピューター開発競争のなかで、FBIによるおとり捜査での産業スパイ摘発は、その政治的背景についてさまざまに憶測を呼んだ。不公正な貿易や産業振興によって貿易黒字をため込む日本というイメージが流布された当時のジャパンバッシング（日本叩き）のなかでの一つの事件とみることができることは確かだろう。

それから半月あまり経過した一九八二年七月九日、ニューヨークタイムズに「頭のなかからの盗み（Stealing from the Mind）」という刺激的タイトルの一つの意見記事が掲載された。署名はバリー・マックタガート、製薬企業ファイザー・インターナショナルの社長（当時）だった。日本企業によるIBM産業スパイ事件から説き起こした彼は、問題は産業スパイだけではなく、発明が「合法的に」アメリカ国外へと持ち出されていることに注目しなければならないと主張する。そして、国連に対する敵意をむき出しにしながら「国連が、世界知的所有権機関（WIPO＝World Intellectual Property Organization）を通じて、ハイテクの発明を未開発国に手渡そうとしている」とまで述べる。つまり、彼の表現によれば、従来の特許に関する国際的取り決めであるパリ条約とWIPOの現状は「アメリカの技術に対する盗み」なのだ。

その記事のなかで、新製品を作るための発明が重要な役割を果たす産業の具体的な例として挙げられているのが、コンピューター、医薬品、テレコミュニケーション機器、化学薬品などである。つまり、「頭のなかからの盗み」とは、ジャパンバッシングという文脈を超えて、当時の知的所有権についての国際的取り決めによってアメリカ産業が一方的に被害を受けているという一部の産業界の認識を表した強い表現だったのである。

医薬品の特許権を国際的に保護することを従来から強硬に主張していたファイザー社内でも、第三世界の国々や国際機関の政策を「盗み」と批判する意見を新聞紙上に公表すべきかどうかに議論が分かれたという。だが、結果的には、国内産業界や政治家からの記事に対する反響には好意的なものが多く、この記事以降、知的所有権の国際的保護をアメリカ合州国の産業政策や通商政策の大きな柱として位置づける考え方が徐々に市民権を持ち始めたという。こうした国内世論を背景として、一九八一年に成立したレーガン政権は知的所有権重視の対外政策（プロパテント政策）の方向へと舵を切り始める。[22] その集大成となるのが一九八八年の包括的通商競争法に導入されたスペシャル三〇一条だった。

さて、このスペシャル三〇一条をめぐるできごとを紹介する前に、ここで本稿に必要な範囲で、第二次大戦後のグローバルな経済秩序の形成と戦後のアメリカ通商政策の関わりについて簡単にたどることにしよう。[23]

戦後のグローバルな経済秩序はブレトン・ウッズ（ＩＭＦ＝ＧＡＴＴ）体制とも呼ばれるが、発展途上国を中心に長期的資金の貸し出しを行う世界銀行、国際為替の安定をめざす国際通貨基金（ＩＭ

F）および、自由貿易体制の拡大を図る関税貿易一般協定（GATT）から成立している。[24]この枠組みは、一九四四年七月、ニューハンプシャーのブレトン・ウッズで、戦後の世界経済秩序のあり方に関して、連合国側の経済官僚らによる会議が開催されたことに由来する。そこでは、自由貿易体制を維持し、経済のブロック化を防止するという方針[25]のもとに、こんにちの世界銀行（当時は国際開発復興銀行）とIMFと国際貿易機関（ITO）という三つの国際機関を設立することが議論された。しかし、ITOに関する協議だけはアメリカ合州国国内からの反発にさらされて不調に終わり、世界銀行とIMFのみが設立されて現在に至っている。一九四七年のジュネーブ協議では、当初はITOが設立されたときにその一部に組み込まれる予定であったGATTだけに調印が行われた。[26]この結果、戦後の自由貿易体制は、統一的な国際機関によって調整されるのではなく、GATT加盟国を中心としての二国間あるいは多国間の協議によって、その対象となる品目や分野の枠組みを拡大していくというプロセスをとることになった。そして、GATTの方向性を定める上でもっとも重要な役割を果たしたのは、第二次世界大戦の戦火に直接さらされることが少なくしかも豊かで巨大な国内市場を持っていたアメリカ合州国の通商政策だった。

さて、アメリカ合州国の戦後の通商政策の大枠は、共産圏に対抗する西側同盟を維持するために巨大なアメリカ市場を同盟諸国との自由貿易に積極的に開放することを容認する大統領および国務省と、国内産業の保護を訴える議会や商務省や農務省の間のせめぎ合いによって規定されている。[27]つまり、通商政策としてみれば、開放的な多国間貿易システムという自由貿易体制を維持しようとする傾向と管理保護貿易主義（二国間主義や一方的な貿易制裁を含む）への傾向の相克となる。ＩＴＯが設立されなかったことも、結局はこの問題に起因している。

大統領と議会および省庁間での縄張り争いを調停し、首尾一貫した貿易通商政策を構想実行するために、一九六二年通商法のもとでケネディ政権によって新設されたのがＵＳＴＲの前身ＳＴＲ（特別通商代表部）だった。その後のアメリカ合州国の通商政策を中心的にになうのはこのＳＴＲ（一九七九年からはアメリカ通商代表部ＵＳＴＲ）である。しかし、一九七四年に成立した通商改革法三〇一条を端緒として、ＳＴＲ／ＵＳＴＲの性格はたんなる利害のすりあわせを行う調停者から、国内産業の利害を代表する議会の代理人の役割を果たす方向へと変化していった。

一九七四年通商法での規定によれば、外国政府の貿易政策が不公正である場合にはＳＴＲに対抗措置を義務付け、また差別的または不合理である場合にはＳＴＲの判断で対抗措置発動を行うことができるとされている。つまり、国際的な多角的自由貿易の推進よりも、二国間での「公正貿易」に主眼が置かれているのだ。この自由貿易から公正貿易への重心の移動は、国内産業の利害の重視へとつながることになった。なぜなら、公正かどうかを決定するのは国内世論の動向であり、アメリカ合州国と当該相手国の商慣行や文化が異なっている場合には容易に「不公正貿易」との烙印を押される可能性があったからだ。繊維、鉄鋼、テレビ、自動車などの日米貿易摩擦が次々に問題化するなかで、一九七九年のＧＡＴＴ東京ラウンド締結直後、カーター政権は特別通商代表部（ＳＴＲ）をアメリカ通商代表部（ＵＳＴＲ）に改組してさらに権限を強化した。そうした背景のもとで起きたのが、日米間でのコンピューター産業スパイ事件だったのだ。

一九八六年にプンタデルエステで協議の始まったGATTウルグアイラウンドは一九九四年のマラケシュ協定の調印を経て、一九九五年の世界貿易機関（WTO）の設立に至った。ここで、ITOの設立失敗からおよそ半世紀を経て、自由貿易のあり方を統合的に扱う国際機関が設立されたのである。しかし、第二次大戦直後に、経済ブロック化と戦争を阻止し、自由貿易を守るという理想主義のもとに計画されたITOと、一九九一年のソ連邦崩壊に伴う冷戦体制の終結後にアメリカ合州国の強力な政治的主導権のもとで作られたWTOはその性格が大きく異なっていた。その大きな特徴の一つは、物品の貿易だけが取り扱われるのではなく、当時のアメリカ産業界の強い要求にもとづいて、新しい二つの議題すなわちサービス貿易および知的所有権の問題もまた貿易問題の一部として交渉の俎上にのせられたということだった。とくに、知的所有権の国際的保護という面では、後に紹介するように、パリ条約とベルヌ条約を中心とした国際的な枠組みが伝統的に存在したにもかかわらず、それとは別の貿易関連という文脈でWTOの一部に組み込まれたことで大きな変化がもたらされた。

6　スペシャル三〇一条からWTOへ——「新しい保護主義」とは何か

『情報封建制』において、知的所有権の保護の強化の歴史を検討したP・ドラホスとJ・ブレイスウェイト[28]は、このGATTウルグアイラウンドでのWTO設立に向けての協議が始まる直前の一九八〇年代初頭という決定的な時期にきわめて重要な役割を果たした一人の人物として、一九七二から一九九一年まで二〇年あまりファイザー社ＣＥＯを勤めたエドムンド・Ｔ・プラッツ・Jr.（一九二七―二〇〇二）を挙げている。「頭のなかからの盗み」の意見記事からもわかるように、抗生物質生産を中心に製薬企業のなかでも早くから国際展開を果たしていたファイザー社は、知的所有権の国際的保護に大きな関心を抱いていた。[29] そのＣＥＯであったプラッツは、政府の公的役職としては、一九七九年には、アメリカ通商代表部（ＵＳＴＲ）の貿易交渉諮問委員会（Advisory Committee on Trade Negotiations）のメンバーとなり、一九八一から一九八六年までの六年間、その議長として、アメリカ産業界の意見を集約して政府に伝えるという役割を担ったのだ。

知的所有権の問題がＧＡＴＴで取り上げられた背景には、プラッツ個人の影響力はもちろんだが、その国際的な保護と強化に利害を持つ業界団体の強力な働きかけがあったとされる。その代表的なものは、印刷、映画、音楽、ソフトウェア、ＩＴ産業、コンピューター産業などの連合体である国際知的所有権連盟（ＩＩＰＡ＝International Intellectual Property Alliance、一九八四年に結成）と、一三のトランスナショナル企業が一九八六年に作った知的所有権委員会（ＩＰＣ＝Intellectual Property Committee）だった。後者のＩＰＣにはファイザーをはじめとする製薬企業とコンピュータ情報企業であるＩＢＭなどが参加しており、ＧＡＴＴウルグアイラウンドで知的所有権問題を貿易関連の議題として取り上げさせることを目標として結成された団体だったという。[30]

こうした議論のなかで、知的所有権の問題としてやり玉に挙げられたのは製造業に直接に関係する産業的な特許そのものではなく、偽ブランド品（商標の保護）と音楽や映画ソフトの海賊版の横行（著作権の保護）の問題であった。偽ブランド品や海賊版のCDやヴィデオを黙認する「海賊国家」というわかりやすいレッテルは、知的所有権の問題を道徳的な善悪の問題に単純化してとらえさせるのに有効なメディア戦略となった。

また、知的所有権をたんに法制度の国際的な違いや権利と義務の問題としてとらえるのではなく、その経済的な重要性を貿易収支との関連で具体的な数字で表示するというメディア戦略も行われた。たとえば、一九八八年のアメリカ国際貿易委員会の報告書では、他国による不公正な知的所有権の侵害によってアメリカは年間四三〇から六一〇億ドルの損害を被っているとまで主張されている(31)。

そして、一九八四年、通商法三〇一条のなかで貿易制裁の対象として規定された不公正な貿易慣行の一つに知的所有権を保護する法制度の不備という項目が付け加えられている。アメリカ合州国内での保護貿易主義が強まっていった一九八五年九月、USTRは通商法三〇一条の手続きを日本（外国産たばこの規制）、韓国（外国企業の保険市場への参入制限）、ブラジル（コンピューター市場の閉鎖性）に対して開始した。続く一〇月には、韓国に対して特許権や著作権の保護が十分でないという理由での三〇一条提訴が行われている。二国間協議の結果、韓国はウルグアイラウンド開幕の直前一九八六年七月に、アメリカ合州国の法制度をモデルとした知的所有権保護立法を行い、アメリカ合州国の医薬品の特許申請だけを優遇することで合意した（米韓取り決め）。知的所有権の国際的保護という問題を、二国間の貿易問題と結びつけ、貿易制裁をてことして決着を図る二国間主義は、これ以降

WTOが始動する一九九五年まで繰り返されることになる。(32)

一九八八年に成立した包括的通商競争力法は、不公正貿易の範囲を拡大することで三〇一条をさらに強化したスーパー三〇一条で知られる。くわえて、この法律には、三〇一条を知的所有権の保護にまで拡大したスペシャル三〇一条が含まれていた。そこでは、「知的所有権の適切かつ効果的な保護を拒むか、あるいは知的所有権保護に依存しているアメリカ人への公正で正当な市場アクセスを拒んでいる」国家を認定して制裁の対象とすることが規定されていたのだ。(33) 一九八九年、ブッシュ政権は日本、ブラジル、インドの三ヶ国をスーパー三〇一条での不公正貿易国として特定した。一方、一九九一年に初めて発動されたスペシャル三〇一条の優先監視リストに挙げられたのは中国、インド、タイだった。

一九八〇年代後半の国際貿易体制が論じられる際には、自動車輸出自主規制以来の日米の貿易摩擦（半導体、牛肉・オレンジの問題）を背景に、日本をターゲットとしたスーパー三〇一条という保護貿易主義や二国間主義の登場が語られることが多い。しかし、いかに大きな問題であったにせよ、スーパー三〇一条をめぐる諸問題は結局のところ自由貿易と管理保護貿易の対立という古典的な対立が繰り替えされているに過ぎない。一九九〇年代以降のグローバル情報経済の発展との関わりで当時を見直せば、より重要だったのはアメリカと韓国、ブラジル、インド、中国、タイなどとの対立にみられたようなスペシャル三〇一条を中心とした知的所有権と国際貿易を結合させるという新しい貿易ルールの登場だったのではないだろうか。

実際、GATTウルグアイラウンドで成立したマラケシュ協定では、WTO設立を定めた本協定に四つの付属書が添付されている[34]。そのうちもっとも重要な付属書1はA、B、Cの三部に分けられており、1Aが「物品の貿易に関する多角的協定」であってもともとの一九四七年以来のGATTに相当する。先にもふれたように、ウルグアイラウンドで新しく取り込まれたのが、1B「サービスの貿易に関する一般協定（GATS）」と1C「知的所有権の貿易関連の側面に関する協定（TRIPS）」なのである。

さて、こうした歴史的経緯のなかでもう一度「頭のなかからの盗み」という意見記事を見直してみよう。そこに流れるのは、自由貿易制度を守るという考え方ではなく、他国の慣行を不公正として一方的に非難するある種の公正貿易の主張つまりは保護主義であることをみるのはたやすい。だが、このグローバル情報経済の時代の保護主義の持つ新しさにも注意しておこう。この「新しい保護主義」は、旧来の保護主義のように関税障壁を用いてライバルが生産した輸入品を国内市場から閉め出すという方法はとらない点に特徴があるからだ[35]。知的所有権にもとづく独占を基盤とし、その特権を守らせるためのルールを国際的に認めさせることによって、ライバルを世界市場から追放することをめざすという意味では攻撃的な保護主義なのだ。

国際自由貿易体制を維持するというGATTの目標は、競争的で自己調節的な市場こそが資源のもっとも効率的な配分を可能とするという理念に何らかのかたちで結びついている。一方で、特許というシステムは、一言でいえば、発明者に対して報酬を与えるために（発明の開示と引き替えに）一定の期間の独占を与える制度である。知的所有権の保護を強化することを求めるTRIPSはその根本的な考え方において自由競争にもとづく市場原理には反している、あるいは少なくとも完全に一致するわけではないという点はあらためて確認しておくことが必要だろう。WTOが中心となって推し進める経済的グローバリゼーションは、しばしば単なる過度の自由競争や市場原理主義としてだけとらえられることが多いが、それはあまりにも単純化された見方である。

繰り返すが、そもそも、知的所有権の問題は貿易とだけ関わるわけではないし、経済問題としてだけ重要なわけでもない[36]。TRIPSの扱う知的所有権の貿易関連の側面とは、あくまで知的所有権という問題のごく一部に過ぎないという当然のことを思い起こす必要がある。音楽や文学などの芸術作品の著作権は人類全体の文化の問題であって、貿易に関わるエンターテインメント産業だけがその当事者というわけではない。バイオ特許や遺伝子特許と呼ばれるような分野についても貿易的側面や経済的利害だけではなく、倫理的・社会的な問題を避けて通ることはできない[37]。また、食品や医薬品のように人間の生命という公共の利益に直接関わることについては知的所有権という考え方自体がなじまないという面がある（たとえば、極端な例でいえば、新しい外科手術法についての特許は認められていない）。

一九八八年のWIPOによる調査では、工業所有権に関するパリ条約加盟国九八ヶ国のうちで、知的所有権から医薬品を除外する国が四九ヶ国、動物品種を除外する国が四五ヶ国、植物品種を除外する国が四四ヶ国、食品を除外する国が三五ヶ国、コンピュータープログラムを除外する国が三二ヶ国、化学薬品を除外する国が二ヶ国だったという。[38] こうした状況を考えれば、TRIPSとは、それまでの世界では必ずしも標準的とはいえなかった知的所有権制度のあり方を、WTO加盟国に強制していく役割を果たしていたのだ。

WTOが成立した一九九五年以降、加盟国においては、先進国と発展途上国でその実現までの猶予期間に時間差はあるものの、基本的にはTRIPSで定められたルールに従った知的所有権についての国内法整備が義務化された。エイズ医薬品アクセスの問題においても、それまでは国内問題として国民国家が国情にあわせて決定することのできた医薬品の特許の形式（物質特許か製法特許か）がTRIPSによってグローバルに一律化されたことが大きく影響している。次には、インドやブラジルの例を取り上げつつ、WTOと知的所有権の関連をたどってみることにしよう。

7　知的所有権とWTO

知的所有権は、技術的創作物に対する工業所有権（特許、商標、意匠、原産地表示など）と芸術的創作物に対する著作権の二つに大きく分かれる。ここでは、前者の工業所有権のなかでも医薬品産業で重要な役割を果たす特許を中心に扱うことにしよう。

特許は、新規性、有用性、非自明性（その分野で通常の専門的能力を持っている人がいたとしても思いつかない）という三つの条件を満たした製品や製法やデザインに対して与えられ、発明者に対して報酬をもたらす権利とされている。[39] しかし、特許を一つの個人の権利と見なすこうした単純な考え方はある種の神話というべきものであって、実際の特許という社会制度をくわしくみれば、それはもう少し複雑だ。

第一に、二〇世紀になってからの重化学工業の発展のなかでは、特許の対象となる発明はもはや発明家個人によって生み出された新製品や新製法ではなくなっているという点だ。それには二つの意味がある。まず、技術開発や研究そのものが個人作業ではなく、研究者チームの共同作業になったために、発明者個人の創造性の範囲がはっきりしなくなりつつあるという意味においてである。もう一つは、工業技術として実効力のある特許を得るためには、特許法の専門家の協力のもとに、中核となる特許の周辺技術も含めて網の目のような特許を取得することが必要となっているということだ。その場合の特許の実質的な有効性は、発明家個人の創造性よりも、属している企業や組織の特許戦略やその法律部門の能力に大きく依存することになる。こうした現状から考えれば、特許のような知的所有権をあたかも個人の権利の一つのように扱うことはできない。

第二に、特許という社会制度には、発明者個人への報酬だけではなく、特定の技術を海外から導入したり、特定の産業を振興したりするための国家政策という側面が存在している。歴史的に特許の起源をたどるならば、それは発明者に対する報酬ではなく、中世のイギリスなどで君主から与えられた独占権や特典に由来しているのだ。そもそも、英語で特許を意味するpatentという単語自体が、排他的な独占権を許可した国王の開封勅許状（Letters Patent）に由来している。[40] 一四世紀頃からの英国では、国内での独占権を与えるという特権で優遇することによって、海外から特殊な技能を持つ職人（とくに織物職人）を移住させるということがしばしば行われた。この場合には、たしかに特許が与えられているのは新規性のある製品や製法であるが、その新規性は国内での新規性に過ぎない。つまり、発明することと、それまでその国では知られていなかった技術を輸入することが同一視されているのだ。[41] 政策的な特定産業の優遇という意味での特許制度もまた、発明者個人の持つ権利というイメージとは大きく異なる。新しい発明に対して国際的な保護を与えるかどうかという点は、ＴＲＩＰＳ以前からも長く議論の対象となってきた。

知的所有権に関わる国際条約はＴＲＩＰＳが最初というわけではなく、一九世紀末からヨーロッパを中心として制度化が始まっている。ウィーン万国博覧会（一八七三年）を契機として一八八三年に成立したパリ条約は、工業所有権の国際的保護を定めている。また、一八八六年には著作権の国際的保護を定めたベルヌ条約が成立している。この二つを統合して管理する組織として一八九三年には知的所有権保護合同国際事務局（ＢＩＲＰＩ）が設置された。一九七〇年にはＢＩＲＰＩを発展させた世界知的所有権機関（ＷＩＰＯ）が設立されて現在に至っている。[42]

だが、こうした国際的交渉の場では、特許権を持つ先進国と特許料を支払う立場になることの多い発展途上国との間での利害対立がしばしば先鋭化し、議論は紛糾した。なかでも、知的所有権の問題でアメリカ合州国を中心とした先進国側と対立していたのは輸入代替工業化を図っていたインドとブラジルだった。そこで議論になったことの一つは、医薬品も含めた化学物質の特許をどのような形式で認めるかという問題であった。化学物質の多くは自然界にもともと存在し得るものであって、人間の能力だけで発明した発明品とは多少異なっている。こうした観点に立てば、化学物質の製法についての特許は認めるが、化学物質そのものの物質としての特許を認めないという考え方も成立するからだ。製法特許の考え方に立てば、同じ化学物質を異なった製造工程で作り出した場合には特許による制限を受けないことになる。このことは、その化学物質の製法を最初に特許化した企業にとってみれば、その化学物質の排他的製造権に対する抜け道があるに等しい状況と見なされるだろう。だが、一方で、産業振興という点から考えれば、よりよい製法を開発する競争を通じてより優れた製法が発明されることへの動機付けを高めて産業の経済効率性を向上させるという面もあるだろう。工業化でのキャッチアップをめざす多くの国々で、自主技術開発の可能性を認める製法特許を選好されたのは当然のことと考えられる。日本もまた同様に一九七六年までは化学物質の製法特許しか認めていなかった。

製法特許と産業政策の関連をはっきりと示している例はインドの特許法規の変遷である[43]。イギリスの支配下にあったインドでは一八五六年からすでに特許法が制定されていた。しかし、インド国内での特許の多くは外国籍の私人によるもので、インド国内の企業にその特許を使用することを認めず、インドを輸出市場として確保することを目的としていたとされる。とくに当時は国内での生産能力がなく輸入されるしかなかった医薬品は、本国であるイギリスに比べても高価格で販売されていた。この状況に対して、独立後のインド政府は、当時の特許法が産業振興には有害であると結論づけ、一九七〇年に特許法を改正した。[44]その改正では、食料、医薬品、化学物質については、物質特許を認めず、製法特許のみを認めると同時に、特許期間も七年に短縮した。くわえて、特許を付与されて三年後にその発明を妥当な価格で国民が利用できない場合には政府が特許の強制実施権を持つことを明記していた。こうした国内産業保護的な特許政策のもとでインド国内の製薬企業はジェネリック薬の生産と輸出の面で順調に発展していった。[45]南アフリカに安価な抗エイズ薬を供給することが可能であると申し出たシプラ社はそうした企業の一つである。

ＴＲＩＰＳの規定では、医薬品などの化学物質もまた物質特許であることが必須であり、しかもその特許期間は最低二〇年間と定められており、知的所有権保護は従来よりも強化されている。ＷＴＯ加盟から一〇年以内の国内法整備を求められていたインドは紆余曲折があったものの二〇〇五年に物質特許を含む特許法改正を行った。

さて、ＷＩＰＯを中心とする従来の制度に比べて、ＴＲＩＰＳが国際社会のなかでこうした強制力を持っている背景には、ＷＴＯの持つ独特な紛争処理方式がある。[46]たとえば、ＷＩＰＯの場合には、知的所有権に関する紛争が交渉で解決しなかった場合には国際司法裁判所に付託することになっているが、その判決にはいまのところ強制力がなく、実効力はないに等しい。一方、ＷＴＯの一部であるＴＲＩＰＳの場合には、まずパネルと呼ばれる処理方式で不服申し立ては処理され、パネリスト二名と当事国の間で規定にもとづいた調整が行われる。その判断に当事国が不服な場合には上級委員会で上訴することができるという二審制がとられている。そして、勧告に従わない国家に対しては貿易制裁を発動することが許されているのだ。通商法三〇一条でもわかるように、アメリカ合州国のように国際貿易に開かれた巨大な国内市場を持っている国にとって貿易制裁はきわめて強力な政治的交渉の武器となり得る。知的所有権の保護に利害を持つ業界団体が、WIPO、UNCTAD、UNESCOなどの従来の国連を中心とした国際機関ではなく、WTOを知的所有権に関する国際的な制度構築の場としようとしたことには、こうした背景がある。

南アフリカ共和国での裁判と前後して、インドと同様に知的所有権の保護に関してアメリカ合州国と対立していたブラジルでもTRIPSと発展途上国の特許政策や医療福祉政策が衝突している。すでに紹介したように、WTO以前の一九八七年、ブラジルでの医薬品の特許権保護が不十分であるとして、アメリカ合州国は通商法三〇一条を発動して、特許に関する法律制度の変更を求めていた(47)。こうした圧力の結果、ブラジルは一九九六年には医薬品の物質特許を認める工業所有権法を制定する。

さて、一方で一九八〇年代の後半から、ブラジル保健省は無料の公的医療制度を整備していた。当時は医薬品の物質特許を認めず、製法特許だけを認めていたブラジルでは、国営の医薬品研究センターで抗エイズ薬についても、そのジェネリック薬の研究開発を行って、自国内での安価な抗エイズ薬の供給を可能とした。そして、一九九六年には最新の治療法であった抗エイズ薬のカクテル療法も無料化していた。製法特許制度を利用した医薬品の自主生産という手法が、まさにアメリカの三〇一条の標的となった点であった。ブラジルは、アメリカによる貿易制裁に屈して改訂された一九九六年の工業所有権法ではTRIPSに従って医薬品の物質特許を認めたものの、すでに国内で生産されている医薬品については物質特許の保護を行わなかった。また、政府による特許の強制実施権をも明記して、国家の健康政策や国内産業の振興を知的所有権保護よりも優先する姿勢をはっきりさせていた。技術力と特許の強制実施権を背景として、ブラジル政府は国内生産を行っていない医薬品も含めて、海外の製薬企業に医薬品の安価な提供を一九九六年以降も認めさせていたのである。国内に医薬品製造能力を持たず、ブランド薬の輸入に頼らなければならない南アフリカとブラジルを比較した場合、その価格差はときに二〇倍に達していたという(48)。

公的医療制度の整備と特許制度を結びつけたブラジルの対エイズ戦略は国民の健康状態の改善という面では劇的な成功をおさめ、エイズによる死亡率を半減させている(49)。また、政府発表によれば、エイズの重症化による入院をも減少させた効果によって、医薬品の無料化を上回る医療費の節減になったという。こうした戦略はグローバルエイズへの対策の成功例として世界のメディアで取り上げられた。たとえば、「ニューヨークタイムズマガジン」(二〇〇一年一月二八日号)では、「世界のエイズ危機をどうやって止めるか。ブラジルを見よ」という記事が掲載され、政府の政治的意志を特許制度の変更やジェネリック薬の開発生産を利用して実行したブラジルが次のように賞賛されている。

「ブラジルから学ぶべき教訓とは次のことだ。第三世界においても、エイズを管理することは可能である。だが、それにはまずパワーを必要とする。エイズ医薬品を必要とする人の手が届く値段にまで下げることは、将来のいつの日か、何かの国際組織の強力な後押しがあればとか製薬企業が突如として信仰心に目覚めたりすればとかの理由で可能になるかもしれない。しかし、いまそれを可能とするためにはジェネリック医薬品を製造し購入するという脅しを使わなければならない。エイズは第三世界の人々を殲滅しつつある。ブラジルが示したことは、競争のパワーという武器を使うことによって、座して死を待つ以外のことができるということだ。」

一方で、アメリカ合州国は、特許の強制実施権を明文化して認めたブラジルの工業所有権法はTRIPS違反であるとして二〇〇一年の二月にWTOに提訴した。しかし、南アフリカ共和国での裁判取り下げ（四月）やWTOが推し進めたグローバリゼーションに対する批判の世界的高まりを前に、アメリカはブラジルを相手取ったWTO提訴を六月には取り下げた。

8　おわりに

二〇〇一年にカタールのドーハで行われたWTO閣僚会議の「TRIPSと公衆衛生に関する宣言（ドーハ宣言）」は、こうした動向を反映するものになった。[50] そこでは、「TRIPSは加盟国が公衆の健康を保護するための措置をとることを妨げないし、妨げるべきでない」（第四項）また、「各加盟国は何が（引用者注：特許強制実施権を可能とするような）国家緊急事態を構成するかということを決定する権利を有する」（第五項）ということが明記されたのである。周到なメディア戦略によって世論を動かしてグローバルな成果を勝ち取るというエイズアクティヴィストの運動は、オルターグローバリゼーション運動などと連携していくことによって、WTOとトランスナショナル製薬企業を相手としながらも、とりあえずは一定の成果をおさめたのである。[51]

ここで、WTOのような国際的組織と国民国家および国境を越えるエイズアクティヴィストを中心とした社会運動とのグローバルな絡まり合いを考える上で重要な論点として、TRIPSのなかで特許の強制実施権をどう位置づけるかについての論争を簡単に紹介しよう。アメリカ合州国を中心とする先進国側は、TRIPSの三〇条での規定すなわち、原則としてはWTOでの事前協議にもとづく個別的な判断での強制実施権の容認を主張していた。これに対して、エイズアクティヴィストやエイズ危機に苦しむ国家の側は、TRIPS協定の三一条に記されたTRIPS協定への例外条項すなわち「加盟国は第三者の正当な利害を考慮し、特許により与えられる排他的権利について限定的な例外を定めることができる」に依拠して、国家主権の判断として強制実施権を認めるように主張していたのだ。[52] この論争は、一見すれば細かなTRIPSの条文解釈に過ぎないようだが、そこにはグローバリゼーションをどうとらえるかに関するより深い思想的差異を読み取ることができる。

前者の規定での強制実施権はあくまでTRIPS協定の内部に位置づけられる法的手続きの一つだが、後者は、国家主権によってTRIPS協定という国際条約の「例外」を定めることが可能だと言っているに等しい。国際社会なるものが軍事的な強制力を持たないという現状では、国家主権が究極的には国際条約の規制力に優越しているという考え方の原理そのものは、政治学でいう古典的なリアリズムと一致している。これは、グローバリゼーションが進行しているといっても、国際社会なるものは強制力を持たない無政府状態のままであって、軍事力を独占している国民国家の果たす重要性は基本的には変わらないという主張とつながる発想だろう。しかし、ここで注目すべきは、TRIPSの「例外」が存在するという解釈を強く主張したのは、国民国家の擁護者ばかりではなく、エイズアクティヴィストたちの社会運動でもあったという点だ。そこで強調されたのは、国民国家の主権の持つ絶対性という古典的原理への復帰ではなくむしろ、私権としての特許権よりも上位の正当性を持ったグローバルな公共性の原理を認め、その原理のもとにTRIPSを制限するべきだという思想だったのだ。

グローバリゼーション対国民国家という図式だけではない、グローバリゼーションのなかの複雑な揺らぎがこの論争のなかには示されている。いいかえれば、経済的グローバリゼーションを一方的に推し進める制度と考えられがちなTRIPSのなかにも、萌芽的ではあっても経済的グローバリゼーションの一方的な専制を制限するための可能性（「棚の上に置かれたままになり、行使されるのを待つ手段[53]」）が見いだされるのだ。あまりにも楽観的な夢想であるということを承知でいえば、十分な政治的意志がありさえすれば、グローバルな公共性の名のもとに知的所有権の排他性を制限する手段としてTRIPSを利用することすら可能かもしれないのだから。

さて、エイズアクティヴィストが、二〇〇一年のドーハでの閣僚会議のような重要な局面でWTOの譲歩を引き出すことに成功した理由の一つは、あえて単純化した善玉と悪玉の図式を利用したことにある。つまり、私的利益追求のための人命軽視による犠牲者としてエイズ患者を描くメディア戦略は、善悪二元論として受け容れられやすかったのである。だが、いうまでもなく、WTOをめぐる諸問題もグローバルな社会問題としてのエイズ危機も、それほど単純な図式で片が付く問題ではない。これまで簡単にたどってきた範囲でも、貧しい国々の政府が自国の公衆衛生において果たした役割は曖昧で、ときには世界銀行とIMFの代理人として国民を苦しめることがあると同時に、ときには国民の健康の擁護者として振る舞うこともあった。また、WTOの基本的原理となっている国際自由貿易の擁護と自由競争の推進は、必ずしもTRIPS協定で規定されている知的所有権を軸とした保護主義と整合性がとれた政策とはいえない。また、アメリカ合州国も、二〇〇一年九月一一日のニューヨークなどでの同時多発テロ事件に引き続いた炭疽菌テロのパニックのなかで抗生物質シプロフロキサシンの特許に関して、その強制実施権の行使やインドの製薬企業からの並行輸入を求めるなど、知的所有権保護の一枚岩というわけではない。

また、メディア戦略のなかで作られた（製薬企業のどん欲の）犠牲者としてのエイズ患者というイメージに対抗するように、トランスナショナル製薬企業の側は、新薬開発という技術革新を横取りして正当な対価を払おうとしないフリーライダー（ただ乗り）として、貧しい国々のエイズ患者を描こうとしている。(54)

そこに働いているのは、新薬開発によって得られる莫大な特許料というインセンティブ（動機付け）が、特許料を支払わないフリーライダーによって弱体化させられれば、将来の技術革新や次世代の新薬開発が損なわれるという論理である。しかし、知的所有権の保護を強化することが技術革新につながるのかどうかは証明された事実というわけではない。むしろ、医薬品開発においては、大学や研究所での公的資金による研究が重要な役割を果たすという例が数多い。[55] アクトアップの創設に関連して紹介した初めてのエイズ治療薬として知られるＡＺＴの実用化までの歴史はその典型的な例である。

ＡＺＴという化学物質自体は一九六四年に、ミシガンがん財団で開発されたが、抗がん剤としては無効であり、その後放置されていた。一九七四年にはドイツの研究者がこの物質が抗ウィルス作用を持つことを発見した。そのため、ヘルペス治療に用いることができる可能性があると考えたバロウズ・ウェルカム社（当時）が、ＡＺＴの特許を取得した。しかし、ヘルペスの治療には有効でなく放置されていた。一九八三年にはＮＣＩ（国立がん研究所）が、エイズ治療薬開発の目的で、抗ウィルス作用のあると報告されている薬物を次々とＨＩＶに対してテストし始めた。そのなかで、一九八五年に、ＮＣＩとデューク大学のチームがＡＺＴの抗ウィルス作用を発見したのである。その結果を受けて、バロウズ・ウェルカム社は、ＡＺＴを抗エイズ薬として用いることの特許を取得した。その後のＡＺＴの市販価格を巡るアメリカ合州国内での攻防はさきに紹介したとおりである。知的所有権で守られたＡＺＴは高価すぎるというアクトアップの主張が現実味を帯びていたのは、アメリカ国民の支払った税金でまかなわれた研究によって医薬品としての効能が発見されたというこの歴史的経過を背景としている。[56]

もう一点見逃してはならないのは、現在の医療費の軽減化と将来の医薬品実用化を天秤に賭けるという一見冷静で合理的な経済性の議論の背後には、その前提として、現在のエイズ治療法へのアクセスと将来の新薬開発のあいだでの優先度のバランスを決定するのは誰か、というより根本的な政治的な価値問題が隠されていることだ。トランスナショナル製薬企業は、これまでも、そしてこれからも、自分たちだけがその配分を決める権利を持つと考えていた。それはいいかえれば、経営陣による意思決定に属することがらであり、経済的収益性を高める限りにおいて株主や投資家に支持されさえすればそれでよいということである。だが、エイズ危機に巻き込まれているさまざまな行為主体のほとんどはそんな想定を共有してはいない。経済的決定とされてきたことがらに政治を再導入しようとすることを通じて、その覇権に対して忍耐強く挑戦を続けているのだ。

どこまでが経済的合理性の基準で決定すべきことなのか、そしてどんな人々がその意思決定に関与すべきなのか、という問題がグローバルな水準で問い直されている。こんにち、グローバルなガヴァナンスとして問われているのはまさに、このエイズの医薬品アクセス問題で示されたような政治と経済が不可分に絡み合った再交渉と再定義の繰り返しという過程なのだ。

◆註

（1） UNAIDS（2002：1245）

（2） 抗ＨＩＶ薬の多剤併用療法（Highly Active Anti-retroviral Therapy＝ＨＡＡＲＴ）のこと。逆転写

酵素阻害剤とプロテアーゼ阻害剤を三種以上組み合わせた治療法で、ＨＩＶ感染の初期から使用することで、エイズの発症を抑制する働きがある。

(3) いわゆる多国籍企業は、その業務においては国境を越えたという意味でのトランスナショナルな企業ではあるが、本社は一つであって、実際には多国籍（マルチナショナル）なわけではない。

(4) グローバルエイズに関する優れた入門書として、アーウィンほか（2005）。

(5) UNAIDS (2006)

(6) UNAIDS (2006 : 14)

(7) 林（2005）；栗原・松本・丁・斉尾（2002a, 2002b）；Drahos and Braithwaite（2002）；D'Adesky (2004)

(8) UNAIDS (2003)

(9) エンジェル（2005 : 219）

(10) パブリック・シティズン（2001 : 171）

(11) シルツ（1991）

(12) スターケン（2004）

(13) 一般名はジドブジン。商標名ではレトロビルとして日本では販売されている。

(14) コリンズ／ピンチ（2001）の第七章にくわしい。また、Epstein（1998）。

(15) 新しい医薬品の臨床試験では、動物実験に続いて、三ないし四段階での人間を対象とした実験が行われる。第一相は少数の健常者ボランティアを対象とした毒性試験、第二相は少数の患者ボランティアを対象とした臨床試験、第三相では多数の患者ボランティアを対象とした臨床試験である。ただし、抗がん剤やエイズ治療薬のように、対象となる疾患が致死的な場合には、毒性の強いことが明らかな医薬品が使われる場合があるため、第一相試験を省略することになっている。

(16) Crimp ed.（1998）とくに、Bordovitz 論文。また、ＡＣＴＵＰのホームページ http://www.

actupny.org/documents/cron-87.html
(17) http://www.actupny.org/reports/index.html
(18) Shepard and Hayduk ed. (2002)
(19) アーウィンほか (2005)
(20) ジョージ/ウルフ (2002)
(21) TRIPS協定と公衆衛生に関する宣言(二〇〇二年、ドーハ)

1. HIV/AIDS、結核、マラリアや他の感染症といった途上国等を苦しめている公衆衛生の問題の重大さを認識。

2. TRIPS協定がこれらの問題への対応の一部である必要性を強調。

3. 知的所有権の保護の、新薬開発のための重要性を認識。医薬品価格への影響についての懸念も認識。

4. TRIPS協定は、加盟国が公衆衛生を保護するための措置をとることを妨げないし、妨げるべきではないことに合意。公衆衛生の保護、特に医薬品へのアクセスを促進するという加盟国の権利を支持するような方法で、協定が解釈され実施され得るし、されるべきであることを確認。

5. TRIPS協定におけるコミットメントを維持しつつ、TRIPS協定の柔軟性に以下が含まれることを認識。

(a) TRIPS協定の解釈には国際法上の慣習的規則、TRIPS協定の目的を参照。

(b) 各加盟国は、強制実施権を許諾する権利及び当該強制実施権が許諾される理由を決定する自由を有している。

(c) 何が国家的緊急事態かは各国が決定可能、HIV/AIDS、結核、マラリアや他の感染症は国家的緊急事態と見なすことがあり得る。

(d) 知的所有権の消尽に関して、提訴されることなく、各国が制度を作ることができる。

6. 生産能力の不十分または無い国に対する強制実施権の問題はTRIPS理事会で検討し、二〇〇二年末までに一般理事会に報告。

7・後発開発途上国に対する技術移転促進を再確認。後発開発途上国に対して二〇一六年一月まで医薬品に関しては経過期間を延長。その経過期間の延長を求める権利を妨げない。

(22) 上田（2000）
(23) 佐々木（1997）；クルーガー（1996）；ドライデン（1996）
(24) 国際為替の安定を目的として設立されたＩＭＦは、一九七一年のニクソンショック（ドルと金の交換停止）以降の変動相場制のもとでは、その機能が低下した。その結果、南北問題や累積債務問題に関わるようになって、世界銀行と重なる役割を担い始めている。
(25) 当時のアメリカ合州国の主流の経済学者たちは、大恐慌初期の一九三〇年に成立したホーリー・スムート関税法は、大恐慌から国内経済を守るためという名目でアメリカの関税率を史上最高に引き上げ、国際貿易を激減させる経済ブロック化の引き金を引いて、恐慌を長期化させたばかりでなく、第二次大戦の原因となった最大の失策だったと考えていた。
(26) 一九四七年末、革命前のキューバのハヴァナで行われた協議ではＩＴＯ設立を定めたハヴァナ憲章が調印されたものの、一九四八年にアメリカ議会はその憲章の批准を認めず、ＩＴＯは設立されることなく、ＧＡＴＴだけが存続することとなった。その背景には、戦禍で荒廃した西ヨーロッパ諸国の経済復興をめざすマーシャルプランの結果として、西ヨーロッパからアメリカへの輸出が増大することを議会が懸念していたことがあった。
(27) とりわけ、アメリカ憲法では、関税率も含めた通商権限が大統領ではなく議会に与えられており、外交政策の一部というよりも国内問題として扱う傾向が強いという政治制度上の特徴がある。
(28) Drahos and Braithwaite（2002 : 68）
(29) Oxfam（2001a）
(30) こうした業界団体が政府に対して大きな影響力を持ったことには次のような事情があったとされる。

つまり、小さい政府を目標とするレーガン政権のもとでは、ＵＳＴＲは大きな権限を与えられたにもかかわらず、それに見合うだけの調査スタッフが拡充されたわけではなかったというのだ。そのため、ＵＳＴＲが何を不公正として監視し、どの国に対して貿易制裁を発動するかという判断の基盤となる調査データは、アメリカの業界団体が中心となって作った報告書類が流用された。その意味では、知的所有権の保護を求めるという一点で団結した産業分野横断的な業界団体が存在し、しかもＵＳＴＲの諮問委員会と密接な人脈的関係を持っていたことの意味はドラホスとブレイスウェイトが指摘するようにきわめて大きいと考えるのが妥当だろう。

(31) Drahos and Braithwaite (2002 : 93)
(32) 一九九五年までの三〇一条発動は総数九五件、うちブラジル（一九八五、一九八七、一九九三）、韓国（一九八五）、アルゼンチン（一九八八）、タイ（一九九〇、一九九一）、インド（一九九一）、中国（一九九一、一九九四）、台湾（一九九二）の一一件が知的所有権関連である（件数の数え方や分類によって一四—五とするものもある）。
(33) クルーガー (1996 : 109)
(34) ＵＦＪ総合研究所新戦略部通商政策ユニット編 (2004)
(35) Drahos and Braithwaite (2002 : 87)
(36) レッシグ (2004)
(37) 名和 (2002)
(38) Drahos and Braithwaite (2002 : 124)
(39) フォスター／シュック (1991)；上田 (2000)
(40) 王室が独占権を与えて利益の一部を要求するという手法は、王室の財政が逼迫した一六世紀末のエリザベス一世の時代には乱用された。次のジェームズ一世のもとでは、独占権を新しい発明や産業に限定した「専売条例（一六二四年）」が制定され、こんにちの特許に関する法律の原型となったとされている。

(41)　日本も含めてほとんどの国では、先願主義つまり、もっとも早く特許出願した者に特許が与えられる原則にもとづいている。この場合は、新技術の発明か新技術の輸入かという点では、輸入であっても最初に出願した者に優先権があることになる。これに対して、アメリカ合州国などの一部の国では、先発明主義つまり、もっとも早く発明したと認定された者に特許が与えられる（国際的な特許制度の統一というTRIPSの趣旨にあわせて現在、議論が続いている）。

(42)　ほかにも一九八〇年代までは、著作権の教育に関わる側面（発展途上国での安価な教科書の必要性など）はUNESCOで議論され、国際的技術移転を中心とした貿易関連の側面についてはUNCTADで議論されていた。いずれの組織も発展途上国の発言力が強かったことで知られる。一九八三年にアメリカ合州国はUNESCOが「政治化」したという理由から脱退し（二〇〇三年に復帰）、UNESCOは弱体化した。UNCTADも、WTO設立後の一九九〇年代半ばには廃止論も登場した。

(43)　シヴァ（2005）

(44)　なお、こうした国内産業保護のための特許法の利用に先鞭をつけたのはイギリスである。ドイツの化学工業との競争を恐れて、一九一九年にイギリスは化学物質に対する特許制度を物質特許から製法特許に変更したのである。

(45)　佐藤（2002）

(46)　荒木（1999, 2001）

(47)　一九八八年には実際に三九〇〇万ドルの関税が貿易制裁として課された。

(48)　Oxfam（2001b）

(49)　Marins *et al.*（2003）

(50)　アフリカ日本協議会『治療へのアクセス権を全ての人に！　世界貿易機関（WTO）新ラウンド交渉における医薬品関係協議に関する資料集』（http://www.ajf.gr.jp/ja/）

（51）　ＴＲＩＰＳ以降という面では、二〇〇三年の第五回閣僚会議（カンクン）以来、議論の紛糾が続いてＷＴＯは必ずしも円滑に機能していない。それに対して、二国間での自由貿易協定（ＦＴＡ＝Free Trade Association）が重視される傾向にある。アメリカ合州国は、ＦＴＡでの協議をＴＲＩＰＳ以降の知的所有権保護の政策のなかに位置づけ、ＴＲＩＰＳ-ＰｌｕｓというかたちでＴＲＩＰＳよりもさらに厳しい条件を提示している。たとえば、特許の強制実施権については、営利企業を対象とするのではなく、公的で非営利の場合認めるという規定を加えている。また、ジェネリック医薬品の並行輸入に関しては、ＴＲＩＰＳのような国際条約ではなく、国内法で並行輸入を禁止することをＦＴＡのなかに盛り込んでいる（Oxfam, 2003）。

（52）　もう一つ、大きな論争となった点は、強制実施権があったとしても医薬品を国内で生産することが困難な工業レベルの低い国に対してジェネリック医薬品の並行輸入を認めるかどうかという点であった。この点は、知的所有権の国際的枠組みという面では、特許権の国際的消尽を認めるかどうかに関わっている。つまり、Ａ国で医薬品の物質特許が認められている場合、医薬品の製法特許しか認められていないＢ国で生産された安価なジェネリック医薬品をＡ国が輸入することを認めるかどうかという議論である（特許権の国際的消尽を認めない立場からいえば、こうした並行輸入は認められない）。二〇〇三年八月一三日の医薬品アクセス合意では、安価なジェネリック医薬品が先進国に安価で輸入されたりしないように厳重に管理し、その詳細ＴＲＩＰＳ理事会に報告するという条件のもとで、医薬品の生産能力が不十分な国に限ってジェネリック医薬品の輸入が認められることになった。

（53）　サッセン（1999）

（54）　国際製薬協会の主張によれば、第三世界での医薬品アクセスが不十分な理由は、知的所有権制度ではなく、全般的な貧困や国内の医療保健制度の未整備が原因であるというのだ。たしかに、特許とは無縁になっている抗マラリア薬や抗生物質が、エイズ医薬品に比べて非常に手に入りやすい状況にあるとはいえないというのも事実ではある。

（55）　エンジェル（2005）、とくにその2から5章。
（56）　抗エイズ薬を開発した研究者のチームは後に、バロウズ・ウェルカム社の姿勢を批判する次のような公開書簡を記している。「ＡＺＴの開発にとっての最大の障害物は、バロウズ・ウェルカム社が生きたエイズ・ウィルスでの研究を行おうとせず、エイズ患者からの検体を受け取ろうとしなかったことだった」（「ニューヨークタイムズ」一九八九年九月二八日）。

◆参考文献

アリグザンダー・アーウィン／ジョイス・ミレン／ドロシー・ファローズ（2005）『グローバル・エイズ　途上国における病の拡大と先進国の課題』八木由里子訳、明石書店（原著二〇〇三年）。

荒木好文（1999）『図解パリ条約』社団法人発明協会。

荒木好文（2001）『図解ＴＲＩＰＳ協定』社団法人発明協会。

上田昭博（2000）『プロパテント・ウォーズ――国際特許戦争の舞台裏』文藝春秋社。

マーシャ・エンジェル（2005）『ビッグ・ファーマ――製薬会社の真実』栗原千絵子・斉尾武郎訳、篠原出版新社（原著二〇〇四年）。

栗原千絵子・松本佳代子・丁元鎮・斉尾武郎（2002a）「ＡＩＤＳ危機と薬の知的財産権（前編）抗ＨＩＶ薬をめぐる特許紛争とＷＴＯドーハ宣言の意義」『臨床と薬物治療』第二一巻第五号、五一七―五二三頁。

栗原千絵子・松本佳代子・丁元鎮・斉尾武郎（2002b）「ＡＩＤＳ危機と薬の知的財産権（後編）知的財産権の新たな枠組みと必須医薬品へのアクセス」『臨床と薬物治療』第二一巻第六号、六二三―六三〇頁。

アン・Ｏ・クルーガー（1996）『アメリカ通商政策と自由貿易体制』星野岳穂・中村洋・小滝一彦訳、東洋経済新報社（原著一九九五年）。

トム・コリンズ／トレヴァー・ピン（2001）『迷路のなかのテクノロジー』村上陽一郎・平川秀幸訳、化学同人社（原著一九九八年）。

佐々木隆雄（1997）『アメリカの通商政策』岩波新書。

佐藤隆広（2002）『WTOの貿易関連知的所有権（TRIPS）協定と南北問題――インドを事例として』『経済学雑誌』第一〇三巻第三号、一七―五九頁。

サスキア・サッセン（1999）『グローバリゼーションの時代――国家主権の行方』伊豫谷登士翁訳、平凡社
ヴァンダナ・シヴァ（2005）『生物多様性の保護か、生命の収奪か――グローバリズムと知的財産権』奥田暁子訳、明石書店（原著二〇〇一年）。

スーザン・ジョージ／マーティン・ウルフ（2002）『徹底討論グローバリゼーション賛成反対』杉村昌昭訳、作品社（原著二〇〇二年）。

ランディ・シルツ（1991）『そしてエイズは蔓延した』上・下、曽田能宗訳、草思社（原著一九八七年）

マリタ・スターケン（2004）『アメリカという記憶――ベトナム戦争、エイズ、記念碑的表象』岩崎稔・杉山茂・千田有紀・高橋明史・平山陽洋訳、未来社（原著一九九六年）。

スティーブ・ドライデン（1996）『通商戦士――米通商代表部（USTR）の世界戦略』上・下、塩飽二郎・石井勇人訳、共同通信社（原著一九九五年）。

名和小太郎（2002）『ゲノム情報はだれのものか――生物特許の考え方』岩波書店。

パブリック・シティズン（2001）『誰のためのWTOか？』海外市民活動情報センター訳、緑風出版（原著一九九九年）。

林達雄（2005）『エイズとの闘い――世界を変えた人々の声』岩波ブックレット。

F・H・フォスター／R・L・シュック（1991）『入門アメリカ知的財産権』安形雄三訳、日本評論社。

UFJ総合研究所新戦略部通商政策ユニット編（2004）『WTO入門』日本評論社。

ローレンス・レッシグ（2004）『FREE CULTURE』山形浩生・守岡桜訳、翔泳社（原著二〇〇四年）。

Crimp, Douglas ed. (1998) *AIDS: Cultural Analysis, Cultural Activism*, MIT press.

D'Adesky, Anne-Christine (2004) *Moving Mountains: The race to treat global AIDS*, Verso.

Drahos, Peter and John Braithwaite (2002) *Information feudalism: Who owns the knowledge economy?*, New Press.

Epstein, Steven (1998) *Impure science: Activism, and the Politics of Knowledge*, University of California Press.

Marins, J. R., Jamal, L. F., Chen, S. Y., Barros, M. B., Hudes, E. S., Barbosa, A. A., Chequer, P., Teixeira, P. R., and N. Hearst (2003) "Dramatic improvement in survival among adult Brazilian AIDS patients", *AIDS*, 2003 Jul 25, Vol. 17, No. 11, pp. 1675-82.

Oxfam (2001a) "Formula for Fairness : Patient Rights before Patent Rights : Pfizer (http://publications.oxfam.org.uk/oxfam/display.asp?K=20040623_2316_000051)

Oxfam (2001b) "Patent Injustice : How world trade rules threaten the health of poor people" (http://www.oxfam.org.uk/what_we_do/issues/health/patent_injustice.htm)

Oxfam (2003) "Robbing the Poor to Pay the Rich? How the United States keeps medicines from the world's poorest" (http://www.oxfam.org.uk/what_we_do/issues/health/bp56_medicines.htm)

Shepard, Benjamin and Ronald Hayduk eds. (2002) *From ACTUP to WTO: Urban protest and community building in the era of globalization*, Verso.

UNAIDS (2002) "2002 Report on the global HIV/AIDS epidemic" (http://www.unaids.org)

UNAIDS (2003) "2003 A global view of HIV infection" (sheet, http://www.unaids.org)

UNAIDS (2006) "2006 Report on the global AIDS epidemic ; An UNAIDS 10th Anniversary Special Edition" (http://www.unaids.org)

〔付記〕本稿は大阪市立大学大学院経済学研究科を母体とした「バイオエコノミクス研究会（BE研）」での「アメリカのバイオ政策とグローバルエイズ」の発表草稿をもとにしている。拙書『〈病〉のスペクタル』（人文書院）所収の「グローバルエイズの政治経済学」と大幅に内容が重なるものであることをお断りしておく。

［討論］　知的所有権とアメリカのプロパテント政策をめぐって

粥川準二（フリー・ジャーナリスト）
佐藤隆広（経済開発論）
佐藤光（社会経済論）
佐野一雄（経済統計学）
瀬戸口明久（生命経済学）
土屋貴志（医療倫理学）
星野中（米欧経済論）
美馬達哉（医療社会学）
脇村孝平（アジア経済史）

◆知的所有権政策とエイズ問題

粥川　まず美馬さんの論文は、バイオ政策というよりもアメリカを含む知的所有権政策とグローバルエイズとの関わりを論じられていると思いますが、できることならアメリカのバイオテクノロジー政策と今回論じられた知的所有権政策、そしてグローバルエイズというこの三つの関わりについて補足していただけたら、と思います。

二つめは、三〇〇ドルで十分に利益が得られる医薬品がなぜ一万二〇〇〇ドルで売られるのかという問題。医学によってコントロール可能であるはずの病気に苦しむ多くの人びとの生命を犠牲にしてまでなぜそのようなことがまかり通っているのか、それが美馬さんの中心的な問いであると思います。そして、それに対する答えは、アメリカのバイオ政策の、知的所有権政策のしわ寄せであると、そういう理解でよろしいのでしょうか。

それから三つめは小さな質問ですが、民主党政権が、特にアル・ゴア副大統領がアメリカ企業の特権保護に熱心だったという話がありますが、それは共和党政権になっても方針の変更等はないのでしょうか。

四つめに、二〇〇一年四月に製薬企業の団体が南アフリカ政府への提訴を取り下げたという事件について。インドのシプラ社が自分たちの情報を出して、それで裁判所が情報公開を求めた。だけど製薬企業は、そういう業務方針は公開できないという判断をして提訴を取り下げたんですね。それで論文の草稿の段階では、シプラ社以外の企業は、結局最後まで拒んだのかなっていうのがちょっとわかんなかったんです。

五つめに、アフリカなどの第三世界におけるエイズ蔓延の構造的原因として、グローバル経済が引き起こした南北の経済格差とその構造化・構造維持があるとしたら、同じような問題は必ずしも病気に限ったことだけではないと思いますが、今後も繰り返されるのではなかろうかということです。言い換えれば根本的な問題というのは相変わらず温存されているのではないか。

最後に、本論文の直接的テーマではないのですが、遺伝子など生命に関わるものや技術を対象に特許を取得するということ、いわゆる生命特許あるいは生物特許についてですね、特にその社会的・倫理的な側面について何か美馬さんのほうでご意見がありましたら、お聞かせいただければと思います。

瀬戸口 美馬さんの論文は、アメリカを中心とした国際社会と多国籍企業がグローバル化したエイズという疾病に対してどのように対処し、一種の統治メカニズムをつくっていったのかという興味深い議論だと思います。同じようにグローバル化した病としてＳＡＲＳや鳥インフルエンザがありますが、そちらのほうは国内での検疫とか隔離といったような非常に一九世紀的な対応がなされました。それに対してエイズの場合は、まさにグローバル化時代の一例をみるような事例なのではないかと思います。

私からは二点です。まず一つは、問題がグローバル化するにしたがって運動の側もグローバル化するというのは興味深い点だと思いました。さらにその起源にゲイの問題があるという。これはエイズという特殊な表象がある病だったからこそ成功した事例なのではないかと思います。でも日本の場合、アメリカのゲイ運動とは別のかたちで運動の基盤が存在したのではないでしょうか。日本ではエイズをめぐる運動は薬害が中心になっています。その背景には血友病者の運動がある。血友病患者の運動というのはすでに一九七〇年代からあって、差別的な小説に対する批判運動や、一九八〇年代の「神聖な義務」論争などを経験しているわけです。このようなゲイ以外のさまざまな運動が、国際的なグローバル化した運動にどのようにつながっているのでしょうか。ほかにも女性運動などの多様な運動が、どのようにグローバル的な運動につながっていったのか。ゲイ以外のアクターについて、もう少しお聞きしたいというのが一点めです。

もう一つは、アメリカの産業政策、これはバイオ政策というよりも産業政策といったほうがいいと思うのですが、国際貿易をめぐるアメリカの戦略が八〇年代くらいから知的所有権を通して本格化していったという興味深い論点がある。一見すると、これはアメリカの一国主義的な産業政策、国内の産業を保護するための政策のように見えるのですが、最近別の見方が政治学などでは出てきています。というのも保護の対象になる企業は多国籍企業なので、必ずしもアメリカ国内の、純国産の企業とはかぎらない。むしろこれは産業政策としてよりも安全保障政策としてみたほうがよいのではないか、という政治学者もいます（豊永郁子「ジョージ・W・ブッシュ政権とテクノロジー政策」『レヴァイアサン』三六号）。その政治学者は、テクノ・エンパイアという概念を出してきて、アメリカは技術を中心とした帝国を形成していると言っています。特許・知的所有権をアメリカが押さえて、技術の国際社会の配分を決めていく。技術へのアクセス権を把握することによってアメリカは国際的な秩序を形成していく、と。その一つの例がこの医薬品を中心とした特許権の問題です。もう一つに大量破壊兵器への技術的なアクセスがあって、たとえばイランなどが核開発を始めようとすると、アメリカがストップをかける。そういった医薬品や、あるいは兵器開発の基盤になるような技術へのアクセス権をアメリカは握ってしまっている。このように産業政策としてよりも安全保障政策としてみたほうがよりうまく読み解くことができるかもしれません。

美馬　産業振興政策であって一般にイメージするバイオ政策ではないというのはその通りです。が、もう一つの見方として、結局バイオ政策と言われてきたような科学技術への研究投資というものは実際には産業振興にはほとんど意味をもたないという科学論での常識も押さえておく必要があります。実際に産業に意味をもつのは知的所有権保護政策です。

もう一つは米国政治での民主党、共和党の対立軸というのはあまり関係がないようです。つまりゴアが西海岸のハリウッドの映画・ソフト産業とシリコンバレーの情報産業に魅力的な政策を提示して民主党寄りにさせたという程度です。中絶に反対するキリスト教原理主義の影響の強い共和党は、中絶胎児などの産業利用が絡んでくる技術には反対の立場をとるわけですが、医薬品一般であれば大きな違いはありません。

シプラ社以外の対応ですけど、もう一つエイズ・アクセレイティング・アクセス・イニシアティブっていうのがあります。これは、要するにブランド薬であっても国際援助でつくった基金からの資金を投入して安価で購入できるようなシステムづくりです。これはよく考えるとアメリカ企業の作るブランド薬を安価で供給するダンピングまがいの輸出補助金になりかねません。それによって競争社であるシプラ社が作るジェネリック薬を排除するダンピングと同じではないかという批判が出ています。シプラ社だけでなく、ブラジルでの同じような例でも、一日一ドル前後、ほぼ同じような値段で供給できているので原材料費だけとは言いませんけど、それに一定の利潤率をかければ、そういう価格になるものであろうと思われます。

南北問題というご指摘ですが、その通りです。言い換えれば、エイズのウイルスがなくなったからといって解決するものではないわけです。ただ、特にエイズという病気は成人の比較的若い層をターゲットとして、しかも母子感染がある場合には次世代にも影響を与えるので、世代間で影響が蓄積していけば、非常に貧困を長引かせるという傾向はあると思います。

いわゆるバイオ特許とは関係あるのですが直接的とは言えません。エイズ医薬品自体は、抗ウイルス薬っていうものでベタな化学物質であって、生物多様性とか、バイオ特許とはあまり関係しません。ただし、知的所有権一般という問題では関わってきます。また八〇年代っていうのはバイオテクノロジーの基本技術であるコーエン・ボイヤー法という基本技術が特許化されたり、チャクラバーティ事件という生物特許をめぐる裁判での判例が出る時期でもあるので、つながってはいます。

それから、ゲイ運動だけではなくて、血友病者あるいはフェミニズムとの関係ですね。血友病者によるグローバルな運動がエイズ問題に関わっていくというのはあまり知りません。やはり、治療法である血液製剤は先進国でないと入手困難でしょうし、対策としても国内での責任問題に収束していく印象を受けます。フェミニズムに関してはエイズ患者の女性化がグローバルに進行しているので、いろいろと議論が行われていますが、残念ながら今回はくわしく触れることはできませんでした。要するに南アフリカなどの場合には、現地人の男性を労働力として鉱山で働かせたり、軍に兵士として徴用したりする。そうすると女性と子供だけが村に残って女性が生計を立てるためにセックスワーカーとなるわけです。そして、軍の移動とともに移動して、エイズが広がるわけです。つまり、男性を軍事化することで、女性が労働者化、とくにセックスワーカー化していくのです。慰安婦問題と同じような構図の中でエイズがアフリカ全体に広がっていくわけですから、これに対抗するためには女性のエンパワーメントでエイズの蔓延を防げるんだという論理ができています。ですから病気に感染しやすいというのは社会的な人権問題と相関しているという説があります。特に女性の権利が十分に守られているかどうかによって社会的な意味でのエイズ蔓延への脆弱性があるかどうかが決まるんだという考え方が強くなっています。セキュリティ関連の問題との関連は今後の宿題ですね。

◆アメリカのプロパテント政策の背景

佐藤光　上山明博さんの『プロパテント・ウォーズ』（文春新書、二〇〇〇年）という本を読むと、アメリカという国はアンチパテント時代とプロパテント時代が交互に来て、最近では一九三〇年の大恐慌から一九八〇年くらいまでがアンチパテント時代で、八〇年代以降がプロパテントの時代であると書いてある。ということは、いつでもプロパテントが儲かるわけではないということですね。プロパテントへの転換のきっかけは明らかに日本その他の輸出攻勢です。いまだにそうなんだけど、ハイテクと農業でアメリカは黒字になるけれども、真ん中のクルマとか鉄鋼とかは赤字のままでしょ。ますます増えているのですよね。だから、こういうプロパテント政策はアメリカの強みじゃなくてむしろ危機の現れだっていう気がするのです。日米関係などの中で考えていくと、プロパテント政策はアメリカの防衛的な措置であるとも思うのです。それから、僕が何で日本の輸出攻勢と言うのかというと、美馬さんの論文では、アメリカのビッグファーマ対グローバルなエイズ患者という対抗図式だけが見えてくるけれども、保守的国民の姿が見えてこない。日本からの輸出攻勢とは何かと考えてみると、トヨタ、日産、松下などの日本メーカーが頑張って外貨稼いできたわけですが、それは圧倒的に国民に支持されていたわけです。そうして輸出攻勢をかけて高度成長するのが日本の生きる道だ、と。すると、美馬さんの善悪二元論的な図式では、ちょっと単純すぎることにならないかと思うわけです。逆に、アメリカ国民のほうだって、あれだけ輸出されて雇用を奪われたらかなわないということで、直接ではないにしてもメーカや政府のプロパテント政策を支持したわけですよね。そのへんのところはどうなのでしょう？

美馬　米国が著作権などの問題で被害を受けているということで、保守的な国民はプロパテント政策を支持しているというのはおっしゃる通りです。ただし、そこで抱き合わせに入った医薬品のパテントについては、支持されているとはとうてい思えない。米国国民は、パテントで守られた米国産の医薬品があまりに高価なので、インターネットで個人輸入したり、慢性疾患の人々はカナダまで薬局ツアーを組んで医薬品買い出しに行ったりしています。

佐藤光　そういう医薬品産業の中身までわかって支持したとは思えないのですが、ある種の経済ナショナリズムがあったのではないですか。日本からの輸出攻勢があって、ピッツバーグでデモが起こって、鉄鋼メーカーがどんどんどん潰れていくなかで、日本のせいだ、韓国のせいだ、だから先端技術を囲い込めっ、と言うと大統領選挙では票が取れる。そこが恐いところではないですか。日本のほうも、「一所懸命輸出して、いい生活を」というやつですね。鉄鋼、家電、クルマなど以外に売り物がなかったわけですが、いずれにしても、それらのメーカー三〇社くらいで膨大な外貨を稼いでくる。そして、それらのビッグ・ビジネスの背景には日本の国民がいるというわけです。そこの次元が入ると、ちょっと図式が複雑になってくると思うのですが。

脇村　ちょっと別の角度から知的所有権の問題について。知的所有権のことが言われるようになったのは八〇年代ですよね。いまのWTOとかウルグアイ・ラウンドとか。WTOでトリップスがはっきりしてくるのは八〇年代ですよね。で、八〇年代といえば、たとえば開発経済学の分野でも、要するに新古典派が圧倒的に強くなってくる時代です。八〇年代の前半くらいから、経済学全体で新古典派が一人勝ちするっていうことになってきた。ノースみたいな制度の経済学とか、新古典派とは違うと言われているようなものも、ベースは新古典派とあまり変わらない。ノースの議論というのは所有権を保護するということは経済発展にとってものすごく重要だという、それが基本的メッセージですよね。彼は七〇年代から『西欧世界の勃興』（ミネルヴァ書房、増補新版一九九四年、R・P・トマスとの共著、原著一九七三年）というヨーロッパ経済史について書いた本以来ずっとそういう主張をしていて、どんどん議論を精緻化していっている。たしかに美馬さんが言われたように、知的所有権っていうのは物的な所有権とは少し違うんだけど、所有権を保護することそのものが経済発展にとって非常に重要だという一種のイデオロギーが、八〇年代くらいから非常に浸透していっている。このことがどこかで関連してないか。ＴＲＩＰＳなんかが国際的な議論の場で認められていくためには、それをジャスティフィケーションするものが片一方にあって、それとかなり連関しているんじゃないかなと。エイズの場合はヒューマニズムというあまりにも大きな問題があるもんだから少し違うけど、他の分野では知的所有権はやっぱり守るべきだっていう話が圧倒的に強いわけでしょ。中国なんかが責められてるのもそれですよね。

星野　いまの話、だいぶ違和感を感じます。知的所有権の問題っていうのは、産業革命と同時に始まったもので、たとえばイギリスは繊維機械およびその設計図の輸出については死刑でもって禁止した。それでもヨーロッパ大陸に繊維技術が事実上輸出されていった。その時期以来ずっと知的所有権の問題は続いているわけです。多少の波はあるかもしれませんが。知的所有権は、一つはそういう産業技術の問題と、もう一つは著作権ですよね。著作権についていえば、アメリカは第二次大戦まで著作権を認めていません。要するにヨーロッパの文献を著作権を無視して出版して、それを輸出するというようなことをやってきた国ですよ。だから多少の波はあるにしても、そういうかたちでむしろ著作権無視を利用する立場にあったということもあって、知的所有権について先進国にしてはゆるい国であり続けてきたというのが基本だろうと思います。そういうなかで、いよいよそれじゃやっていけないというのが、おそらく八〇年代くらいから出てきた。

佐藤光　上山さんの本もそういう書き方ですね。かなり長い間アンチパテントでやってきた、と。

星野　基本的な議論とはあんまり関係ないかもしれませんが、ご報告の言い方だと、知的所有権を世界的に突如八〇年代アメリカが言い出したようにとられる怖れがあるので、もう少し丁寧な言い方をしたほうがいいだろうと思いますね。

佐藤光　やはり、アメリカが相当追いつめられていたということでしょうか。どん底の時期でしょ、アメリカ経済の八〇年代というのは。

星野　そうですね。前半にドル高政策をとりましたしね。

◆TRIPSをめぐる攻防

佐藤光　ところで、ケネス・アローなんかは、過度に特許の独占を認めるのは有害だという議論をしています。エコノミストの間でも議論の分かれるところですが、どちらかというと、アロー型の議論のほうが多いような気がする。

佐藤隆　自由貿易論者のバグワッティなんかは、TRIPS（貿易関連知的所有権協定）がWTO協定に入っているのは、我々の本意じゃないと言ってますね。あれはまったく自由貿易の精神と相容れないものであると。だから、いわゆるきちんとした経済学者、アメリカでも尊敬されている経済学者は、TRIPSっていうのはけしからんって言っている。経済学者としてTRIPSを擁護している人って誰かいるんでしょうか。

佐藤光　しかし、TRIPSが政策として通るということは……。

佐藤隆　新しく設定された知的所有権委員会ですか。ああいうロビー団体や業界団体が言ってるんでしょうか。

佐藤光　そのロビーの外側に、一般国民がいる。一部の悪玉の独占がいてという図式では切れないんだろうと思うのです。

美馬　ふつうの個々人の立場からすると経済ナショナリズムはわかりやすいですよね。輸入が増えたから失業が増えました、ということですから。知的所有権と貿易の関連はわからないわけです。そもそもあまり関係していないのですから。だからそのときにわかりやすい産業スパイや偽ブランドや映画ソフトが全面に出てくることになったんです。

佐藤隆　ミッキーマウスがアメリカ人のものじゃなくなってしまうっていうので、著作権が延長されたんですよね。あれはアメリカの国民的な、アイドル的な存在じゃないですか。そういうのは大衆に受けるのでしょう。それで知的所有権強化っていうことになる。

佐野　そういう意味では、経済学ではプライベート・ライトがないとマーケット成り立たないじゃないですか。でもマーケットが崩壊してしまったら、略奪状態になってしまう。たとえばロシアで制度が変わったときとか、ソロスが略奪資本主義って呼んでましたけど、一番儲かるわけです。儲かるんだけど、悪いやつばっかりが儲かる、略奪のうまいやつが勝つという状態です。プライベート・ライトが成り立つためにはまずマーケットのインフラが安定していなければならない。で、そのためにはある程度パブリックなものを守らないと、合意が得られない。そのあたりでアメリカが都合のいいようにパブリックなものを作り出してるんじゃないですか。

脇村　さっき、ＴＲＩＰＳを支持してるまともな経済学者はいないっていう話だったけど、それはどういう論理でそうなるわけ？

佐藤隆　やっぱり独占ですよね。独占を合法化させるのかということですね。もちろん特許制度そのものを、彼らは否定するわけではないですけどね。

脇村　それは制限をかけろって話でしょ。だけど知的所有権そのものをある程度保護しなくてはならないっていうのは大前提としてあるんじゃない？

佐藤隆　それはもちろんです。ただＴＲＩＰＳの実際の条文では特許保護期間っていうのは最低二〇年なんですよね。それは長すぎる。

佐藤光　アローがそうですよ。それをやるとイノベーションをむしろ怠るっていうのがエコノミストの論理です。

佐藤隆　社会的に最適な保護期間はもっと短いはずなんです。それが最低二〇年になってしまって、二〇年を超えるような知的所有権の強化についても原則として国内の法律でやってもかまいませんということになっている。最低基準だけをＴＲＩＰＳでやってるんですよね。つまりアメリカがもっと特許権を強化してもかまわないっていう、そういう最低基準っていうのがＴＲＩＰＳなんですよ。それでは明らかに消費者が買うときの価格がすごく高くなってしまう。消費者余剰、消費者自体の厚生水準を確実に下げてしまう。

美馬　いま、WTOが参加各国の利害調整がうまくいかず、カンクン（二〇〇三年九月の閣僚会合）以来ストップしているために、二国間の自由貿易協定（FTA）が話題になっています。その際に米国は、TRIPSプラス・アプローチ、つまりTRIPSを最低限としてさらに国内法を知的所有権強化の方向に整備させるという圧力をかけています。たとえば、今日のお話でいえば、強制ライセンス制度は認めませんという国内法や、ジェネリック薬の並行輸入を禁止しますという国内法をつくらせれば、WTOでは認めているけれども、FTAに対応して国内法を整備したところ強制ライセンスや並行輸入は行わないことにします、という形式になるわけです。

◆知的所有権の実態

土屋　さっき出てきた映画の話なんですが、映画っていうのは結局当たるか当たらないかでかなり博打的なところがあるわけですよ。いくら巨費をかけて作っても、それが当たらなきゃだめっていうっていう世界です。だから上映権なんかで、そこでお金を回収しようっていうモチベーションが非常に高い。それに対して、たとえばサイエンティストとか作家とかが、自分のアイデアとか自分の発見したもので食おうっていう意識を、そもそもそんなにもってるのかというのが疑問なんです。それは食えればそれにこしたことないだろうけど、はじめからそれで食っていこうっていうふうに考えてるのが、科学的探求とか芸術的な創作のそもそものモチベーションなのかっていうと、なんか違うような気がする。中世の絵画なんてサインすらしていなくて本当は誰が書いたかわからないっていう、要するにそういうもんじゃないかと思うんです。そういう意味で、知的財産権っていうのは、なんかやっぱりえげつない部分があると思うんですね。

美馬　多分それは、知的所有権を発明者の個人の権利というイメージで喧伝するプロパガンダが行われているんだけど、今日の産業社会での重要な発明っていうのは個人じゃなくてチームないし企業が行っていて個人の発明とは言いづらいし、その権利を所有しているのは誰かというのも見えにくくなっているからです。実質的な特許というものが産業上に有効であるためには、コア特許と周辺特許を全部押さえていかなくてはならなくて、個人のものじゃなくなります。十分な資金力をもって、法律家の一団がバックについていないかぎり、世界各国で自分の知的所有権を擁護することは不可能なわけです。エンターテイメント産業、映画とかだったら、監督がいて、原作者がいて、スターがいて、そして配給会社がいてというかたちで、実は創作活動そのものがバラバラに分かれているわけですよね。それを私的所有権をモデルにしてもってくると、実態とはかけ離れてしまう。

佐野　ＩＴ関係でいうとですね、コピーライトについて、たとえばフリーソフトってあるじゃないですか。パブリック・ドメイン・ソフトウェアの場合にはコピーライトはあるんだけど、これはパブリック・ドメインで使っていいですよっていうものですよね。もう一つ象徴的なのは、サン・マイクロシステムズがジャバ（Java）とかソラリス（Solaris）の基本コードを最初は非公開にしてたんですけど、フリーにしちゃったんですね。そのほうが需要全体が大きくなるから、著作権を主張して高い値段で売るよりも、全部公開してそこに乗っかってもらったほうが商売になるということなんですよ。

だからプライベートな部分でコピーライトを保持して、意固地に高く売りつけるか、放棄して安く売るけど全体のマーケットを大きくして利益を得るかっていう戦略の違いもあるんですよね。だからこだわりすぎちゃうとあんまり儲からないっていう面もあるんですよね。

脇村 ただ、経済学的なロジックは依然として私的所有権を守れってことで、そんなに揺らいでないんじゃないですか？　さっきのバグアッティが言ってるようなのはおそらく、相当極端な独占につながるようなことはやめたほうがいいけれども、大前提として一定の程度では私的所有権を守らないとだめだっていうような新古典派の立場でしょ。

佐藤隆 それはそうです。程度問題というか。

瀬戸口 トリップスの体制に対してアメリカ以外の国はどういう反応を示しているのですか？

美馬 基本的には米国に本社を置くトランスナショナル企業が中心に言い出したんだけれども、知的所有権委員会とかそういう業界団体を組織して、米国の利害ではなく先進国全体の利害にかなう制度だという合意を得ていくわけです。先進国対発展途上国という図式の中で知的所有権を守ることは、現実的には米国が一番得をするんだけれども、先進国全体としても得になるんだというふうな共通認識をまずエリート集団からつくっていく戦略をとったと言われています。要するに国際貿易に関連して知的所有権を議論することが正しいという共通認識をつくるというところからスタートしていったんです。

脇村 さっきも少し言ったけど、八〇年代に他のいろんな現象と連動して、社会主義のようなイデオロギーが命脈を絶たれる。経済学の分野でも新古典派が完全に優位に立って、市場しかないということにだんだんなってくる。そのことと知的所有権問題というのはどこかで、かなり関連しているんじゃないかっていう印象をもつんですよ。もちろんアメリカは自国を守るためにやってきたっていう意識的な部分もあったかもしれないけど、そういう意識的な部分とは別に広がっていったっていうね。そういう経済学の主流が何になっていくかっていうこととすごく関連している。それが背景にあるから、結局国際的な場でそういう協定が通っていく。それは専門家が一応支持しているからそういうふうになるわけでしょう。そういうことじゃないんですか？

佐藤光 市場主義の中に含められるかどうか。明らかにこれは対共産圏との戦いではなくて、資本主義内部の戦いです。日本とドイツと韓国と、このあたりの国とアメリカとの戦いなのです。ハイテクだけは聖域で四種の神器だから大丈夫、と言っていたらどんどんやられてしまって、半導体でもアメリカが押しまくられている時期でしょ。そこで、これはあまり簡単にパテントを日本などへやるからだ、という話になってきて、矛先《ほこさき》がこっちに向かってくる。それは、バグワッティが怒るような、相当えげつないこともやってくる。自分では市場主義の原則から外れてるようなことを平気でやってきながら、日本と交渉するときには市場主義を押し付けてくる。それをまともに受けて、竹中平蔵さんなんかはフェアな競争だとか言っているけれど、向こうのやってることは全然違いますからね。もちろん広い意味での市場経済ではありますが、自由主義ではないですね。

美馬 一九八〇年代に起きたもう一つ重要なことは、国際社会とは何かという「場」そのものが変化したということです。知的所有権の問題を、パリ条約やベルヌ条約ではなくTRIPSで仕切るというのは、WTOの強化であるとともに、他の国際的制度が弱体化していったことでもあるわけです。従来の国連を中心としたシステムで考えれば、知的所有権の産業技術移転側面であればUNCTADが対応しますし、著作権の教育的側面の可能性（具体的には安価に教科書を作る）にはユネスコが関わります。そういう知的所有権をどういう枠組みで考えるかの他の可能性もあったんだけれども、それらが消えていって、貿易関連側面だけが残されて強化されたのが八〇年代だとは思いますね。

土屋　もう一つ、アメリカの国内の、たとえばマックユーザーから見るとウィンドウズなんてマッキントッシュのパクリにすぎないわけですけど、アップルがマイクロソフトを訴えても裁判で勝てなかった。そのときの判断、つまり国内で知財が問題になった場合の処理っていうのは、そんなに厳密にやってるのかな。正直な話、国益に適ったほうで判断しちゃってるんじゃないかっていう気もするんだけど、そのへんはどうなんですかね？　たとえば日本でも、トヨタなんてはっきり言ってパクリの会社で、オリジナリティはホンダのほうがあるわけですね。そういう国際的な次元とは違った意味で、国内でパテントとかコピーライトとかを、そんなにきちんとやってるのかなっていうのが、よくわかんないです。

美馬　きちんとっていう言葉の意味にもよります。ここも、ネオリベラリズムをどうみるかという論点の一つです。結局ですね八〇年代っていうのがレーガン政権のもとで小さい政府をめざす時期なので、特許庁に対する申請は増えるんだけど調査スタッフは増えないという状況です。だから事実上、きちんとした審査ができないままに、従来はありえないようなバイオ特許が通ってしまう。一つ通るとそれが先例になって、強力な弁理士や弁護士のチームを持った企業がどんどん特許を認めさせていくわけです。だから小さい政府実現のために、規制当局がスタッフ不足になって、公共規制が機能しなくなる典型例です。

USTRも同じですね。調査スタッフは増えないけれども、三〇一条にしたがって世界各地の公正貿易を監視しなくてはならない。実際にはどうするかというと、業界団体が集めてきた「日本はこんな不公正なことをやってます」というレポートをまとめて議会に提出するだけの役割になってしまう。

佐藤光　ほんとうに「小さな政府」だったのか、ということですよ。レーガン政権のもとでも、ソ連との軍拡競争のせいもあって、めちゃめちゃに財政赤字が広がってるでしょ。建前と実態はずいぶんかけ離れているのです。

美馬　小さい政府をめざしても、結果としてマクロで大きくなっているというのはいまや常識でしょう。重要なのは、政府部門での間での不均衡があるところです。大きい小さいを言っても無意味です。規制部門というのは小さくなって、調査研究は外注になっています。一方、金融関係は大きくなったり、政府から独立性を強めています。これは先進国での一般的傾向です。あと、米国では軍関係は大きくなってますね。

◆サイエンス型産業と補助金

佐藤光 僕は「巨大な政府」だと思うんです、アメリカというのは。特にサイエンスについてはね。それともう一つ、独占のほうが大事でイノベーションはたいしたことないという点ですが、そうかもしれないけれど、ものすごい予算が付きだしたことも確かですよね。一九八〇年代から核からバイオへといってあれほど金を出しておいて、それが無意味だったというのは少し抵抗があるのですが。あれだけカネを出してR&Dやってるから競争力が高まったのだと、僕のような素人は素直に思ってしまうのですけれど、実は、そんなにたいした研究はやってないということなのでしょうか?

美馬 いや、補助金漬けなだけです。税金による科学研究補助で発見された成果を私企業や個人が特許化し、企業の研究投資を税の控除対象に入れているわけですから、直接と間接の補助金を与えていることになります。

脇村 イノベーションを起こさないほうがいいという企業があったとしても、だけどライバル企業はイノベーションを起こして追い抜こうという動機をもつわけだから、全体としてみたらそうは言い切れないいんじゃないんですか? 要するに、いくら巨大企業で自分が持ってるパテントでずっと稼げる間は稼いだほうがいいっていうのは、その企業はそういう動機をもつだろうけれども、他の企業は対抗しているわけですからそれは当てはまらないでしょ。

美馬 そういう美しい物語が事実ならば、世の中にカルテルやトラストは存在しえないことになりますね。もともとの化学物質の特許というのがあって、それが医薬品として使えるかどうかテストして、それを市場に出して、それを市場に展開するまでの期間が長期でしかも、単なる研究だけではない臨床試験やマーケッティングが入るので、新薬開発しましたというだけではブロックされて、市場に参入するにはその特許を既存の企業に譲るというかたちになります。

脇村　なるほど。そこで禁止的になっちゃってるんですね。じゃあ簡単にイノベーションして、追い抜くというのもなかなか難しい、コストが高すぎて。だからそこで食い止められちゃうと。

美馬　あと、商品の性質上、ふつうは慢性的な病気である薬を飲み出したら、「違う薬が出たから変えてみませんか」って言って、よほど画期的でないかぎり、「はい」って言う人はあまりいなくてアドヒアランス（積極的な服薬遵守）が高いという面もあります。

佐藤光　そういうことを書いてる本、医薬品産業は、実は、サイエンス停滞型産業だと書いている本はないですか？

美馬　姉川さんのときの報告でコメントしましたように、一九五〇年代から調査報告が出ています。

佐野　ゴールドマン・サックスにいたエマニュエル・ダーマンっていう人がいます。この人は、もともと素粒子物理学なんですけども素粒子で食えなくなった。その頃、核からバイオとか、核からファイナンスっていうのがあって、核研究からＩＴへということでＡＴ＆Ｔのベル研に行って、それからゴールドマン・サックスに行ったんですよ。で、女房は同じ素粒子研究者からバイオに変わったというんです。だから大量の素粒子関係や物理関係の人がアメリカの核政策の中でアメリカに集まってきたんですよ。ダーマンも南アフリカから来てるんです。そういう人たちがみんな集まってきて、核から他の産業にＩＴに行き、ファイナンスに行き、バイオに行ったんですね。だからいま言われているような、ポスドクですかね。大量の人たちがいたらしいですよ。

佐藤光　ただ、鉄鋼とか自動車とか化学とかと比べると、医薬品の研究開発費の対売上高比率が断然高いのは確かです。それを見て、素人は「これだけＲ＆Ｄ使ってるんだから、頭脳集約型産業だ、サイエンス型産業だ」って思ってしまうのですけれどね。そこがそうじゃないとすると……。

土屋　極端な話、補助金をぼこぼこつぎ込めば、それ自体産業じゃないかっていう気もするね。研究産業っていうのかな。

第4章 「先端医療」をめぐる議論のあり方
――選択と選別のロジックを中心に

安藤泰至

自然とは、一昔前のテクノロジーの別名にすぎない。（マクルーハン）

1 「先端医療」とは何か？

科学技術の急速な発展と、それが旧来の人間的関係性のかなりの部分を変えつつある社会の中で人生を歩む現代の私たちには、この言葉が実感として理解できる。思えば一九七八年、世界最初の体外受精児が誕生した際、新聞の第一面には「世界初の試験管ベビー誕生」などといった見出しが並び、今日であればクローン人間の誕生に匹敵するかのような一大センセーションが巻き起こされた。しかし、三〇年近く経った現在、日本だけでも年間一万人を超える体外受精児が誕生しており、年間出生数のほぼ一%が体外受精によるものと言われている。おそらく、体外受精をはじめとする当時の先端医療は、もはや通常医療の域に入っていると見なす人もいるだろう。しかし、本稿の表題において「先端医療」という語をカッコで括ったのは、こうした「先端」の絶えざる移動を指してのことではない。本稿において「先端医療」につけられたカッコには実は二重の意味が込められており、本当は「先端」も「医療」もカッコつきでしか語れないところに、今日の「先端医療」の本質がある、ということを予示している。

橳島次郎は『先端医療のルール』の中で、「先端医療」に相当する慣用語は西洋には見あたらず、この語が「医療と実験研究を厳しく区別しない日本の医学界の状況を反映した、日本独特の言葉づかい」なのではないか、と示唆している。(1) 世界各国の諸文献に通暁しているわけでもない筆者には、(とりわけ今日のクローン、ゲノム時代における世界的研究競争の時代に) 本当にそう言えるかどうかの判断はつきかねる。しかし、ここで大切なことは橳島が言うように、「先端医療」という語は、それが実験段階の (人体実験的要素が濃い) 技術、すなわちそれを受ける人にとっての利益が証明されていないだけでなく害を与える可能性の強い技術であるという事実や本質を覆い隠す働きをしている言葉だということである。当然、過去の「先端」医療は、事例が積み重ねられることによって技術の質が向上し、しかも社会からきちんと受容された場合には次第に「通常」医療化していくわけであり、それに平行して「先端」も動いていくのであろう。おそらく現在、(医科学研究や生命倫理に相当関心をもった) 人々が「先端医療」という語を聞いてイメージするのは、遺伝子治療や遺伝子操作、

ＥＳ細胞やヒトクローン胚などを使った再生医療ではないだろうか。

本稿では、上記のようなもっとも現在的な「先端医療」を直接に論じるということはせず、そうした医療（＝生命操作）技術への人々の期待にひそんでいる盲点や、それらが安易に正当化されていくロジックを問題にすることで、「先端医療」をめぐる議論のあり方自体を批判的に考察するとともに、「もう済んだもの？」と思われがちな生殖医療と臓器移植という過去の先端医療が、今日あるいは未来の先端医療といかに本質を同じくし、相互に密接に関係しているか、それらと構造的につながるものであるかを丹念に論じていく。

その際に重要なことは、カッコつきでしか語れないもう一つの言葉、すなわち「医療」とは何か、という論点である。「医療はどうあるべきか？」ということは非常にしばしば論じられるのに対し、「医療とは何か？」という問いはあまり発せられることがない。しかしながら、今日および未来の医療を考える際には、むしろこの忘れられた問いこそが重要である。ちなみに『広辞苑』で「医療」という語を引くと、「医術で病気をなおすこと。〔同義語として〕療治」、『大辞泉』もほぼ同じで、「医術、医薬で病気やけがを治すこと。〔同義語〕治療、療知」とある（これがあまりにも狭すぎる「医療」の定義であることは言うまでもないだろう。そもそも「治らない病気」の治療、たとえば病気の進行をできるだけ遅くしたり、対症療法的に苦痛を取り除いたりといった行為すら、この定義からは漏れてしまう）。また、医学書院版の『医学大事典』では、「医師およびその他の医療従事者が医師の指示に基づいて行う、患者の疾病・外傷の診断・治療の目的で行われる医行為を総称していう」との

「医療」の定義（長谷川友紀）がなされている。[2] しかし、「医療とは何か？」という問いは、こうした辞書的定義や、「医行為」という法的概念に基づく医療行為の外形的定義とは次元を異にする。ここで必要なのは、「医療」とは何のためにあるのか（あらねばならないのか）、ということをめぐる理念的な問いであり、定義である。この際参考になるのは、清水哲郎が『医療現場に望む哲学』において述べている、医療行為および医療の目的に関する次のような定義であろう。「医療行為の目的は、患者の健康状態を可能な限りよくすること、言い換えれば、行為の時点以降死に至るまでの身体環境に関するQOLの総和を可能な限り高めることである」「医療の目的は、人の今後の人生の自由度の総和を身体環境に関して可能な限り大にすることである[3]」。この定義を参考に、ここでは「医療」の理念をとりあえず以下のように記述してみたい（学問的な厳密さよりも一般に親しみやすい表現を優先した）。すなわち、「医療とは、主として病気や怪我に苦しみ、生活に不自由をきたしている人々（患者）のために、その生活の質（QOL）を少しでも向上させ、その人の生きる上での可能性を拡大することを目的として、医学その他の専門知識を援用してなされる行為である[4]」と。

少々考えてみれば、こうした医療の理念的な定義から外れるか、あるいは少なくともそこからはみ出している部分があるのではないかと疑われるような行為が、今日れっきとした医療行為として行われていること（あるいは今後行われようとしていること）は明らかである。たとえば、死期が迫った患者に濃厚な延命治療を施すことは、上記の理念にまったく反するとは言えないまでも、少なくともグレイゾーンに属するだろう。そうとはいえ、逆にそうした患者を本人の意思に基づいて「安楽死」

させたりするような行為も、苦痛からの解放によってそれがいかに「患者のため」になろうとも、ここでいうような「生の可能性の拡大」には当てはまらないことからすれば、やはり同様の疑問に付されると言わざるを得ない。それどころか、インフォームド・コンセント、（広義の）人体実験、人工妊娠中絶、「不妊治療」として進められる新しい生殖技術、出生前診断や選別的中絶[5]、受精卵遺伝子診断、発症前遺伝子診断、脳死移植や生体移植などの臓器移植医療、医療資源の配分といった生命倫理（学）のテーマとなるほとんどすべての問題が、こうした「医療」の理念から見たグレイゾーンに何らかの形で関係していると言えるだろう。したがって、「医療とは何か？」という問いは、生命倫理のまさに根幹となるべき問いなのである。

実は、先の「医療」の理念的定義において、「治療」という語を避けたのには意味がある。この点に関連して、以下の二つの補足をしておかねばならない。まず、「治療」という日本語に関する落し穴についてである。この語がどういう歴史的経緯で用いられるようになったのかについては筆者には知識がないものの、英語でそれに対応するtreatmentという語を直訳すれば、「対処」あるいは「処置」が適当であろう。つまり何らかの病気あるいは症状があったとして、それに「対処」「処置」して、良くなる場合もあれば、何の変化もない場合もあれば、逆に悪くなる場合もあり得る。ところが「治療」という言葉には、「治る」という語が入っているために、「治療をしてもまったく効果がない」とか「より悪化する」などということはイメージしにくくなる。このため医師と患者のやりとりの中で、よくズレが生じる。たとえば、末期のガンをわずらう患者が相当深刻な告知を受けた後に、医師がその患者に対し「さあ、これから治療に入りますので、ご説明します」などと言った場合、「もう助からない……」と絶望的になっている患者の顔がぱっと変化し、「エッ、治るんですか！」というような場面がけっこうあるということを耳にする。これは医師と患者の間の「治療」という語へのイメージのズレがもとで生じるコミュニケーション・ギャップと共に、日本の医療現場における言葉がいかに医師側にとって都合のよいものになっているか（「治験」なども同様）をよく示している。

もう一つは、そう遠くない未来において実現可能となり、大きな倫理的問題を引き起こすものと見られている技術、すなわち遺伝子操作などによる人間の能力増強（エンハンスメント〔Human Enhancement〕。「増進的介入」、「人間改造」などと訳されることもある）という、現在生命倫理学でしばしば取り上げられる論争的テーマに関わる。こうした人間の能力増強にバイオテクノロジーを用いることに対しては、レオン・カスを中心とする生命倫理学者たちを結集したブッシュ政権の大統領委員会によって、『治療を超えて』と題された批判的な報告書が出されている。[6] すなわち、病気その他による健康上のマイナスをできるだけ減らしていくこと（＝広義の「治療」）を中心とするこれまでの医療に対して、こうした能力増強は、バイオテクノロジーを用いて、健康で正常とされる人々にさらなるプラスの要素（長寿、体力、知能、運動能力など）を加えていく点で、従来の「治療」や「医療」の概念を超えたものとされているわけである。[7]

もちろん、美容外科における美しい容姿の追求や、小人症の治療に使われるプロトロピン（ヒト成長ホルモン）を普通の子どもに使って背を高くしたりすること、あるいは女性が精子バンクで優れた男性（知能が高い等）の精子を買い、人工授精によって子を産むこと（いわゆるデザイナー・ベビー）など、「治療を超えた」医療技術はこれまでにもなかったわけではない。また、精神的な人格改造という意味では、島薗進[8]が取り上げているような抗鬱薬プロザックの流行などにもそうした面がある。

「医療」の理念的定義についての先の議論にこうした認識を重ねることによって、私たちは、現代医療における「治療」や「医療」からの逸脱はそもそもどこから始まっているのか、という問いへといざなわれる。まさに今日「先端医療」について論じる際に欠くことのできない論点はここにある。本稿は、その決定的な一歩が、生殖医療（ないし新しい生殖技術の医療現場への導入）および臓器移植にある、との認識の上に立っている。すなわち、（不妊「治療」として展開される）生殖医療と、（ドナーになる人の「治療」とレシピエントの「治療」とのシーソー構造が見られる）臓器移植の中に、すでに「治療」を超え、悩み苦しむ個々の人への視線を基本にした「医療」とは質の異なった何ものかが胚胎している、ということを明らかにすることが次節の課題である。

2 生殖技術と臓器移植の相似的構造

ここで取り上げるような意味[9]での生殖技術（一般に「不妊治療」と呼ばれているもの）と臓器移植の間には少なからぬ類似点がある。もちろん、生殖技術の一部、すなわち第三者からの配偶子（精子・卵子）提供ないしは広義の代理母（代理出産を含む）を用いたそれと臓器移植は、それらが共にドナーという第三者をその構造の中に必然的に含む医療である点で、さらにはドナーを必要とする他の医療や研究（献血や献体、人体組織の死後提供など）とは違って、ドナーとなる人の生そのものと密接に関わってそれが展開される点で、相似的な関係にあることは疑うべくもない。[10] しかし、両者の類似は、こうした第三者が関わる生殖技術についてのみではなく、夫婦間で行われる生殖技術をも含めたもっと本質的な相似性に基づいている、というのが本稿の主張である。

まず、生殖技術と臓器移植という二つの技術が本格的に医療現場に導入されたのが一九八〇年代はじめである、という「先端」医療としての時代的平行性をおさえておく必要がある。冒頭で触れた一九七八年という年（世界初の体外受精児の誕生）は、画期的な免疫抑制剤と呼ばれたシクロスポリンの登場によって、最初の臓器移植ブーム（一九七〇年前後）を一過的なものに終わらせざるを得なかった拒絶反応という大きな壁にとりあえずの突破口が見つかった年でもある。生殖技術の場合も、人工授精に限ってははるか一八世紀に遡るものであるとはいえ、それが本格的に進展しさまざまな論議を呼ぶようになるのは体外受精児の誕生以来、すなわち「子宮に戻せば人となり得る」存在が体外で維持され、操作可能な状態におかれるようになって以来のことであると言える。このように、二つの技術はほぼ時期を同じくして、人間の誕生と死という生の両極において、生命の操作可能性を著しく高める技術として生まれてきたのであった。

次に、この両技術における本質的相似性、およびそれまでの医療との本質的異質性を形作る要素について、二つの点に絞って素描する。第一に、それらの医療技術が「（苦しんでいる）患者のため」「その選択肢を広げるため」ということを金科玉条にして推進される一つの医療システムであるという点が挙げられる（このことは再生医療に向けての「研究」[11]についてもまったく同じであることに予め注意しておこう）。しかも、実際にはこうした技術によって現実的な恩恵を受ける人々はほんの少数であるにもかかわらず、こうした技術はそれを求める人々に大いなる期待を抱かせ、当の医療技術の受容を支え、現実化させているこうした医療システムや、それを正当化する言説のシステム（医療システムに付加されるのではなく、それと一体になったもの）の中に多くの人々を巻き込み、従属させてしまうという、従来の医療技術にはあまり見られない特性をもっている。また、そうしたシステムに巻き込まれるのは、単にその技術を必要とする患者を中心とする人々だけでなく、ドナーやその家族というもう一方の当事者、（潜在的な当事者であると同時に）その倫理的是非についての議論を行うすべての人々、究極的には社会全体だということを特記しておくべきであろう。辛辣な言い方をすれば、実際にはごく少数の「勝者」と多くの「敗者」をいやおうなしに生み出してしまうこのシステムに対して、多くの患者の希望をそこにつなぎとめることを強いる「患者のため」という言説は、本当に（個々の悩み苦しむ）患者のため、というよりはむしろそうした医療＝言説システム自体の維持のために呼び起こされている、とすら思える。

第二に、こうした技術が人々をそのシステムの中に巻き込んでいく過程の中で、「一人一人の人間の苦しみ」に寄り添うという本来の医療の理念をゆるがすような、人間の「生の質」についてのある種の選別が不可避的に生じてしまう、という点が挙げられる。先の「医療」の理念からすると、「生活の質（ＱＯＬ）」の高低の比較は、あくまで本人にとっての（主観的な観点をも含んだ）生の自由度という基準によってのみ意味をもつものである。たとえば、事故で腰の骨を折った人の場合、その人がある手術を受け、リハビリを重ねれば一年後には自力で歩けるようになることが予測され、その手術を受けなければ一生車椅子での生活を強いられると仮定した場合、明らかに手術を受けた方がこの人のＱＯＬは高くなり（生の自由度、選択肢が増し）、より望ましいということは言えるだろう。[12] しかし、このことをもって、自力で歩いている人と車椅子で生活している人というまったく別の人同士のＱＯＬを比較し、前者の方がそれが高いのでより望ましい、などと言うことはできないし、けっして言うべきではない。ところが、生殖技術や臓器移植は、それぞれの仕方でこういった理念にヒビを入れるような要素をもっている。後で詳しく検討するように、不妊に悩む人たちを一様に「不妊症」という医学的カテゴリーの中に押し込み、そうした苦しみからの解放が「不妊治療」によって子どもをもてるようになることにのみあるかのように人々を追いやっていく生殖技術のシステムは、さまざまな要素をもった全人的な苦しみとしての「不妊」という個々の人々にとってのそれぞれの事態への視線を奪うような形で、それを医学的な一元的管理のもとに引きずり込んでいく。こうしたシステムは、不妊の当事者である個々の人々の本来のＱＯＬやその生の選択可能性ではなく、特定の社会的価値観や偏見に基づいた「望ましい生／望ましくない生」の選別の方に荷担してしまうがゆえに、「治療」をも「医療」をも超えて、テクノロジーによる生の支配へとすでに一歩を踏み出している。

臓器移植においてもまた、とりわけ脳死移植において、この側面が顕著に現れる。後に詳述するように、臓器移植という医療は、臓器をもらうレシピエントをできるだけ助けようとすればするだけ、ドナーとなる人の生をなんらかの形で毀損せざるを得ないような構造をもっている。たとえば脳死移植の場合、脳に重大な損傷を受けて瀕死の状態にある人たちの最期の生を看取るという営みをまったく毀損せずに、脳死移植というシステムを維持することは不可能である。人間の生に含まれる「生命」や「生活」以外の次元、たとえば「人生」や「いのち」という次元[13]のことをも考えた場合、たとえまったく助かる可能性のない人であれ、その生の尊厳ある最期を看取るこうした営み（まさしくターミナルケア[14]）もまた先の「医療」の理念の中に包含できるものと思われる。そうした状況の中にある「脳死の人」を、ＱＯＬが限りなくゼロに近い「潜在的ドナー」という視線でしか見られない臓器移植というシステムもまた、まったく異なる状況にある人たち（レシピエントと脳死の人）についてその生の価値の上下を値踏みし、レシピエントのＱＯＬの向上のために脳死の人における生の最期のケアを犠牲にすることを正当化する点で、同じように「医療」の理念からの本質的な踏み越えが見られることを銘記しておく必要がある。

以下、（すでに「先端」ではなくなりつつある？）二つの医療技術に本質的に付随するこうした側面について、それぞれの技術やその医療（および言説）システムのコンテキストを分析しながら、より詳しく見ていきたい。

① 生殖技術という医療システム

体外受精をはじめとする生殖技術は、一般に「不妊治療」と呼ばれている。まずここに大きな問題があり、この語もまた（二重の意味で）カッコ付きでしか使えない。そもそも「不妊」は一体病気なのか否か、という問題がある。私たちが「何をもって病気と見なすか」は文化や時代によって異なるということは医学史や医療人類学・医療社会学の常識であるが、このことはある状態を特定のコンテキストの中で「病気」と見なすことが正当であるか否か、という問題とはまた別である。とりあえずここではその問題には深入りせず、現代において「不妊」を一律に「病気」と見なすことはできないが(15)、それを「病気」と見なして医学的な介入、対処が許される（正当化される）場合も、ある、と言うだけにとどめておきたい。

それより問題なのは「治療」という言葉の方である。仮に、女性の卵管が詰まっていて精子と卵子が出会えず、それが原因で妊娠できないという事例を考えてみよう。この場合、もし卵管を拡げるような外科手術が行われ、その結果この女性が妊娠できるようになったとすれば、これは十分「治療」の範疇に入るだろう。しかし、「不妊治療」と呼ばれている新しい生殖技術は、こういう意味での「治療」ではない。それは、そうした（本来の）治療方法が尽きたところで試みられるものである。すなわち生殖技術は、不妊の原因になっているものをつきとめ、それを治療するのではなく、もはやそれをあきらめ、その障碍によって妊娠や出産が不可能になっている身体の働きを別の形で人工的に代替するための技術である。もちろん、原因そのものの治療ではなく、損なわれている身体機能を人工的なもので置き換える医療技術がすべて「治療」とは呼べない、などと言うつもりは毛頭ない（ペースメーカー、透析、人工皮膚、人工骨など）。しかし、いわゆる「不妊治療」という人工的代替技術にはそれらとはまったく次元の異なる別の問題が付随している。

一つは、そうした生殖技術が「不妊治療」以外のさまざまな目的にも利用できることである。第三者からの配偶子提供を受けた場合、精子や卵子の選別によって、特定の遺伝的形質をもった子どもを産むことが可能なだけではなく、妊娠・出産によるキャリアの中断を防ぐために女性が代理母を依頼することも、（もし卵子の凍結保存が可能になれば）若いときに採取した新鮮な卵子を二、三〇年後に使って妊娠・出産することも可能である。周知のように、もともと生殖技術は、ヒトに応用される前は家畜に対して用いられてきた技術である。つまり、それはその本性からして種の選別、改良、コントロールをするための技術であり、「不妊」への対処は、その一つの利用法にすぎない。したがって、こうした技術に「不妊治療」という名前を与えること自体、前述のような「本来の不妊治療」とそうした技術との本質的な差をあいまいにし、こうした技術の利用に対して本来とるべき枠組み（それらを「生殖技術」として一括してとらえ、不妊への対処という需要やそれ以外の目的での需要を含め、それがどのような場合に許され、どのような場合に許されないのかを検討すること）をないがしろにしてしまうことになる。

もう一つは、そうした技術がどの程度、利用者の利益に結びつくかに関わっている。体外受精の成功率だけをとってみても（相当技術的な進歩をとげたと言われる）現在ですら実質的には一〇～一五

%であり、年齢が高くなるほど、あるいは「不妊治療」を受けている期間が長期にわたるほど成功率は下がるという現実を考えれば、不妊に悩む多くの人たちがけっしてその「恩恵」にあずかることなく「不妊治療」というシステムに巻き込まれたままとり残されているとすら言える。この技術は、出産にまでたどり着いた一握りの「成功者」の影に、時間的、金銭的、精神的なすべてにわたって多大なコストを費やした末に「失敗者」となる人々をいやおうなしに生み出してしまう。[16] その中には、「治療」を諦めきれないばかりに、「不妊」自体の苦しみ以上に「終わりの見えない不妊治療」に苦しんでいるような人も稀ではない。[17]

さらに、上記二つの点にまたがって根本的な問題が存在する。先に述べたとおり「不妊」に苦しむ人々に対して、いわゆる「不妊治療」（正確には「生殖技術の利用」）という選択肢が与えられることには異議はないだろう。しかし、改めて強調すべきことは、それが一つの選択肢にすぎない、ということである。「不妊」という事態がある人々にとって苦しみとして受け取られたとしても、その「苦しみ」自体はけっして医学的なものでも、医学的にのみ対処されるものでもない。むしろその苦しみは（身体的・心的・社会的・霊的なすべての次元を含んだ）全人的なものであり、その苦しみを負った人たち自身によって、その人生の一部として「生きられる」苦しみである（たとえば、「自分だけが取り残されていくような寂しさ」「周囲の人にその苦しみを分かってもらえないという悲しさ」「自分のいのちを他の何ものかにつないでいくことができないのではないかという不安」など）。拙論において述べたように、[18] それは何よりもまず全体的な生の経験であり、その意味での「病い」の経験

（拙論の言葉を使えば、「問題」というよりは「神秘」の領域に属するもの）である[19]。最近、いわゆる「不妊治療」の長期化やそれがもたらす精神的な不安、苦しみに対処するために、体外受精コーディネーターや不妊カウンセラーへの要請が高まっている。しかし、上記のことを考えるならば、そうした試み自体がある種の本末転倒であると言える。すなわち、私たちがなすべきことは、「不妊」という苦しみに対してそれを一元的に医療化し、「治療」によって子どもをもてるようになることを唯一のゴールとして患者を駆り立てていく生殖技術というシステムによって生じた精神的、社会的な苦しみや悩みという問題に「対処」することではない。私たちがなすべきことは、そもそも最初から全人的なものである「不妊」という事態をそのまま受けとめ、必要な場合はケアやサポートを提供していくことである。生殖技術の利用をはじめとする医学的な対処が一つの選択肢となるのは、その後のことでなければならない。

以上のことを考えるとき、「不妊」の一元的医療化と生殖技術というシステムへの囲い込みが、「患者のため」という錦の御旗を掲げながらも、いかにその見せかけに反することが多いか、いかに「不妊に苦しむ個々の人々」に寄り添うものではないか、は明らかである。生殖技術というこの医療システムは、多くの場合、そうした人々のＱＯＬの向上に結びつかないどころかむしろそれを低下させるものであり、それゆえ「医療」の理念から逸脱する面を多分に帯びている。

もう一つの問題は、生殖技術が人間の「生の質」の選別および「生命」の選別に加担してしまうことである。先に述べたように、生殖技術のシステムによる「不妊」の一元的医療化は、「子どもをもって当たり前」「子どもをもたない（もてない）人間、子育ての経験のない人間（とりわけ女性）は半人前」といった社会的偏見や圧力を肯定し、強化するような働きをする。このことは、本来、特定の社会的価値観や世界観からはできるだけ自由であるべき「医療」の中に、「望ましい生／望ましくない生」を選別する社会的観念やイデオロギーが無批判に入り込んでくることを意味する。さらに、生殖技術においては、より直接的な生命の選別も行われる（このことは、「不妊治療」という枠からはいかに不思議なことに思われようと、生殖技術の技術としての出自と本性を考えた場合、むしろ当然のことである）。たとえば、体外受精の成功率を高めるために流産の危険性の高い遺伝子をもった受精卵を遺伝子診断し、それを子宮に戻さないようにするという計画。複数の受精卵を子宮に戻すことによって多胎妊娠が生じた場合（三つ以上の受精卵が着床した場合）、そのうちの一つないし二つを胎内で間引いてしまう「減数手術」。さらに、現在体外受精を行う女性の多くが、障碍（特にダウン症）をもった子どもを産まないようにするために羊水診断を受けるという現状[20]。生の選択肢を広げようと提供される技術は、こうして生を選別することに不可避的につながっていく。ただしこの問題についての本格的な考察は次節に譲ることとし、次に臓器移植をめぐる問題にテーマを移したい。

② 臓器移植という医療システム

臓器移植は、患者と医療者以外にドナーという第三項を必須のものとして伴う医療であるが、臓器を提供するドナーの状態によって、（1）生きている人の身体からの移植（以後、生体移植と呼ぶ）、

（２）脳死状態の人の身体からの移植（以後、脳死移植）、（３）死んだ人の身体からの移植（以後、心停止後移植）の三つに分けられよう。これまで、臓器移植についての議論は（２）の脳死移植を中心として行われてきた。しかし、臓器移植という医療システムの本質について考えるためには、むしろ「脳死移植」に議論が集中したことは不幸（不運）なことであった、と筆者は考えている。なぜなら、脳死移植においては、まず「脳死」とは何かという問題（「脳死」という語が異なった複数の次元の意味で用いられているために混乱しやすい、非常に複雑な問題である）[21]、そして「脳死は人の死であるのか否か」という問題が論じられ、臓器移植それ自体の問題はむしろ背景に隠れてしまうことが多いからである。脳死が人の死であるかどうかについては、仮に肯定的な答えをする場合であれ、脳死を一律に死と認めることと、脳死になったら（場合によっては）死と認めてもよいということとはまったく異なるし、その中間にもさまざまな立場があり得るが（これは反対論についても同様）、ここではそうした問題には立ち入らない。もちろん脳死が人の死であるかどうかという問題と、脳死移植の是非については、必ずしも直結するものではないが、一般的に言えば、脳死を人の死と認める人ほど脳死移植には肯定的であり、脳死を人の死と考えない人ほど脳死移植には否定的である、ということは確かであろう（脳死を人の死とは認めないにもかかわらず、「菩薩行」として脳死移植を肯定する梅原猛をはじめ、例外はいくらでもある）。

　しかしながら、臓器移植という医療の本質は、むしろ生体移植を例にとる方が分かりやすい。とりわけそのなかでも、生体肝移植のような、ドナーへの侵襲度が高い生体移植を見ることで、臓器移植というシステムの特性がよく理解できる。それを明らかにするためにここでは、生体移植（上記の（1））を以下の三つの類型に分類することによって、それぞれの構造の比較および（2）の脳死移植の構造との比較を行ってみたい。（なお、（3）の心停止後移植に関しては、「脳死」をめぐる問題を除いては、基本的には（2）の脳死移植の構造に似ているということで、ここでは論の対象から外しておく）。

（1－1）　生体肝移植のような、主として近親間で行われるドナーへの侵襲度の高い生体移植

（1－2）　骨髄移植のような、ネットワークシステムを介してレシピエントに臓器が配給される形の、侵襲度の低い生体移植

（1－3）　臓器売買（主として腎臓）のように、金銭の授受を伴うシステムによって臓器の調達、配給が行われる生体移植

（この三つはいわば理念型であり、すべての生体移植が必ずどれかのカテゴリーに入る、というものではないことを断っておく）

臓器移植という医療の特性、すなわちレシピエントを少しでも多く助けようとすれば、必然的にそれだけ多くドナーの生の質を犠牲にせざるを得ない、という構造がもっとも直接に目に見えるのは、（1－1）および（1－3）の生体移植においてである。たとえば生体肝移植において、大人が子ど

もに肝臓を提供する場合であれば、大体ドナーの肝臓の三分の一の部分を切り取るだけで十分である。それに対し、大人が別の大人に肝臓を提供する場合、ドナーの肝臓の三分の二をレシピエントに与えなければならず、ドナーには当初、元の肝臓の三分の一しか残らないことになる（稀にドナーの死亡例もあり、そうでなくてもＱＯＬの低下は避けられない）。ドナーの人生や生活への毀損は、こうした身体への侵襲だけにとどまらない。提供後の生活や医療に対する不安や精神的葛藤は、ドナー自身のみならず、その家族にまで及ぶからである。移植の実施があくまでドナーの自由意志に基づくものであること（それが強制も推奨もされないこと）をいくら強調したところで、実際に自分が臓器提供を断れば（親子、夫婦、兄弟などの）近親関係にあるその患者が助からないことを知れば、「自分が断るということはみすみす患者を見殺しにするようなもの」だという思いが生じてしまうことは想像に難くなく、こういった場面で「自由な選択」などというものがあり得るのかどうかには大いに疑問がある。したがって、ドナーへの情報提供やドナーの保護がいかに理想的な形で行われようとも、こうした技術の存在自体が、ドナーになり得る人々に対して過度の負担を負わせるものであることは否定できない。それにもかかわらず、少なくない人が臓器を提供しているのは、「自分にとってかけがえのないその人を何とか助けたい」というドナーの思いによることもまた確かである。すなわち（１−１）のような生体移植の主要な特徴は、まずもって「ドナーとレシピエントの間に前もって（深い）人格的関係があること」が前提であり、特定の「この人」を助けるために臓器が提供される、という事実にある。

これに対し、（1-2）や（1-3）の生体移植および（2）の脳死移植においては通常、ドナーとレシピエントの間には人格的関係はなく、双方の「匿名性」が要求されることが多い[22]。すなわち、ドナーの臓器は一見レシピエントに提供（贈与）されているように見えて、実際には移植システムに提供されているのであり、そこからその臓器を待っている人々のうちの誰に移植するのがもっとも適当であるかについてのさまざまな検討を経て選定されたレシピエントに配給されているのである。（1-2）の場合はドナーへの侵襲度が低い（あくまで相対的に見ての話だが）のに対し、（1-3）の場合はそうではない。こうした臓器売買の場合、それでもなお、ドナーとなる人々が現れる理由ははっきりしている。彼らの住む国や地域においては破格の額の金銭的対価を得られるためである[23]。すなわち（当たり前のことであるが）、（1-3）の移植における際立った特徴は、移植システム（医師・病院・仲介斡旋業者を含む）とドナーおよびレシピエントの関係の中に、それぞれ「臓器提供↔金銭的利得」（ドナー）、「金銭の支払い↔臓器取得」（レシピエント）という要素が入ることにある。

こうした点を総合すると、（2）の脳死移植はドナーへの侵襲性（それが実際にドナーの生活に与える影響はさておき、少なくとも身体から主要臓器を摘出するという行為の侵襲性）に関しては（1-1）や（1-3）に、ドナーとレシピエントとの人格的関係を欠き、移植システムに臓器が提供される点でよりシステム化されたものであり、臓器の「モノ性＝資源性」が強く現れている点に関しては（1-2）や（1-3）との共通点があるということ、したがって、移植システムとの間の金銭の授受という一点を除いては、（1-3）すなわち臓器売買という形での生体移植にもっとも近似した構造をもっている、ということがはっきりする。

次に考えなければならないのは、臓器移植という医療において「(臓器を含む)人体のモノ化‐医療資源化」というモメントが本質的に含まれること、そしてそのことは(はっきりとそういう形で認識されるかどうかにかかわらず)「人間の生の尊厳」へのある種の浸食をもたらさずにはおれないということである。最初に断っておくが、筆者はここで人体ないしその一部の「モノ化」と呼ばれている事態そのものがイコール「悪いものである」とか「倫理に反するものである」という立場には立っていない。むしろ「人体のモノ化‐医療資源化」という概念そのものは今日否定することのできない趨勢として、どちらかと言えば「価値的に中性的な概念」として用いている。しかし、そのことと、こうした事態が生活者としての私たちの意識にどのような影響を与えるか、あるいはどのような危機感を呼び起こすかということとは別の問題である。「人体のモノ化」という言葉を聞けば、多くの人がそれは「いけない」ものであると感じたり、「人間の尊厳を脅かすもの」と感じたりするだろう。逆に言えば、こうした事態に直面し、なおかつその事態そのものを避けることが困難な時、人はなんとかしてそうした感情を回避し、そうした感情から自らを防衛するような行動に出るということは大いにあり得ることである。こうした感情の回避や防衛は、「人体のモノ化」という人間の生の尊厳を損ないかねない要素に対する埋め合わせ、補償を求める行動として現れる。[24] すなわちそれは、臓器移植という医療がもつ本質を隠蔽し、逆に美化するような要素を強調したり、創出したりすることによって、そうした尊厳の毀損を埋め合わせるような意味づけを臓器移植に与える言説行動として現れる。

臓器移植が高度に制度化された医療システムであると同時に、ある種のマジックを思わせる「言説システム」でもあるのは、まさにこのためである。（1－1）におけるような近親者間の生体移植においては、事は比較的単純である。なぜなら、そこにははじめから人体のモノ化（＝人間の生の尊厳への毀損）を埋め合わせる要素、すなわちドナーとレシピエントの間の深い人格的関係（愛）という要素が濃厚に現存しているからである（もちろん、だからといってこうした移植には問題がないということではないし、人格的関係や「愛」の過度の強調は、ドナー候補者にとってはむしろ抑圧的なものとなる危険性が大きいだろう）。（1－3）の臓器売買においてはどうだろうか。この場合、そうした生の尊厳への毀損を埋め合わせる要素がないどころか、金銭のやりとりを通じて裕福な人々（レシピエント）の貧乏な人々（ドナー）への搾取と呼び得る事態が生じることは、ますますその毀損を強めてしまう。したがって、こうした移植が美化されることはあり得ず、それを推進ないし容認する人々によって、いわば現実的な必要悪としていかなる正当化がなされようとも、多くの人に嫌悪の念を呼び起こし続けるであろうことは確実である。しかし、臓器売買の当事者たちにとって、むしろ金銭的なやりとりは、それがビジネスであるという自己規定によって、そうした事態が呼び起こす感情的な嫌悪感をふり払う働きをしているとも言えるだろう。

　このように考えた場合、人々の感情的防衛にあたって一番やっかいなのが（2）の脳死移植であることは一目瞭然である。とりわけ脳死移植の場合、ドナーとなり得る人々は、移植医療とはまったく別のコンテキストの医療すなわち救急医療において「患者」としての位置づけをもっていることが、生体移植の場合とは根本的に異なっている。すなわち、脳死という状態に陥る人々の大半は、交通事故ないし銃器による事故や犯罪による頭部の外傷、あるいは脳血管に関わる急性疾患によって、脳の根幹的組織とその機能が破壊された人々である。急を聞いてかけつけてきたその家族にとっても、必死でその人の救命にあたる医師たちにとっても、その人はまずもって「なんとか助かってほしい」「助けなければならない」患者である。こうした人々が「脳死」という状態に近づいた時（脳死と判定された後ではない、ということにくれぐれも注意が必要である[25]）、その人（の身体）に脳死移植の潜在的ドナーという新たな意味づけが生まれることは、少なくとも当人と人格的な関係をもった家族の人々や当人の生命を救うことに全力を傾けてきた職業的医療者たちには、当人の人間としての尊厳や、かけがえのない生を傷つけるものとして感じられることは想像に難くない。また、このことは、それらの人々が脳死を死と考えているかどうかということとは別問題である。

拙論「臓器提供とはいかなる行為か？」において論じたように[26]、こうした人体のモノ化による生の尊厳の毀損を埋め合わせるために持ち出されてくる言説こそ、「いのちの贈り物」「いのちのリレー」「臓器移植は愛の医療」といった脳死移植を美化するキャッチフレーズ[27]に他ならない。そうした言説は、ドナーとレシピエントの間にあたかも人格的関係が成り立っているかのように擬装することによって、脳死移植におけるこうしたモノ化（＝人間の生の尊厳の毀損）を隠蔽するイデオロギーとして働いているのである。このことは、粟屋剛の『人体部品ビジネス』が一種の思考実験として提示しているように[28]、現在行われているような脳死移植（脳死者の身体から臓器を摘出し、それをレシピエントのもとに運んで移植手術を行う）と、移送による臓器の劣化を最小限にするために考案された代案（脳死者をそのまま移植専門病院に運び、そこに集められたレシピエントにその場で移植手術を行う）とを比較して、そこに見られる倫理的な差について考察してみればよりはっきりする（もちろん後者のような形態の移植医療が実際に行われる可能性はほとんどあり得ない）。おそらく大半の人たちは、前者よりも後者の方をより「おぞましいもの」「倫理的に問題のあるもの」と見なすであろう。その理由はおそらく、後者においては臓器それ自体だけでなく脳死者の身体全体に対する「モノ＝資源」化の度合いが強まっていること、それによって人間の生ないし人体の尊厳に対するより大きな毀損が感じられる、という点にあるだろう。後者においては、脳死者の身体はまるで「臓器を新鮮に保っておくための保存庫」であるかのようである。しかしこのことはけっして両者の質的な差ではないのではないか。それがあからさまに現れるか否かは別にして、前者においても脳死者の身体がある時点から「臓器の保存庫」的な意味合いをもってしまうことは避けられないからである（実際の臓器摘出以前に、臓器を新鮮に保存するための冷却液を脳死者の身体に入れるための措置がなされるという事実を考えてみるだけでよい）。

こうした臓器移植における脳死者の身体のモノ化の進行は、先に述べたように、家族との「いのちといのちの交流」を含め、患者の生の最期を十全に看取るという視線や態度を犠牲にせざるを得ない。それゆえここにおいては、生体移植におけるようなドナーの生への侵襲、毀損とはまた違った意味で、ドナーの生やその尊厳への毀損が見られるのである。さらに言えば、脳死移植というシステムにおいて、どうすればよりたくさんのレシピエントを助けることができるか、という手段を思いつく限り（いかに非倫理的なものであろうとも！）想像してみる、ということも問題の本質を見えやすくするだろう。筆者が考えるだけでも、「臓器調達の方式を opting out 式（臓器提供を拒否する意志を明示していない限りは、同意しているものと推定して臓器を摘出することを認める）に変える」「脳死判定の手順を簡略化する、あるいは脳死の医学的基準そのものをゆるやかにする」「学校現場等を通して強力な推進キャンペーンを張り、若者たちに半強制的にドナーカードを携帯させる」「交通事故者に対する救急医療の手を抜いて、多くの脳死者を出す！」「道路の速度制限をゆるめるか撤廃して交通事故による脳死者を増やす！」といったことすら、レシピエントを多く助けるということの<u>み</u>を至上の課題とすれば、一つの対策には違いない。こうしたこともまた、脳死移植ひいては臓器移植というシステムの根本的構造に基づくものであるという認識を欠いたまま、その議論をすることは欺瞞的なものたらざるを得ない。こうした欺瞞は、臓器移植というシステム自体を誤認させるばかりか、先に述べたような異なる患者同士の「生の質」の値踏み、それによって一方（レシピエント）のためのもう一方（ドナー）の犠牲という行為を正当化する言説（人間が「ただ生きて<u>そこ</u>にいる」ということの価値を根本に置かないような言説）の温床になってしまう点でも、私たちが大いに警戒しなければならないものである。

最後に、レシピエントに対しても、けっして臓器移植が「幸福」のみを約束する医療でないことも今一度確認しておかねばならない。生殖技術と同様に臓器移植においても、ドナー数の絶対的不足は必然であり、ネットワークに登録された多くの待機患者は、移植のチャンスを得ずに亡くなっていくのが必然である。もちろん、生殖技術と違って臓器移植の場合は当人の生死に直接関わるがゆえに、それによって救われる人がいかに少なかろうとも、全員が救われないよりはたとえごくわずかでも救われればそれだけマシであるということはある程度言えるだろう。しかし、そこには生殖技術の場合と同じような、問題の受けとめ方に関する歪みも生じかねない。移植によって生き長らえるチャンスを手にできるごくわずかな人々以外にとって、移植手術という（自分の力ではそれを呼び寄せることのできない）選択肢の存在は、死を覚悟して残りの人生を生き切ることを妨げたり、精神的な苦しみをより複雑なものにする可能性(29)もあるからである。

3 「選択」と「選別」——その連続性

ここまで見てきたように、生殖技術と臓器移植の間には相似的な構造があり、それらは個々の人の苦しみへのサポートやケアに定位した「医療」の理念をゆるがす側面をもっている点で、現代の「先端医療」とも共通の問題をかかえていると言える。これまでにも、否定的な意味での「生命操作」技術として、この二つの技術をまとめて批判するような言説は多くあった。しかしながら、この二つの技術を前章のような観点から本格的に比較した研究はこれまでほとんどなされてこなかった。それはなぜだろうか。

ここにはいくつかの要因が考えられる。一つには、本稿で展開したような問題やテーマの設定自体がとられなかったこと、すなわち、生殖技術を問題にする際に「不妊治療」という枠組みから抜けきれない場合が多かったこと、そして臓器移植の中では特に脳死移植に議論の焦点が置かれたことによって、「脳死・臓器移植」という形でテーマが設定され、両者の医療としての構造やシステムを比較するという観点が薄かったことが挙げられる。もう一つは、（とりわけ日本に特殊な状況に関わるものであるが）妊娠・出産といった「人のいのちの始まり」に関する生命倫理問題に対する一般的な関心が、死という「人のいのちの終わり」に関する生命倫理問題に比べてこれまで非常に低かったということの影響が考えられる。[30] この原因としては、日本において、戦後の苦境に対応する国の人口政策によって、中絶を実質的にほとんど自由化するような法律（優生保護法）が成立していたこと（それゆえ本格的な中絶論争そのものが起こらなかったこと）、体外受精等に関する情報や議論が産科婦人科学会の内部に閉じられる傾向がたいへん強かったことなどが挙げられる。また、生殖技術に対して「不妊治療」という不適当な枠がはめられたことは、「不妊」の当事者以外の一般の人々の関心を惹きにくくしたと思われる[31]（現実問題として考えれば、ある年齢以下の人の場合、「脳死」になった時に自分はどうするかということを考える人に比べて、「不妊」になった時に自分はどうするかということを考える人が少ないのは奇妙である。前者になる確率は一％未満であるのに対し、後者になる確率は一五％を超えると言われているのだから）。

さらに、本稿の論点からも非常に重要な要因がここに絡んでいると考えられる。日本の場合、宗教的立場からの批判論が少ない分、生殖技術に対する批判的な言説のかなりの部分をフェミニズムの論者、ないしは（直接にはフェミニズムに関係しないものの）女性の論者が担ってきたと言える。管見の限り、こうした論者が臓器移植を本格的に論じたものはほとんどない。直接にフェミニズムの立場に立っているかどうかは別にして、生殖技術に批判的な（もちろん全面的な否定から部分的な批判まで濃淡はあれ）女性の論者たちが問題にしているのは、それが明らかにジェンダーに関して非対称な技術であり、女性に対して非常に抑圧的、管理的な技術であるという点である。批判の仕方はさまざまであるとはいえ、そこには「不妊の人たちのため」という大義名分のもとで、女性たちの身体への医学的管理＝支配がますます進行し、「子どもをもって当たり前」という無言の社会的圧力を背に、女性が「子どもを産むための」道具であるかのごとき旧来の抑圧的言説や態度が新しい技術を介して逆に強化されてしまう、という認識が（必ずしも明示的ではないにせよ）底流にある。こうした医療テクノロジーによる人間の身体の道具化、手段化という観点は当然臓器移植などについても当てはまるにもかかわらず、なぜこうした論者たちは臓器移植や、その生殖技術との関係についてあまり論じていないのだろうか。もちろん、臓器移植の問題がジェンダー差にほとんど関係がないという理由もあるだろう。(32)(33) しかし、ここにはもう一つの大きな理由があると思われる。それは本稿の議論にとって中心的な「選択」と「選別」に関わる問題である。

生殖技術に関するフェミニズムの批判論、あるいは少なくともジェンダー問題（女性の立場やその権利）を意識した批判論は、その問題以前に中絶問題を経ており、そこでは基本的に「選択」というのは良いもの（女性を解放するもの）なのだ、という方向性が刻みつけられてしまっている。それゆえ新しい生殖技術に対して、それが（とりわけ女性にとって）「本当の選択と言えるのか」「本当の自己決定と言えるのか」という論点はもてても、人間において「選択」という行為それ自体がはらむ問題への視線、あるいは「選択が必然的に選別につながっていく」という構造それ自体についての認識においては、相対的な甘さが見られるのである。生殖技術に対してフェミニズムや女性の立場から批判する論者たちが、臓器移植や脳死の問題、あるいはそれとも密接に関係する安楽死の問題について、あまり根本的な批判論を打ち出せていない原因の一端はここにあると思われる。

そもそもこの「選択」と「選別」という問題は、中絶をめぐる論争の中でもかなり争点となってきたものである。アメリカにおいて中絶を女性の権利として容認する「プロチョイス（＝選択尊重）派」の人々に対して、中絶に反対する「プロライフ（＝生命尊重）派」の人々が投げかける攻撃の中で、もっとも手痛い批判はおそらく「選択の強調は必然的に選別につながる」という批判であろう。荻野美穂が述べているように、反対派のレトリック（たとえば中絶とホロコーストとの相似性など）にはそのセンセーショナリズムの点で多分に問題があるとしても、その主張には重要な問いが含まれている。たとえば、中絶の合法化への動きと胎児の優生学的な選別の問題が歴史的な関連性をもつことも事実である（注9で分類した広義の生殖技術における（1）の技術と（3）の技術との内的関係）。また、「個人の「選択の自由」をあくまで認めていくことは、なんらかの意味で「個人」以下、または「個人」外であると見なされた存在に対する権利の侵害の容認につながるのではないか」という問いも重要であろう。(34)

もちろん、だからといって、生殖をめぐるあらゆる「選択」を拒否すべきだというような一部の人たちの言説の肩を持とうとするわけではない。しかし、こうした「選択」と「選別」の連続性は、前章で述べたようにいわゆる「先端医療」の構造や、その本質の中に刻み込まれており、そうした時代に生きる私たちが、「選択は良いが選別は悪い」などとはけっして言えないということもまた銘記しておかねばならない。「子どもを産みたくない」という理由でのいわゆるふつうの中絶（＝選択）と、胎児の障碍などを理由にした「選別的中絶」とが連続的であるということは、そうした中絶を正当化する際の論理についても言える。中絶に絶対反対ではないが、中絶はごく限られた条件においてのみ正当化されると考えるような人々に、（母体の生命や健康を脅かす以外の場合で）中絶が正当化できるような事例を挙げよと言えば、おそらく多くの人々がレイプによる妊娠を挙げるだろう。そこでなぜレイプによる妊娠の場合には中絶が正当化されるのか、とさらに問うとすれば、おそらく将来における母親や子どもの不幸（という予想）という理由が持ち出されてくるであろう。こうした「将来の不幸」というような現時点での、非当事者（当事者自身もまた未来に関しては非当事者であることに変わりはない）による予想（＝決めつけ）は、障碍をもった子どもが生まれることに関する同様の理由づけ、すなわち「選別的中絶」を正当化する論理と本質的には同じものである。

現代において「生の質」に基づく選別やそれが「自己決定」の名においてなされようとしていること

とについては、いわゆる「新しい優生思想」あるいは「個人主義的優生思想」といった概念によって、すでに多くのことが語られている。また、こうした新たな優生思想と二〇世紀前半に典型的な旧来の優生思想との歴史的な関係や思想的な相互内在的関係についても、多くの研究が積み重ねられている。[35]しかし、そこで直接に言及されるのは、マイナスのレッテルを貼られた生命の抹消という形で、そうした「選別」が顕わな形で姿を見せるようなテーマであることが多い。一つは出生前診断やそれに付随する選別的中絶、受精卵遺伝子診断などの問題（広義の生殖技術における（3））、もう一つは安楽死・尊厳死の問題である。[36]ここでもまた、「（一見選別とは無縁であるように装われている）個人による選択が選別へと連続的につながっていく」構造自体は同じであるし、[37]第1節で触れたような未来の「先端」医療としてのエンハンスメント（人間の能力増強）の問題により直接的につながっていることも確かである。むしろ、こうした問題群における行為は「治療」という文脈には置かれていないだけに、そこにある「選別」の様相がよりはっきり見えるとも言える。それだけに、本稿で取り上げたような「不妊治療」としての生殖技術や臓器移植の方が、「治療」という看板を掲げながら「医療」の理念を踏み越え、より隠微な形で「選別」に荷担するがゆえに、今後の医療のあり方にとってはより本質的な問題を提起していると見なすことができる。

さて、「個人の選択を尊重することが必然的に選別へとつながっていく」こうした現代社会において、私たちはどのように「倫理」を語れるのだろうか。「選択」は良いもの、「選別」は悪いものということがもはや言えないとすれば、個人の「選択」という価値自体を否定したり、それを引き下げたりするか、あるいはあくまでも「選択」の価値を尊重し、それによって人間が「選別」せざるを得ない存在であることに居直ってしまうか、そのどちらかしかないのだろうか[38]。しかし、こうした態度は両方とも、この問題そのものを問うことから逃げているにすぎないのではないか。今必要なことは、私たちがこうした二つの道の間の空間にあえて自らを宙吊りにすること、「選択」の価値を尊重しつつも、それが「選別」へとつながっていくことを常に凝視し、問い続けることなのではないか。

このことを本格的に論じようとすれば、そもそも「倫理」とは何か、現代の私たちが「倫理を語る」ということはどういうことか（本当に語り得るのか？）についての原理的なレベルでの議論が必要であるが、それは本稿の課題を超える。ここでは、私たちが「選択」の価値を尊重しつつ、その「選別」への傾斜を問い続けるためのポイントを二つほど提示するのみにとどめておきたい。一つは、「選択」の内実に関わっている。公民権運動やバイオエシックスの歴史に刻まれているように、個人の「選択」や「自己決定」の意義は、なによりも「個人の生の可能性を十全に切り開くこと」に向けられていた（それは基本的には、「社会的弱者」のためのもの、すなわち社会的差別や固定観念、知識の落差などによって、そういう生の可能性が制限されている人たちに向けられたものであった）。しかし、「生の可能性を切り開く」とはいったいどういうことなのだろうか。私たちがそれぞれの人生において他者と出会い、他者と共に生きるなかで、自分自身も変容していく存在である限り、個人の人生のある時点での世界観や人生観に基づいた「選択」が、他者の生の可能性を抹消したり抑圧したりすることはもちろん、当人自身の生の可能性を抹消したり抑圧したりすることもあり得る[39]。あらゆる「選別」は他者への選別であると同時に、自分自身への選別でもあるのだ。したがって、ある「選択」がほんとうに生の可能性を切り開くものであるかどうかは、それが「選択」であるという形式によってはかることができないばかりでなく、その選択にあたってどれほどの熟慮がなされたかという選択の質によってすらもはかることはできないのである。むしろ、選択可能性の拡大が実際に私たちの生をより豊かにしているかどうかは、各人が置かれている固有の場と状況の中で、そうした選択の内実を問い続けることによってしかはかることはできない。ここでのポイントは、ある「選択」の可能性を広げることによって、私たちが「より深く他者とつながることができるようになるのか」「より多様な生のあり方を肯定できるようになるのか」[40]ということにあると筆者は考えている。それを問い続けない限り、単なる選択肢の増大は私たちの生の可能性を切り開かないどころか、実際にはあからさまな選別の正当化へとつながるだけであろう。

もう一つは、選択の「当事者性」に関わるものである。とりわけ選択が選別へとつながっていく現代の状況の中で私たちの選択が他者や自分自身に及ぼす影響を考えた場合、私たちはある意味で各人の選択における（閉じられた意味での）「当事者」ではないことは明らかである。これは裏を返せば、そうした種類の（とりわけ生老病死における）選択に関するすべての問題において、あらゆる人が「当事者」である、ということを意味する。このことがもつ含意については、最終節に譲りたい。

4 「先端医療」をめぐる議論のあり方――今後の生命倫理学への展望を兼ねて

ここまで見てきたように、現代の医療技術においては、患者（というよりは病いを抱えつつ生きる生活者）の痛みや苦しみに定位し、それをケアしたりサポートするという「医療」の本義からは少々逸脱したものがかなりあると言わざるを得ない。それは単に病気の治癒や苦痛からの解放が不可能であるために、まったく別の形である種のサポート（安楽死や自殺幇助）が提供されたり、あるいはこの世への誕生自体を差し止められたり（選別的中絶や受精卵遺伝子診断による選別）するといった事柄だけに限られるのではない。本稿で詳しく分析したように、「患者のため」を看板に掲げる生殖技術や臓器移植といった「治療」技術においても、より隠微な形で生の選別や人間の生の多様な次元への無視が見られることは明らかである。拙論「現代の医療とスピリチュアリティ」で論じたように[41]、こうした現代医療の傾向は、もう一つの傾向、すなわち医療やケアにおいて（患者の身体に焦点を合わせていた近代医療への反省から）ますます全人性が強調されている昨今の傾向とまさに正反対の方向を向いている。こうした正反対の方向へと引き裂かれるなかで、私たちは今後の医療をどのように論じ、社会的にデザインしていけばよいのだろうか。

日本における公的な生命倫理の審議（総合科学技術会議の生命倫理専門部会によるヒトクローン胚研究をめぐる議論）は、「先端医療」の論じ方における問題点のいくつかをはっきり示している。宗教学の専門家として当部会に専門委員として関わり、そこにおける議論のあり方や報告書作成へのプロセスを強く批判しつづけた島薗進が『いのちの始まりの生命倫理』（春秋社、二〇〇六年）でその経緯をまとめ、多くの問題点を指摘しているが、[42]ここではその詳細には立ち入らない。ただ、本稿の論点からして重要な一点だけを取り上げておきたい。それはヒト胚の研究・利用をめぐるこの委員会の討議において、議論の基盤となるべき共通認識を確認するために話題が現行の生殖医療（「不妊治療」）の問題に遡る必要性が指摘された際、推進派の人々や事務局はことごとくそれを無視した形跡が見られることである。島薗が述べているように、ヒトクローン胚研究に用いられる「未受精卵調達の問題を細かく論じていけばいくほど、日本産科婦人科学会が許容している受精卵作成・研究の問題点を含め、これまでの不妊治療等の産科婦人科医療や関連する研究の問題点が露わにならざるを得なかった[43]」。しかし、この問題に対して日本産科婦人科学会は一切、関連資料の提出を行うことがなかったとのことである（「会長や事務局が資料提供の要請を行わなかったのか、事務局の要請に学会側が応じようとしなかったのかは不明である」と島薗は書いている[44]）。そもそもヒト胚の道徳的地位や人の生命の尊厳といった問題を原理的に論じようと思えば、現行の「不妊治療」やそれをめぐる研究、とりわけ子宮に戻されなかった「余剰胚」についての処理やカップルへの説明、選択可能性、さらには中絶の実態や中絶された胎児の行方などについての包括的な実態調査や考察が不可欠であることは明らかである。[45]推進派の人たちないし生殖医療に関わる学会の中枢部にいる医学者たちがとった態度には、そういったことをやり出すと、いつまでたっても新研究にゴーサインが出せないばかりか、もう「すでに臨床実施されている解決済み（?）」の医療の問題までほじくり返される、という懸念をうかがうことができる。

本稿で論じた生殖技術や臓器移植などの医療の中に「医療」の理念そのものをゆるがす側面が含まれており、それは今後の医療や研究にとっても本質的な問題であるにもかかわらず、そうした過去の先端医療の問題がすでに「解決済み」であるかのように、新しい研究の是非についての直接的な議論のみによって拙速な結論を求めようとすることは、将来にわたって大きな禍根を残すであろう。とりわけ、人のいのちの始まりの問題についての一般市民を巻き込んだ公的議論を欠いてきた日本において、この問題は深刻である。また、ES細胞研究やヒトクローン胚の研究といった未来の再生医療へ向けての研究においても、「(難病その他の) 患者のため」という錦の御旗[46]のもとに、胚をはじめとする「人の萌芽である生命存在」の破壊[47]や操作、あるいはそうしたものを提供する人たちの人権蹂躙に関する大きな倫理的問題を脇においたままで、国策や産業的利益、科学者の探求心などが優先されていく構図は、旧来の「先端」医療と共通する側面をもっている。わが国の「先端医療」をめぐるこうした不十分な議論（拙速に結論のみを求める傾向）を前に、本稿における考察は、生殖技術についての議論と臓器移植についての議論をつなげ、再生医療その他の現在の「先端」医療についての議論が、そこに接続しなければならないことを示唆する点で、「先端医療」をめぐる公的な議論のあり方を問い直すことを目指したものであった。

このことは同時に、生命倫理学という学問のあり方を問い直すということにもつながるであろう。

医療技術やその基礎となる科学研究の進歩があまりにも急であるために、生命倫理学における流行のテーマもそれらに添って先に、先にと流れていく傾向がある。もちろん、そうした最先端の医療技術や研究をめぐる議論は大切であり、今の時点では到底現実問題ではないような技術（たとえば遺伝子操作による人間の能力増強（human enhancement））についても、いわば「思考実験」的なものを通して、あり得る可能性を網羅的に論じていくといった試みにも意義があり、ある意味では生命倫理学の真骨頂であるとも言える。[48]

　しかし、そういった現在流行のテーマの研究は、その射程が狭ければ狭いほど、最先端の医療技術に関する倫理的問題について底の浅い議論を提示し、推進派と反対派の間の「（現実的？とされる）その場限りの妥協案」を捻出するだけで終わったり、あるいはもう少し射程の広い議論になると、金森修の言う「先端医療の露払い」[49]、すなわち世間にそういう新しい問題があることを知らせ、いわば地ならしをして人々を慣れさせることによって、新しい医療技術の社会的受容を促進させるような働きをする場合がほとんどであろう。もちろん、そうしたことを批判するということは、生命倫理学が（一般の人々にはよくそう誤解されているように）新しい医療技術に対して常に批判的な立場をとらねばならない、などということではない。しかし、生命倫理学において議論の奥行きをできるだけ広くとることは、人間の生死という文化・社会的な根本問題にそれが関わる上できわめて重要なだけでなく、自らの議論や言説が医療技術や生命科学をめぐる現代の趨勢の中でどのような働きをすることになるのかについての（良い意味で）ポリティカルな自己認識と自己批判は、（必ずしも「生命倫理学者」を名乗るのではないにしても）生命倫理の議論に携わるすべての研究者たちに必須のものであろう。

生命倫理学が、今日においてはもはやある程度特権化されたその言説フィールドの中で、生命倫理学者の業績づくりや生命倫理学内部の言説遊戯だけにかまけることなく、しかも社会に開かれた言説活動（これはけっして特定の組織や活動のために「役に立つ」言説活動のことではない！）を行っていくために、どのようなことが必要かについての私見を最後に述べてみたい。まず、（本稿で行ったように）現在流行の問題や最先端の医療技術および研究についての問題だけでなく、医療技術そのものの全体像をつねに念頭に置きながら議論を進めるということである。もちろんそこにおいて、文明史的な射程をもった科学史や技術史の視点が必要とされることは言うまでもない[50]。さらに必要なことは、現在、過去を通じて、さまざまに問題となってきた医療技術をめぐる患者たちや一般の人々の経験から語り出される言葉やそこに現れている思いに寄り添うことである。先に述べたように、現代医療のシステムの中で「個人の人生におけるいくつかの選択が必然的に生の選別へとつながっていくような」状況においては、あらゆる人が、生命倫理の問題に関係する自己の具体的な選択における唯一の当事者ではない。と同時に、あらゆる人が（直接自分が選択には直面していない）生命倫理の問題においてまがうことなき当事者となる。こうした状況の中で、生命倫理の諸問題は、単に生命倫理学や関係諸学のフィールドにおいてだけではなく、一般市民とともに議論されていかなければならない（日本において、脳死移植をめぐる過去の議論の蓄積は、こうした面で大きな遺産である）。そうしたなかで、生命倫理学における専門的な議論が、一般市民を巻き込んだ議論との間にフィードバックを伴った良き相互関係[51]を形成していくためには、次のことが必要である。すなわち、生命倫理学の研究やその成果発表において、できる限り既存の学問的原理や概念のみに依拠せず、むしろ人々の実感のようなもの（もちろん生活者としての研究者自身の実感もそこには含まれる）をきちんと概念的な言葉に置き換えていくという努力を積み重ねることである（日本人の研究者の場合は基本的に日本語から入り、その後でそれを英語等で表現することを試みることが望ましい）。こうした努力を通じて、学者たちの頭脳遊戯と一般の人々の経験－実感信仰への生命倫理の分裂を克服し、人間の生老病死の現実における私たち各人の問いと気づきに寄り添った新しい生命倫理が誕生することが望まれる。

　こうした努力は、医療における臨床や科学研究という具体的な場に即することを重視するがあまり生命倫理学においてはこれまでほとんど問われてこなかった「生とは何か、死とは何か？」という根本的な問いに立ち戻ることとも一体のことである。生命倫理学がそうした問いに立ち戻ることは、「生とは何か、死とは何か？」についての宗教その他の教説や答えに拠りかかって、生命倫理を論じることとは違う。生命倫理学においてなされなければならないのは、そうした根本的な問いを生命倫理学にふさわしい仕方で問う、ということに他ならない。本稿における「選択」と「選別」のロジックをめぐる問いと考察は、その一つの試みでもある。こうした問いを一人一人が各々の置かれた場にふさわしい仕方で問い続けること。そのことによってのみ、私たちはかろうじて「倫理的な存在」であり続けることができるのではないだろうか。

◆註

（1）橳島（2001 : 20）

（2）伊藤・井村・高久総編集（2003 : 144）

（3）清水（1997 : 46）

（4）ここで「主として」と断ったのは、現時点では何の症状もない人々についても、診断および治療や、検診、予防のための医療活動の対象に含まれるからである。

（5）筆者がかねてから主張してきていることの繰り返しになるが、「選択」と「選別」という本稿の中心的テーマから言っても、ふつう「選択的中絶」と訳されているselective abortionは、「選別的中絶」と訳されるべきである。アメリカにおける中絶論争において、中絶容認派の人々が「pro-choice（文字通り訳せば「選択尊重」派）」と呼ばれるように、中絶そのものがカップルないし女性の「選択」の問題であるか否かということとはとりあえず別の次元で、selective abortion（出生前診断で胎児に障碍が見つかった場合などに行う中絶。つまり、子どもがほしくないから中絶するのではなく、「こういう子なら産みたくない」という形での中絶）の問題があり、そこで行われていることの本質からいっても、selectという語義からしても「選別」という訳がふさわしいからである。なお、上記のように中絶というコンテキストにおけるchoice（選択）との区別を念頭に置くならば、ダーウィンの進化論におけるnatural selectionという語にふつう「自然選択」という訳語が充てられているという事実をもって、「選択的中絶」という訳語を正当化することはできないであろう（そもそも、natural selectionはむかしは「自然淘汰」と訳されていたはずだが）。

（6）Kass and Safire（2003）

（7）ただしこの報告書の題名（『治療を超えて』）には、二重の意味が込められている。そこでは単にこうした人間の能力増強が従来の「治療」概念を超えているという意味だけではなく、むしろその連続性にも注目されており、人間の生におけるあらゆるものを治療の方向へと押し進めようとすること（医療化）への批判が打ち出されている。それゆえ、著者らがここで提言するのは、「（従来の意味での）治療にとどまる」ことではなく、「治療を根本的に超える」こと、すなわち人間を精神的、道徳的、霊的な文脈でとらえ直すことである。こうした方向性については、拙論（安藤 2003, 2005）の問題意識に近接しているところがあるが、ここではこの問題には立ち入らない。

（8） 島薗（2005）

（9）「生殖技術」という語を広く「主として生物医学的な知識に基づいた、ヒトの生殖（reproduction）に関わる技術」と定義するならば、そこには主として三つの技術が含まれよう（以下の枠組みは基本的に柘植（1995）による分類に従っている）。（1）人工妊娠中絶あるいは夫婦やカップルによるさまざまな手法におけるバース・コントロールのような、「子どもを産まないようにするための技術」（2）一般に「不妊治療」と呼ばれる、不妊の人たちが（夫婦あるいはカップルの少なくとも一方と遺伝的関係をもつか、もしくは妊娠・出産を介するつながりをもった）「子どもを産めるようにするための技術」（3）出生前診断、受精卵遺伝子診断、男女産み分けなど「胎児や受精卵（の質）を選別するための技術」、の三つである（出生前診断については、「選別するための技術」とは言えず「選別につながる可能性のある技術」といった方が正確であるが）。もちろんこれら三つの技術は相互に密接な連関をもっており、本格的に論じるためには、全体に対する俯瞰的な視点や個々の技術の関係についての詳細な分析が必要である。しかし、本稿は主として（2）の生殖技術（狭い意味の「生殖技術」）を対象にし、以下、特に断らないかぎりは、（2）のみを指して「生殖技術」という語を用いる。しかし、（後に明らかになるように）このことは、（1）や（3）の問題が論じられない、ということではない。

（10） 特に代理母の場合は、ドナーにかかる負担とリスクの大きさからも臓器移植との相似性が高いであろう。筆者はけっして代理母に賛成ではないものの、「臓器移植が許されているのに代理母が認められていないのはおかしい」という論は、論理的には成立すると考えている。

（11） たとえば、極端に偏狭な自己決定権概念に基づいたその正当化、たとえば臓器移植において「臓器をもらいたい人がいる」「臓器をあげてもいいと言っている人がいる」「それを可能にする技術がある」↓「一体それをやることに何の問題があるんだ？　他人や国家が出てきてそれにストップをかける権利がどこにあるんだ？」というような論調は、代理母等第三者が関わる生殖技術においてもまったく共通している。もちろん、そうした技術に伴うさまざまな実際的問題を少しでも考慮するなら、そのような乱暴な論理がそのまま幅をきかせることはあり得ない。しかし、生命倫理において「自己決定権」というものを大切な原理の一つとして守ろうとする限り、そうした技術が人間の幸福につながることを疑問視する人たちも、この論理の前に腰が引け気味になることは否めない（本稿では、こうした状況を打開していくためのヒントを第3節の末尾に提示した）。

(12)　もちろん自らの生の自由度（可能性）の拡大をめぐる当人の主観的評価によって、ＱＯＬの高低が逆になる場合もあり得る。たとえば末期ガンの痛みをモルヒネで抑える際、「少々意識レベルが下がったり、一日のうちの眠っている時間が増えても、完全に痛みがとれた方がいい」という人もあれば、「鋭い痛みは困るが、少々の鈍い痛みなら、意識のはっきりした時間をできるだけ長くもてる方がいい」という人もいるだろう。

(13)　拙論（安藤　2001）では、日本語において「生（Life）」に相当する語が少なくとも四つあること（「生命」「生活」「人生」「いのち」）、それらが人間の生に含まれる異なる次元に対応することに着目し、生命倫理におけるいくつかのテーマを題材に、そうしたさまざまな次元における生の「尊厳」の意味について論じた。

(14)　「ターミナルケア」の概念や実践は、その当初は比較的年齢の若いガン患者を中心に展開されてきたが、最近では「高齢者のターミナルケア」も研究の大きなテーマになっている。現代の状況に添った形で人間の生の最期の看取りを全体として考えていくためには、この概念はさらに、こうした救急医療の現場や、乳幼児の集中治療室の現場にまで広げていくべきものだと筆者は考えている。

(15)　子どもができなくても構わない、運命だと思ってあきらめるという人にとっては、「不妊治療」などはまるで必要はなく、こういう人に「治療を受けるように勧める」というのは論外であろう（他のいわゆる「病気」であっても、治療を拒否する権利は患者にあるが、それが生命に関わったり、将来的にQOLの低下を引き起こすことが予想される場合には、医師は「治療」を勧めるし、そうするべきだろう）。

(16) いくらコストがかかろうが、それは「自己決定」であるから仕方がないという言い分を仮に認めたとしても、「不妊治療」という選択において、そうした自己決定の前提となるべき「情報提供」の不備や杜撰さは、深刻な問題である。体外受精の実質的な成功率がせいぜい一〇〜一五％であるにもかかわらず、不妊治療を専門とするクリニックなどでは「概ね三〇％、場合によっては五〇％を超える」成功率を患者に誇っているところが少なくない。これは必ずしも医師や病院の誇大宣伝ではなく、成功率の計算の仕方が異なっているためであることが多い。すなわち、患者の立場からの成功率（実質的な成功率）は、「生児の出産数／体外受精準備件数」であるのが当然なのに対し、これまで日本産科婦人科学会が公表してきた成功率（いわば医師の立場からの成功率）は、「妊娠件数／胚（受精卵）移植件数」であり、前者よりも（分母が小さく分子が大きいため）かなり高い数値となってしまう。学会がこうした数字を挙げている以上、ほとんどの医師や病院は後者をもって「成功率」と称しているに違いない。これは患者の立場からすればある種の「ごまかし」である（長沖 1998：29）。また、仮にその成功率が何を何で割ったものかが患者に説明されていたとしても、藁にもすがる思いで医師の説明を聞く不妊患者がそれを冷静に検討して判断材料にできるかどうかは大いに疑問である。

(17) 「不妊治療」の長期化は、治療自体の副作用や精神的なストレスだけでなく、それにかけたコストが大きければ大きいほどいったん始めた「治療」から降りることを困難にしてしまう点においても、不妊の人々のQOLに大きなマイナスを与えることが多い。

(18) 安藤（2005：77-86）

(19) 拙論では、マルセルによる「問題（problème）」と「神秘（mystère）」の区別にヒントを得て、後者が「病む人」自身によって生きられる他はないことを強調し、医療者のプロフェッショナリズムによる後者の前者への囲い込みを批判的に考察した。

(20) それゆえ、注9における（広義の）生殖技術の分類における（2）と（3）の技術は、根底のところでつながっていることが分かる。

(21)「脳死」という語は少なくとも三つのまったく異なった次元の意味で用いられている。（1）現在「脳死」と呼ばれているような身体の状態（2）そうした状態の人に種々の検査を行って「脳死」と判定された状態（3）そうした状態の人を「死んでいる」と見なすこと。こうした次元をはっきり区別しないことには、「脳死」についての意味のある議論はまったく不可能である。

(22) フォックスとスウェイジーが書いているように（Fox and Swazey 1992：邦訳 83-89）、脳死移植の開始当初は、ドナー家族とレシピエントの双方に互いの情報を与えることはタブー視されていなかったが、そのことによって生じるさまざまな問題によって、数年のうちに「匿名の原則」が確立された。最近では、深刻なドナー不足を少しでも解消するためにはむしろドナー家族にレシピエントの情報を与え、両者の感情的なつながりに訴えた方がよいとの見解もあり、徐々に匿名原則を破るような動きも見られるという（向井　2001：218-220）。

(23) 東南アジアの国々やパキスタンにおいては、臓器（腎臓）を売るドナーへの情報提供がまったく杜撰であるばかりか、術後の医学管理もきわめて悪質であり、そのため、ドナーとなった人々に臓器提供後の著しい身体的ＱＯＬの低下や生活への深刻な打撃が見られることが報道されている。

(24) 人体のモノ化という現実が呼び起こす人間の生の尊厳の毀損への不安を防衛するやり方はいろいろある。たとえば Opting Out 式の臓器調達方法をとっているヨーロッパの国々の場合、それだけいっそう「臓器＝公共財」という観念が強いと思われるが、そこにキリスト教的なベースがあることによって、モノ化がもたらしうる殺伐たる感情を緩和する働きをしていると思われる。また、アメリカの場合はむしろ「身体はモノ」という徹底的な感情隔離によって、そうした不安を防衛しているようである（Re-

cycle Yourself! といった臓器提供キャンペーンのコピーはとても日本では使えまい)。またこのことは、アメリカでは死体一般のさまざまな利用に対して大きな抵抗が見られないことにも現れている (Roach 2003 を参照)。

(25) アン・モンゴヴェンがチャプレンたちによるドナー家族へのアプローチを論じるなかで明らかにしているように (Mongoven 2000)、ドナー家族の悲嘆過程 (grief process) は、後にドナーとなる当人が脳死と判断される前から (もう助からないのではないかということを家族が覚悟した時から) ドナーの死後何年もの期間にわたる連続したプロセスであり、それを脳死の判定→その受容といった短期的、単線的な過程としてとらえるべきではない。小学校入学前のわが子を交通事故による脳死状態を経て失った小児科医、杉本健郎による回想も、このことをよく物語っている (杉本 2003)。

(26) 安藤 (2002)

(27) とりわけ脳死移植の美化には、それが醸し出す神話的イメージ (たとえば「ドナーのいのちがレシピエントに受け継がれていく」といった生と死の交換神話) が大きな働きをしている (安藤 2002)。

(28) 粟屋 (1999)。

(29) たとえば、自分が移植を受けて助かるために、他人の死を待っているとか、それを当てにしているというような意識はレシピエント候補者に罪責感を引き起こす可能性が高い。

(30) 橳島 (2001 : 79-80)

(31) もちろん生命倫理に関係する研究者たちの間では、人のいのちの始まりに関する問題は大いに議論されている。しかし、一般市民を巻き込んで展開され、世界的にも特異な議論が積み重ねられた日本の「脳死・臓器移植」論議とは対照的に、一般の関心は未だ非常に低い。そのため生殖技術を扱ったアンケート調査やその新聞などでの報道において、しばしば奇妙な現象や不適切な解説文、見出しなどが見られる (典型的な例は、「人工授精や体外受精、(配偶者が望んでも)「利用しない」7割」と題された一九九九年五月七日の朝日新聞記事)。

(32) これに対し、「人のいのちの終わり」に関するもう一つの大きな問題、すなわち安楽死・尊厳死の問題は、ジェンダーに深く関わっている。夫婦の事例において、配偶者を「死なせる」ことに同意しているのは多くの場合、夫の方であるからだ。

(33) ここには、生殖技術の問題と死をめぐる問題群において、テクノロジーによる身体支配と、医師たちおよび国家との関係が異なっていることも影響していると考えられる。前者において、女性を「不妊治療」の対象とし、その身体を医学的に管理する（主として）男性の医師たちは、少子化対策として不妊治療を推進しようとするような国家政策（新エンゼルプラン）と平行関係にある。したがって、女性たちは両方に同時に「No」を突きつけることができる。それに対して後者においては、医師集団は延命治療のような生を引き延ばすテクノロジー（自己決定権に基づいた安楽死肯定の言説はこれに対して「No」を突きつける）にも関与しているために、身体の医学的管理と生命の国家的管理の関係が一様ではなく錯綜しているということがある。

(34) 荻野（2001：218-228）参照。

(35) 米本・松原・橳島・市野川（2000）参照。

(36) こうした問題群においても一見個人の「自己決定」という形をとりながら、実は「生の質」の値踏みとそれによる他者の生の選別が潜在的には含まれている。出生前診断で障碍が見つかった胎児を産むか中絶するかは、直接には個人の選択に委ねられているにせよ、実際に障碍をもった子どもやその家族への十分なサポートが得られにくい社会の中で、個人がなす選択は自由な選択ではあり得ない（その子を産むという選択をした場合、その選択の結果自分たちが背負い込まねばならないコストが高すぎる）。そうして多くの人たちが中絶という選択へと追い込まれることによって、そうした障碍をもった子どもの数は減り、ますますそうした子どもやその家族が生きにくい社会をつくっていくことになる。これは個々人の「選択」行為という形をとった「選別」によって、その選別の根拠になるような世界観への疑問自体が生まれてきにくくなるような世界が実際に形成されていってしまう点で、社会学でいう一種の

「予言の自己成就」である。そしてそのことは結果的にはあからさまな「選別」思想やそれに基づいた社会政策（旧来の優生思想・優生政策）によるのと近い世界を生み出すことになる。

(37) 森岡（1998）が「内なる優生思想」という概念を用いて展開した考察も基本的には同じ事柄をめぐるものである。たとえば、選別的中絶が障碍者差別であるかどうかという問題について、森岡の分類に近い形で以下のように整理してみる。（1）生まれてくる子どもには障碍がない方がいい、五体満足を望むという親の希望、（2）実際に、胎児に障碍が見つかった場合に、中絶を選択するという行為、（3）そういう場合、自分であれば中絶する（と決めつける）という考え、（4）みんな中絶した方がよい、子どものためでもあり親や社会のためでもあるという考え、（5）「障碍者は不幸だ。生きていく価値はない」という考えに基づいた社会をつくる。明らかに（1）～（5）にはレベルの差がある（（1）を障碍者抹殺の思想であるとまでは言えない。数字が増えるにつれ、そう言える度合いは高まり、（5）は明らかにそう言える）。しかし、（1）～（5）は連続的につながっており、この中のどこに私たちは「障碍者差別であるか否か」「（悪い意味での）選別であるか否か」「優生思想であるか否か」を分かつ線を引き得るのだろうか。

(38) 前者の典型は宗教的な立場に基づいた生命操作への批判論に、後者の典型はいわゆる「パーソン論」のような考え方に見られる。アメリカ流の個人主義的バイオエシックスへの反動から、安易な形で「日本の伝統」や「日本人の死生観」を持ち出してくるような自称日本的生命倫理も、前者の弊を免れることはできない。前者への批判については拙論（安藤 2004）の第三節を、後者への批判については別の拙論（安藤 2001）の第五節を参照のこと。

(39) かつてNHKで放送された番組「インターネット地球法廷 生命操作を問う」の中で、あるダウン症の子をもつ父親が語っていた言葉が印象的である。「障碍をもった子と暮らす今はほんとうに幸せだが、絵に描いたような幸せではなかった。それはやはり絵の描き方がまちがっていたということかも知れない」。

（40）渡辺（2003）によって描かれた、鹿野靖明（筋ジストロフィーによる重度障碍をもちつつ自立生活を追求）と彼の周りに集まったボランティアたちの物語は、（ギリギリの状況の中で）個人の「選択」可能性を追求することがいかに他者を巻き込み、それぞれ生の可能性を引き出すこともあり得るかについて深く考えさせてくれる。

（41）安藤（2003）

（42）島薗（2006）第三部。島薗は、生命倫理委員会自体の国策からの独立性の欠如（科学技術推進を掲げる総合科学技術会議の下部組織であったこと）、委員の構成メンバーの偏り（医療関係者や実業界関係者が主体）、アンケート調査やヒアリングの活用の仕方の不備、報告書作成のプロセスの不透明性、最後に多数決というこの種の審議にふさわしくない方法がとられたことなどを挙げている。逆に、生命倫理をめぐる公的議論においてどのような形の議論の進め方がふさわしいのかについて適切なヒントを与えてくれるものとして、桑子敏雄の論考（桑子　2004）がある。

（43）島薗（2006：232）

（44）島薗（2006：232）

（45）体外受精時の余剰胚について医療現場がどのように対応しているかについては、アメリカでもアーサー・カプランらによる調査が最近報告されたばかりである（Gurmankin, Sisti and Caplan 2004）。

（46）「難病患者のため」という研究がほんとうに難病に苦しむ人たちに即した形で行われるためには、医科学研究の組織方法自体が変わる必要がある。このヒントになるのは、ウェクスラー家の人々が中心となったハンティントン病の患者・家族たちによるサポート活動と一体になった研究助成および研究の組織化の歴史である（Wexler　1995）。

（47）特記しておくべきは、日本における推進派の科学研究者たちによる言葉の言い換えによるごまかしである。ES細胞研究においては、そのために胚（受精卵）を壊すことが問題にされることが多いが、こうした「破壊（destruction）」を当該研究に関わる日本の研究者たちは「滅失」という語で表現（翻訳）している。胚を破壊することが生命の抹殺とまで言えるかどうかは意見が分かれるであろうが、少なくともそれを破壊し、壊していることは事実であるにもかかわらず、こうした言い換え（訳し換え）をすることで、胚を壊すのではなく、胚が「自動的になくなってしまう」かのような印象を与え、そこに潜む「人の萌芽となる生命存在の抹消」という現実を隠蔽してしまうきわめて悪質なごまかしである（なお、「滅失」というあまり耳慣れない用語は、証拠文書の消滅などを表す法律用語からとられたようである）。

(48) 代表的なものとして、金森（2005b）など。

(49) 金森（2005a : 181）

(50) 従来のバイオエシックスや生命倫理学においては、医療技術そのもののもつ意味よりも、その技術の受容の仕方に議論を集中させた「規制の倫理」に重点が置かれていた。香川（2005）が指摘しているように、一九七〇年代はじめ（バイオエシックス確立以前）のレオン・カスらによる生物医学テクノロジーのアセスメントにおいては、こうした規制の倫理ではなく、文明論的な視野をもった医療技術自体の評価が問題になっており、同じカスを中心とする大統領委員会報告書（『治療を超えて』）におけるような医療技術批判には、こうした忘れ去られた（？）試みの継承と生命倫理学の役割への問い直しという側面が含まれている。

(51) もちろんこのために「教育」が重要であることは言うまでもない。しかし、いわゆる「生命倫理教育」というものには大きな落とし穴がある。大谷（2005）が述べているように、生と死に関わる問題群について、教育の場で「是非を問う」ことは、「質による生命の序列化と死への廃棄」（本稿のいう意味での「選別」）そのものに加担することになりかねない。それを避けるためには、大谷が言うように「生と死の問題群から「自分」を棚上げせず、「今」「ここ」にある自らの実存を問う」ことこそが重要であろう。筆者が「生命倫理の問題においてあらゆる者が当事者である」と述べたのは同じ意味においてである。

◆参考文献

安藤泰至（2001）「人間の生における「尊厳」概念の再考」『医学哲学・医学倫理』第一九号、一六―三〇頁。

安藤泰至（2002）「臓器提供とはいかなる行為か？――その本当のコスト」『生命倫理』通巻一三号、一六一―一六七頁。

安藤泰至（2003）「現代の医療とスピリチュアリティ――生の全体性への志向と生の断片化への流れとのはざまで」、国際宗教研究所（編）『現代宗教２００３』東京堂出版。七三―八九頁。

安藤泰至（2004）「生命倫理の諸問題におけるスピリチュアルな次元についての統合的考察――問いの立体化を目指して」、科学研究費補助金研究成果報告書「心理主義時代における宗教と心理療法の内在的関係に関する宗教哲学的考察」（研究代表者：岩田文昭）五七―九三頁。

安藤泰至（2005）「「病いの知」の可能性――プロフェッショナリズムを超えて」『医学哲学・医学倫理』第二三号、七七―八六頁。

伊藤正男・井村裕夫・高久史麿　総編集（2003）『医学大事典』医学書院。

江原由美子（編）（1996）『生殖技術とジェンダー』勁草書房。

大谷いづみ（2005）「生と死の語り方――「生と死の教育」を組み替えるために」、川本隆史（編）『ケアの社会倫理学』有斐閣、三三三―三六一頁。

荻野美穂（2001）『中絶論争とアメリカ社会――身体をめぐる戦争』岩波書店。

香川知晶（2005）「生命倫理の成立、背景と発展」、坂本百大他編『生命倫理――21世紀のグローバル・バイオエシックス』北樹出版、一〇―二二頁。

金森修（2005a）「生命倫理学――ヤヌスの肖像」『思想』№九七七、一七〇―一八六頁。

金森修（2005b）『遺伝子改造』勁草書房。

粟屋剛（2004）「人間改造」、中岡成文編『応用倫理学講義　1　生命』岩波書店、二〇三―二二三頁。

粟屋剛（1999）『人体部品ビジネス――「臓器」商品化時代の現実』講談社。

桑子敏雄（2004）「医療空間と合意形成」、桑子敏雄編『いのちの倫理学』コロナ社、二〇九―二二七頁。

島薗進（2005）「増進的介入と生命の価値――気分操作を例として」『生命倫理』通巻一六号、一九―二七頁。

島薗進（2006）『いのちの始まりの生命倫理――受精卵・クローン胚の作成・利用は認められるのか』春秋社。

清水哲郎（1997）『医療現場に臨む哲学』勁草書房。

杉本健郎（2003）『子どもの脳死・移植』かもがわ出版。

瀧井宏臣（2005）『人体ビジネス――臓器製造・新薬開発の近未来』岩波書店。

柘植あづみ（1999）『文化としての生殖技術――不妊治療にたずさわる医師の語り』松籟社。

柘植あづみ（1995）「生殖技術の現状に対する多角的視点」、浅井美智子・柘植あづみ編『つくられる生殖神話』制作同人社、一一―一三頁。

長沖暁子（1998）「体外受精」、生命操作事典編集委員会編『生命操作事典』緑風出版、二六―三三頁。

橳島次郎（2001）『先端医療のルール――人体利用はどこまで許されるのか』講談社現代新書。

松田純（2005）『遺伝子技術の進展と人間の未来――ドイツ生命環境倫理学に学ぶ』知泉書館。

松原洋子（2000）「優生学」、『現代思想』第二八巻第三号、一九六―一九九頁。

向井承子（2001）『脳死移植はどこへ行く？』晶文社。

森岡正博（1998）「生命と優生思想」、竹田純郎他編『生命論への視座』大明堂、一一五―一三三頁。

山田有希子（2004）「われわれの知る権利・知る義務――共同の冒険者として」、桑子敏雄編『いのちの倫理学』コロナ社、四九―七〇頁。

米本昌平・松原洋子・橳島次郎・市野川容孝（2000）『優生学と人間社会――生命科学の世紀はどこへ向かうのか』講談社現代新書。

渡辺一史（2003）『こんな夜更けにバナナかよ――筋ジス・鹿野靖明とボランティアの人たち』北海道新聞

社。

Fox, R. C., and Swazey, P. (1992). *Spare Parts: Organ Replacement in American Society*. Oxford Univ. Pr.（『臓器交換社会』青木書店、一九九九年）

Gurmankin, A., Sisti, D., and Caplan, A. (2004). Embryo disposal practices in IVF Clinics in the United States. *Politics and Life Sciences*, Vol. 22, No. 2, pp. 2-6.

Kass, L., and Safire, W. (2003). *Beyond Therapy: Biotechnology and the Pursuit of Happiness. A Report of the President's Council on Bioethics*. Dana Press.（『治療を超えて――バイオテクノロジーと幸福の追求』青木書店、二〇〇五年）

Mongoven, A. (2000). Giving in Grief: Perspectives of Hospital Chaplains on Organ Donation. Smith, D. (ed) *Caring Well: Religon, Narrative, and Health Care Ethics*. John Knox. pp. 170-197.

Roach, M. (2003). *Stiff: The Curious Lives of Human Cadavers*. William Morris.（『死体はみんな生きている』ＮＨＫ出版、二〇〇五年）

Wexler, A. (1995) *Mapping Fate: A Memoir of Family, Risk and Genetic Reseach*. Univ. of California Press.（『ウェクスラー家の選択――遺伝子診断と向きあった家族』新潮社、二〇〇三年）

［討論］　生と死の医療化をめぐって

安藤泰至（宗教学）
神尾和寿（宗教哲学）
粥川準二（フリー・ジャーナリスト）
佐藤光（社会経済論）
佐野一雄（経済統計学）
瀬戸口明久（生命経済学）
土屋貴志（医療倫理学）
森本さとし（宗教哲学）
脇村孝平（アジア経済史）

◆生と死の医療化

森本　まず最初に、基本的なことを。生命倫理とか哲学とかに普段あまりなじみのない人にとって、ちょっとわかりにくいだろうなという点について、指摘させていただきます。「たとえば脳死移植の場合、脳に重大な損傷を受けて瀕死の状態にある人たちの最期の生を看取るという営みをまったく毀損せずに、脳死移植という、、、、システムを維持することは不可能である」（本書二六一頁）という文章があります。で、その前に「臓器移植という医療は、臓器をもらうレシピエントをできるだけ助けようとすればするだけ、ドナーとなる人の生をなんらかの形で毀損せざるを得ないような構造をもっている」という理由付けがあって、この文章がくる。まず、ここで、ほかにも理由付けがあるのかないのかということをお聞きしたい。たとえば、その「最後の生の看取り」を毀損する以外のことで、脳死者からの臓器移植という行為が生を棄損している、命を棄損しているということが言えるのかどうか。なぜ、私がこのような奥歯に物がはさまったようなものの言い方をするのかといえば、たとえば、『脳死・臓器移植の本当の話』（小松美彦、ＰＨＰ新書、二〇〇四年）でも書かれていることですが、「臓器移植法」にもとづく最初の脳死判定・臓器の提供が行われた高知赤十字病院での事例では、ドナーとなった女性は手術を受ければ助かった可能性があるのに手術が行われなかったことが指摘されています。むしろ、このような事例を指摘するほうが一般の人にはわかりやすいかもしれませんね。それから、「選択が他者とつながる」（本書二八三頁）というのがよくわからない。具体的に何をおっしゃろうとしているのか。そこのところをちょっと追加説明していただければと思います。

安藤　まず、脳死移植が生を棄損するということについて。これに関しては、ある種の思考実験みたいなもので、たとえば、レシピエントが少しでもたくさん助かるようにしようと思ったら、方策をいろいろ考える。結局、何らかのかたちで臓器をもらう側の人たちをたくさん助けようと思うと、絶対に臓器をあげる側の人たちの生に棄損がかかるという構造ですね。これは生体移植の場合は、はっきり体にメスを入れて、健康な人の臓器を傷つけるわけですから明らかなわけですけど。それは臓器移植というシステム全体としてもそうだということです。別に脳死の基準でも、いくらでも緩くしようとすればできるわけだし、基準によってはもっともっと多くの人が脳死と判断されるはずです。だからそれは、そんなにわかりにくいことではないと思います。

もう一つ、選択が他者とつながるということですね。基本的に僕は選択というのが選別につながっていくというときに、それは、極端な例でいうと、安楽死なんかで、「自分はこういう状態になったら死にたいぞ」と言っている人に対して、「ああそれは当然ですね」と周りが認めて、安楽死を肯定する。ということは、同じような状態にありながら生きたいと思う人にとって、非常にプレッシャーになる。「おまえは、こんな状態になったら死にたくなるのは当然である」というような、ある種の価値判断をするということになると思うんです。それはやっぱり選別につながっていくと思います。それは極端なかたちであって、臓器移植とか生殖医療の場合だとそこまで極端ではないかもしれませんが、何らかのかたちで選択をしたときに、他者の生をシャットアウトする。あるいは、未来の開かれた可能性をシャットアウトする。これは自分に対してもまったくそうですよね。障害をもった子供を生んでみなければわからないことはいくらでもあるのに、生む前にその可能性を断ってしまう。そうすると、やっぱり、そういう選択をすることによって、結局可能性をどんどん縮めてしまう。それに対して、可能性を開けていくような選択、これは実際ありうると思う。さっき自己決定権と言いましたけど、基本的にそういう方向だと思うんですね。目の見えない人が、大学に入って歴史の研究をしたい。といって、点字の本などがなければ不可能なわけですから、それによって、目が見えないことそのこと自体は別に歴史研究をするうえでなんら障害ではないにもかかわらず、そういうサポートがないためにできない。そういうものを広げていく、可能性を広げていって、生の選択肢が広がるということはある。だからこれもそんなにわかりにくいことではないと思います。

土屋　いくつか私からもコメントさせてください。まず、選別、選択ということがポイントになるわけですが、これは特に生殖医療とか臓器移植においてきわめてはっきりしたかたちで見えてくるようになったということは言えるとは思いますが、だけどそれはもともと医療に内在していたことではないかというのが私の見方です。別に移植や生殖技術が特別っていうよりはむしろもともとそうだったんじゃないか、たまたまいろいろいじくれるようになったからはっきり問題化してきたんじゃないか。だから、それは、程度の問題と言えないかな、というのが一つです。もう一つは、最後のほうで、選択が選別につながってしまうということ、このことを被医療者、患者側も考えないといけないということになってくるんだけど、でもそれは、私は、患者側がまず引き受けなければならない第一の主体だとは思わないんですね。つまり、専門職としての医療者が、それを患者側に迫るということ自体の欺瞞性を押さえておきたい。まずきちんと安全性とか効果というものを医療の中で検証したうえで、そのうえでちゃんと効きますよというのをオファーすべきであって、そのオファーされたものについて使うかどうかは、そこからの話だと思うわけです。たとえば、生殖医療に関して、最近受精卵診断という、胚、つまり受精卵の分裂したものの細胞の一つを取ってきて、それを分析して、染色体異常とか、ある遺伝子異常がわかるようになってきた。それで、その胚を結局体内に戻すかどうかということになる。受精卵診断は体外受精の技術を使うわけですけど、その技術を産科婦人科学会は、以前はデュシェンヌ型とかの、いわゆるカッコつきですけど「重篤」といわれる遺伝病の場合にしか認めていなかった。それを、今年（二〇〇六年）の二月に習慣性流産にも認めようという話になってきました。それはどういう理由から認められたかというと、新聞報道などでは「適用を認めた」と書かれていて、なし崩しにふつうの医療として使っていいというふうに言っているように見えるわけですけど、産科婦人科学会の専門委員会の答申を読んでみると「臨床研究として認める」と書いてあるんですね。つまり、どういうことかというと、人体実験として認めますという話なわけです。治療として認めるとは答申していない。

答申をよく読むと、習慣性流産というのは何度も流産してしまう人で、その原因の一つに胚の染色体異常があるので、受精卵診断をして染色体異常のない胚を戻してやれば妊娠率が上がるんじゃないかという仮説に立っているんですね。でも、実際には、流産した胎児に染色体異常があったのは一部にすぎなくて、原因がわからないものも多いわけです。

それから、答申が認める対象とした、染色体異常をおこしやすい「転座型」の習慣性流産の場合、治療を平均何回受ければ子供が得られるかという回数と、放っておいて子供が得られるまで平均何回流産しているかという回数は、いまのところのデータでは同じくらいなんです。これは産科婦人科学会が認めている。つまり、受精卵診断をわざわざ受けても、受けないで流産を繰り返しても、何回めに子どもが得られるかというという結果は、現在あるデータでは、基本的に同じなんです。だからこそ、臨床研究つまり実験としてやってみて、本当に有効と言えるのか調べましょうというのが産科婦人科学会の論理なんです。そういうことをきちんと患者さんに伝えなければいけない。臨床研究として研究費でやる場合は別ですけど、一般の産婦人科のお医者さんとかでやる場合は、全部自費診療ですよね。そもそも体外受精自体に、一回につきウン十万かかる。たとえば一回三〇万かかったとして、何回かやると少しディスカウントするらしいけど、とにかく三回四回やるとなると、一〇〇万くらい患者さんが払うわけです。そうすると、ほっといて流産し続けても、何回めかに子供が得られるというのと同じくらいの回数やらなければいけないかもしれないものを、一〇〇万自分で出してやりますか、という説明を患者さんにしなければならないはずです。そこまできちんと説明して、やりますかというんだったらまだわかる。だけど、そんな説明をふつうの一般の産婦人科のお医者さんはしないわけで、それはオファーの仕方として間違っている。効果があるかどうかわからないことをちゃんと説明せずに一〇〇万払わせて受けさせて「それは患者さんの選択です」「患者さんが希望するんです」などと言うのは、ちょっとひどすぎる。患者の選択に任せますというのなら、有効性を検証したうえでオファーするのがほんとうじゃないか。

結局、よく見ていくと医療ってそんなもんだ、というのが私のいまの印象なんです。できることと、できないことはわりとはっきりしているのに、それを患者には言わない。患者は必死だから、治療を受ければ良くなると信じたい。だけど、もっとドライに、医療ってそんなもんだよということを知って、そこそこに付き合っていくことが大事なんじゃないか。医療に飲み込まれて、医療にせかされないための、もっと突き放した見方ができないだろうかと思うわけです。そのためには、医療の側でできることとできないことをはっきりさせて、それはなぜかということをきちんと説明してほしい。それが専門家としてのアカウンタビリティだと思うし、それができていないというのは、消費者保護の観点から見ても変な話じゃないかというのが私の印象です。

安藤 いわゆる生殖医療とか臓器移植と従来の医療との違いは、量の差みたいなもので、質の差ではないんじゃないかというのは、僕はその通りだと思うんですけど、やっぱり生死そのものへの浸透度みたいなものは、それまでの医療とは違うと思います。人が誕生してくる、死ぬ、そこにまさに関わってしまうところが違う。それから、僕のこの論文の中では明確に出てはいないですが、生と死の医療化そのものを批判するという論点が非常に僕の中にはあるんですね。論文の注の中でも書いたように（本書二九〇―二九一頁の注7）、レオン・カスなんかが出した『治療を超えて』（青木書店、二〇〇五年、原著二〇〇三年）という報告書のタイトルには、単にエンハンスメント（人間の能力増強）のような未来のテクノロジーが従来の「治療」概念を超えている、というだけではなく、そういうものも実は従来の治療と地続きであって、そもそも人間の生死だとか道徳的価値のようなものが医療化されるということ自体が最初からおかしいのであって、われわれがそういうものを克服しようとすれば、治療をもっと徹底的に超えなければいけないんだ、という主張も含まれているのです。私はこの本にはいろいろ批判もありますが、そういう医療化批判という面では視点を共有しているところはあります。

それから、選択の可能性が増えた場合に、人間はどのようなことをするかということに関して、一つだけ印象的な例を言いますと、丙午《ひのえうま》ってみなさんご存知ですよね。これは六〇年に一回しかないんですが、一九六六年（昭和四一年）が前回の丙午、その前が一九〇六年（明治三九年）。一九〇六年にはその前の年に比べて、出生率は二％しか減っていません。ところが一九六六年にはなんと二五％減っているんですね。明治三九年と昭和四一年を比べて、丙午についての迷信の浸透度が同じくらいとは少なくとも考えられない。にもかかわらず、バースコントロールというものが普及した結果として、そういう迷信がもろに出生率というところに現れてきてしまう。まさに、これからの時代、技術の切れ味みたいなものが広がってくると、結局人間は、当たり前のことだけど、選択の可能性が増えたから常に賢い選択をするわけではなくて、偏見に満ちたもの、旧来だったら心の中だけでとどまっていたはずのものが、実際の社会現実として現れてくるということがもっともっと増えていくだろうと思います。

◆臓器移植のお金の流れ

佐野　簡単な質問です。ドナーの話で、四つのパターンで分類されているところで（本書二六八頁）、（1－3）の臓器売買というのは非常にわかりやすいと思うんですね。一番わかりやすいのは臓器売買と、それから（1－1）のドナーとレシピエントの関係。直接親子とかそういうケースですね。たぶんこの二つについては、お金の流れも非常にシンプルだと思うんです。で、（1－2）と（2）というのはいったいお金の流れが、どういうふうになっているのかな、というのが、よくわからないんですが。たとえば、臓器のバンクみたいなものもいっぱいあるんですけれど、ああいうのもどういうふうに運営されていて、どういう基準で配分ということをやっているんでしょうか。善意だけで成り立っている世界なのか、それともお互いになんかもっと怖いものがあるのかよくわからないんで。どっちかっていうと、親戚というか、人的関係があるケースと、売買のケースはわかりやすいと思うんですけどね。どうなっているんでしょう。

土屋 （1－3）のお金のフローっていうのは、要するに臓器移植法でいう、対価の支払いですね。つまり臓器そのものに対する支払いで、実費支払いとかは全部フローの中に入っていない。実費支払いは全部省いてあるから、逆にここだけ見えるわけです。たとえばアメリカのペンシルヴァニアでやっていたのは、葬儀料を払うとかですね。これは一種のお礼なんですが、ただそれは、臓器に対する見返りじゃない。フローの取り方によると思うんですけど、そういうところがちょっと見えなくなっている。

佐野 ああ、そのへんのお金の流れみたいなものが、わかりにくいようにつくってあるということですかね。

安藤 そうですね。ある程度のお金が得られるというのはドナーの側のインセンティブになりますからね。

粥川　これは代表的な四パターンですよね。お金の流れには、かなりもっと複雑なものがあるんじゃないでしょうか。たとえば、(1-2)の骨髄移植のパターンがありますが、この発展形として再生医療とかになってくると、加工費だとか、保存費とかそういう名目で、ドナーと医者とエンジニアリングのメーカーとの間でお金が行き来するわけです。いまの生命倫理の流れからいうと、ドナーからの組織の提供というのは無料で行われることになっている。そうなると、非常に奇妙なことがおこってくる。つまり、原材料はタダなんですね。だけど、それを使ってビジネスが成立する。非常におかしな状況なわけですが、かといってドナーにお金を払えば、問題が解決するかというと、そうでもなさそうな気もするんですね。

現実として、研究用の細胞とか、カタログが出ていて、買えるんですね。ただ、それはその物の値段という意味ではないんです。でも現象としてはお金を払うわけだから全然変わらないんですけど。だから、臓器売買というと、ついインドとかフィリピンで行われていることだとか、中国の死刑囚から取っちゃうとか、マフィアが絡んでいるとか、ちょっとおどろおどろしいものというような印象があるわけですが、僕はそのようなイメージばかりで見ているとむしろまずいと思っています。アメリカとかで行われていて、おそらく日本でも将来行われるようになるような、民主的でルールに則ったかたちで、システムに組み込まれるかたちで行われる人体利用ということについて、そのなかでの金銭の動きとか、そういったものもちゃんと見ていかなければならないなと思います。

◆「人間の尊厳」とは何か

脇村 ちょっと漠然とした質問ですが、安藤さんの論文で「全人的」という言葉が出てきますね。そして、スピリチュアルという言葉をタイトルに使われた論文も書いておられます。宗教学の立場から、すごくお考えになって「全人的」という言葉も使われているんだろうと思いますし、スピリチュアルという言葉に対しても批判的な見地からおっしゃっておられるんだと思いますが、この点を簡単にご説明いただけないでしょうか。

安藤 一方で、現代医療というのは人間のあるパーツだけに注目して、それを操作していくというような方向に行っています。ですがもう一方で、実は、たとえばホスピス医療だとかターミナルケアだとか、非常に全人性を謳ったような人間的ケアとか、そういう方向性もあるわけです。僕はこの両方に対して、非常に批判をもっています。というのは、全人性といっても、そもそも人間は全人的でしかありえない。それはもうあらゆることがそうであって、たとえば、おいしいものを食べていい気分になる。これはまさに全人的なことであって、おなかいっぱいになって身体的にもいい気分になりますし、親しい人と会話して食べたなら心理的にも満たされますし、社会的にももちろん満たされるし、ある種の自然の恵みのものを食べてスピリチュアルな一体性というのを感じると思うんですね。だから、人間はもう絶対に全人的でしかありえない。ところが、たしかに僕は一方で非常に理想的な医療の理念みたいなことを問おうとしているんだけれども、それが現実の医療の中でどのくらい実現されるかといったことはあまり楽観もしていないし、それを要求してもいない。ただ、理念を失ったときに怖いなと思うんですよ。たとえば、インフォームド・コンセントなんかは、僕は理念だと思います。あんなのはアメリカの個人主義的なバイオエシックスのたまもので日本には合わないみたいなことを言う人がいるけど、それは違うんじゃないかなと思うんですね。実際にアメリカでそれがどの程度機能しているかというようなことを考えたら、やっぱり機能していないですよ。だけど、機能していないからそんな理念はどうでもいいかというと、やっぱりそれは違うんじゃないかな。それで、たしかに理念としての医療というのはあるんだけれども、実際に医療者とか医療専門職の人が、全人的とかいって人の生死にずかずか入ってくるのは僕は非常に気に入らない。スピリチュアリティということを語る人たちは、どうもそういうことに踏み込んでくるわけです。たとえば「この人は死を受容しましたか」とか。受容なんかできるわけないじゃないですか。そういう言葉を平気で語っちゃうところがあって、それは、ある意味では、宗教とかが本来そういうことを問題にしなければいけないのが、いま特に日本ではそこが空白状態だから、ある種の代替的なものとして（医療専門職の側に引き寄せられたような）スピリチュアルケアなどが出てきているとは思うんだけれども。基本的には人間は全人的でしかありえないから、自分の生死とか生活とかは、自分でここでやるしかない。それに対して、人がサポートできるところはすればいい。不妊治療なんかは明らかにそうですね。一つのサポートの仕方として医療的、医学的な専門的知識、それも土屋さんが言われるように、ある程度検証されたものをもとにして情報を提供して、あなたにはこういう選択肢もありますよというのを提供するのが医療の役割であって、それを超えて、医者や周りのサポートする専門職の人が宗教家みたいになっちゃうというような、あまりにも人の生死に入り込みすぎちゃうということに対して非常に僕は批判的なわけです。

佐藤光　医療サービスを買いに行くほうが気が楽な面がありますね。あなたの生活の態度がどうのこうのと言われ出したらたまりませんからね。もう一つよろしいか。ご報告の中で、「臓器を含む人体のモノ化‐医療資源化」ということに対して「人間の生の尊厳」ということを対比されていますが（本書二七一頁）、これはいったい何かということです。『人間以後の未来』（邦訳『人間の終わり』ダイヤモンド社、二〇〇二年、原著二〇〇二年）でバイオテクノロジーの乱用に強く反対したフランシス・フクヤマも、ある意味でそこに逃げるわけです。しかし、「人間の生の尊厳」といっても、なかなか具体的に定義のできないものですね。モノ化されたあり方だって、人間のあり方の一つのあり方だという考え方だってありうると思います。「人間の尊厳」の哲学的背景というのは、どういうところからくるのでしょうか。

安藤　開かれた可能性というのを僕は重視しているわけです。人間の小ざかしい知恵でもって操作できないというところに尊厳というものを見ようと。だから、たとえば、宗教的な生命の尊厳とか、生命の神聖性というのはちょっとピンとこないところもあるけれど、やっぱり、自分もある種、今日と明日はまったく違う、あることによってまったく世界が変わってしまう、そういう可能性に対してどのくらい開かれているかが人間の成熟なんじゃないかな。それを何かある計画でもって操作しましょうというのはやっぱり僕は、……。

佐藤光　ただ、逆に、ジョン・グレイという経済思想史家が言っていることですけれど、人間というのはたかがstraw dog、わらの犬であって、単なる自然の一部、ガイア生命系の一部にすぎず、何もそんなにたいしたものではないんだという考え方もありうる。西洋人は「人間の尊厳」にこだわるけれど、人間主義と別の考え方もありうるわけですね。「人間、人間」とあまり言いすぎるから、逆に追いつめれているというところがあるのかな、とも思うわけです。私、モノ化に賛成じゃないですよ、カール・ポランニーを勉強していても、さかんに「商品化の問題」と言いますからね。近代社会の始まりには、労働・土地・貨幣の商品化は大問題だったわけで、土地を売るんだって、昔はお祓いやったりなんかしてやっと売っていた。大変な文化的な抵抗があったわけです。ただ、その抵抗がかなり以前に突破されて、慣れてしまったわけですよ。一〇〇年前に比べたらとんでもないことをやっているはずなのに、すっかり慣れてしまった。だから、この場合も、意外と軽々と超えられる可能性があるわけですね、そういう感じがするのです。そのときに、何をもって対抗原理とするか。

脇村　「善き生」というのもありますよね。well-beingというのが。まあギリシャから来ているんだと思いますが、アリストテレスの。それからquality of lifeという言葉もありますね。

土屋　善き生well-beingとかquality of lifeという考え方は、場合によっては人間の尊厳に反すると思うんです。エウ・ゼーン（「善く生きる」こと）ではだめなんですよ。プラトンとかアリストテレスを読むと、善き生とだめな生というのがあって、だめな生は死んじまえみたいに書いてある。それは人間の尊厳に逆に反するでしょう。そういう意味で人間の尊厳って何かっていったら、究極的には他我問題だと思うんですよ。つまり、私だけが世界なんじゃなくて、私と同じ家族がおり、親がおり、子供がいるかもしれない、知り合いも友達もいるという、そういう生をみんながひとりひとり全部生きているんだという認識をもたなければならない。そうじゃなかったら、あとは全部人の波であって、それを計算して、ザーッと並べて、せいぜいそこで出てくるのは、ひとりひとりの人の形をした、のこのこ歩いている快楽と苦痛だったりする。そうじゃなくて、ひとりひとりが私と同じような生を生きているんだという想像力がはたらくかどうかが、人間の生の尊厳ということのキーワードだろうと。それを哲学的にいえば他我問題だと思うんです。

佐野　でもそれってこだわるの哲学者ばっかりなんじゃないですか。

土屋　いや、そこをこだわっていないと。さっき専門職としてのアカウンタビリティということで消費者保護という話をしましたが、もっと正確にいうと、医療のモデルっていうのは基本的には教育だと思うんです。つまり、インフォメーションの格差からいえば、非常にたくさんインフォメーションをもっている専門職が、インフォメーションの少ない人に対してどう接するかというのが医療の構造としてあって、これは教育の構造ときわめて類似しているんですね。教育の中には実験的要素もかなり入っている。つまり、ある授業や指導法の教育効果なんて検証されていないわけですよ。どういうコーチングをすれば子供たちはうまくなるかなんて、検証できていないけど、自分はこれがいいと思ってやっている。そういう意味ではすごく類似した構造があると思う。なんでこの子たちとか、この学生とか、この人にはたらきかけるのかというところの根本にあるのは、やっぱりこの子たちも自分と同じようにうまくなりたいだろうし、この学生も自分と同じようにいろいろ考えたいだろう、ってところがある。そういう意味では、医療の範型はむしろ教育だなって思います。

森本　私は、カトリックの神父さんに人間の尊厳とは何ですかって大学生の頃聞いたことがあります。そうしたら、その神父さんが、しばらく考えた後で、何とおっしゃたかというと、神の栄光だっていうんですよ。

瀬戸口　それは同語反復ですよ。キリスト教では人間は神の似姿だから。

森本　たしかに論理的にいったら、同語反復かもしれません。でも同語反復っていうのは時に宗教の世界では非常に大きな力を持つことがあります。禅でも「仏って何ですか」「仏だ！」と言われて悟ったという。だけどそこにものすごくリアリティを感じたんですね。僕は、このカトリックの神父さんに、存在の余裕みたいなものを感じるんです。そういう人が言うと非常になんていうかぐっと来るというか。

美馬　今日の議論では出てこなかったですが、現代の生命論理の文脈で尊厳という場合には二つあります。人間あるいは生命の尊厳というのと人体の尊厳の二種類です。この議論はドイツやフランスのようなヨーロッパ大陸での生命倫理の議論においては基本知識です。人体の尊厳を基礎づけるのは、カント以来の哲学的伝統として、尊厳のあるものは価格がつけられない交換不可能なものという原理です。これだと、人間や生命の尊厳という原理を基礎づけている権利主体として生命ある人間であるかどうかという議論とは別の原理になるわけです。尊厳という言葉のもつ二つの意味を押さえておかないと日本国内はともかく、世界的には議論が通用しません。

◆医療におけるプロパガンダとジャーナリズムの問題

粥川　話題が戻りますが、土屋さんのコメントに対して。医療者、医学者ができることとできないことをもっとはっきりさせて、専門職としてのアカウンタビリティを果たすべきだという御主張はすごくわかるし、共感もするんですけれども、一方で、バイオエシックスをはじめとして、人文社会系の立場でこういうものを考えていくという学問には日本でもそれなりに歴史があると思うんですが、結局、医者や医学者が言っていることを見抜いてこれなかったということがあると思うんですが。

土屋　それは、プロパガンダがあるわけですよ。プロパガンダがプロパガンダだっていうことはふつうの人にはわからないし、我々もわからないわけです。そこが見えてくるっていうのは、裏が見えてくることなんですね。医療にはいろいろ裏がある。たとえば、薬害で裁判になっているイレッサとかだとわかりやすいんですけど、最初はすごくいい薬だと思われていた。だけど、データを見てみると延命効果がなかった。こういうことがあったりする。高脂血症にしても、コレステロール下げれば長生きできると、うちの家族とかやっぱり信じているわけです。だけど、実はそうではなくて、下げすぎると卒中おこすとかいうことが、なぜ見えてこないのかというところが一つの問題だと思う。粥川さんにボール投げ返すわけではないけど、これ、ジャーナリズムの責任がすごく大きいと思うんですよ。そのほんとうの裏話を知る機会を倫理屋とかがもっていないというのが、すごくマイナスになっている。医療っていうのはけっこうホラ吹いているということを、なかなかリアリティをもって見られない。生命倫理学が成立しちゃっていれば、生命倫理学の文献しか読まなくなっちゃう。そうすると、そういう裏話っていうのはふつうの人から見れば、たいてい色物なんですね。私がやっている七三一部隊の話なんかが典型。そういうのにはまともに取り組んでみようという気がおこらない。これはすごく大きな問題です。自戒をこめていうと、安藤さんが最後に問題提起してるけど、倫理屋、哲学屋はまともに医療に取り組む気がない。最後はそこに尽きると思います。

森本　できたらそういう問題とは直面したくない。

土屋　要するに医療は、哲学や倫理学する際のネタにすぎないんですよ。悪く言っちゃえば。それで業績つくれるし、そこそこ、お金もポストも得られる。だけど、真剣に医療っていうものとほんとうに格闘していく気はあんまりない。まあ、格闘するといっても、ドンキホーテが風車に突っ込むみたいなものですけど。私は医療自体に内在する倫理的問題というのは、ものすごく大きいと思う。それが見えてきたんで抜けられなくなっちゃったんだけど。

佐藤光　ただ、いざ病気になったとき、病院が胡散臭《うさんくさ》いといわれたらどうなるか。ほんとうに効くかどうか、いちいちデータ見せられたってわかりませんし。ふつうのおじさん、おばさんがですよ、病気になったら、とりあえず病院に行きますよね。それでやっぱり頼っちゃう。そこで、たいした効果や効能はないんですよっていうことを言われてもね。突き放すことになりますからね、そういう人たちを。そうすると、かえって社会不安になりますよ。だから、それは、やはり、プロの間でそういうことはきっちりしてもらわなければなりません。過剰な期待をするなとか、そっちのほうでやってくれとか、こっちにボール投げ返されたって困りませんか。

土屋 もう一つは、これはなかなか根深い問題ですが、メディアの人もわからないんですよ。記者の人もわかんない。医療だけを追っかける記者とか、そういう育て方してないから。粥川さんみたいにフリーになっちゃったら別だけど、新聞記者っていうのはいろんな担当をぐるぐる回るわけだから、たとえば七三一部隊を取り上げる場合でも、毎回違う人がくる。そうするとまた一から説明しなければいけない。そういう状況があります。それと、やっぱりもう少しジャーナリストの独立性を育てないとあかんなというのもある。それから、いま、佐藤光さんがおっしゃったことでね、最近子供に付き合ってるんでよくわかるんだけど、子供にはね、教える先生とかコーチとかがエロ本読んでるとか、スケベなこといろいろ考えてるとかやっぱり言えない。まあ、患者っていうのは一応大人だから、そこは大丈夫だと思うけど、そこもある程度、教育との類比が効くところで、薬や治療法が患者に効くためには、使う医師もやっぱり信じてないと効かないっていうのがあります。そこはだから宗教学、やっぱり信じることに関しては宗教学の問題ですね。

佐藤光 ほんとうにそうですよ。昔、坊主が引き受けてくれていたことの持って行き場が、いま、なくなっている。学校の先生のところに行くか、お医者のところに行くか。昔のように坊主がいたり、ベテランの婆さんがいてお産のことを教えてくれたりということがなくなったからね。とても不安になりますよね、持って行き場がないということは。若い母親たちが子育ての仕方がわからないから、保健婦さんが子育て講座開いて教えているという話を聞いたことがありますが、いまの母親たちはほんとうに不安になってしまうらしいですね、赤ん坊が熱なんか出してしまうと。

安藤　たとえば夫婦の間でも、うちの家内が子供に対してやってることは虐待じゃないかといって、児童相談所に相談にくるお父さんがいるというんですね。夫婦の間で何にもできないんですよ。おまえのやっていることは虐待じゃないかと言うんじゃなくて専門家に相談に行く。だから医療なんかに関しても、七〇、八〇くらいの人のほうが、むしろ健全に付き合えてる。だんだんとにかく何でもかんでも、ある意味では医者に過大な期待をするようになってくる。

◆選択と選別のロジック

神尾　安藤さんの論文の副題は、「選択と選別のロジックを中心に」となっていますが、私が一番聞きたいこともまさにそこなんです。それで論文を読んでいると選別のほうはわかりやすいんですが、選択のほうはかなり二面性をもって語られているようなところがあります。選択というのは生の可能性を広げる、他者との関係をますます豊かにしていく、世界に開かれているというようなことで言われていて、一方、選別のほうはその逆で、Aという可能性とBという可能性を区別し、優劣を決めてこっちをとったりすることだと。そういう意味では選択と選別というのは、区別はできるんだけれども、一方で、選択というのはまた必然的に選別という姿勢になってくるということも言われています。ということで、選択という言葉が両義的に語られているのではないか。この点をもう少しくわしくお聞きしたい。それから、これと関連して、先ほどのすべてのものが操作可能という錯覚に陥ってしまうということについて。選択が選別に向かう分かれ目になるヒントとして、すべてのものが選択可能なものになるということなのかどうか。あらゆることがらが選択の対象となりうるのか。それとも選択の対象とならないようなことがらというのが、それは言いがたいものであって、あるんだろうけれどもなんか神秘なものになるということなのか。そのあたりをお聞きしたいんですが。

安藤　選択というのが重要なのは、根本的には人間は自分の人生を選択できないからです。生まれてくるというのは別に自分が決めたわけでもないし、まったくどこに生まれてくるかわからない。これ以上の、いわば暴力はないわけですね。自分がそういう状態でこの世に生を受ける。結局我々が、なんでこの世に生まれてきたんだろうというのは永遠の謎ですね。もちろんそれに対して宗教なんかでいろんな答えを出す人もいます。たとえば、人間は霊界と往復していて、この世に試練を与えられてそれをクリアすると霊界での地位が一歩上がるとかですね。それは一つの答えの出し方であって、おそらく我々が何のために生まれてきたかというのは、自分が何十年か人生を生きていく、その生きていくプロセスそのもので答えを出すしかしょうがないんだと思うんですね。そのなかで、自分のある種の運命みたいのものをひとつひとつ自分で選びなおしていくんだと思う。だから選択というのは選択肢が与えられて、そのなかからこれというのではない。そうではなくて、実はある種の自分がほんとうは選択できないという大きな流れの中で僕らは人生を歩んでいるんだけれども、それをもう一回、ああこれは自分でこうよかったんだとか、結局これが自分の道だったんだとか、選びなおしているというのが、僕の思想なんですね。だから、自己決定権というもののルーツからすれば、選択肢を不当なかたちで狭められて、人生の実現可能性をシャットアウトされている人たち、黒人だとか女性とか、障害をもっている人とか、患者でもそうですけど、それを選択の可能性をこれだけありますよというかたちでサポートをする。それは基本的に、やっぱり、それ自体全部選別につながるからだめだというふうには、現代ではもちろん言えないでしょう。ただ、それがあたかも自分で全部選択できる、自分の前に無限の可能性があってそれをこうやって選んでいっているんだというのは、僕は間違いだと思います。実は選択しているような、ある意味で錯覚に陥っているだけだと思うんですね。ほんとうに自己決定できているのかというと、そんなのできているわけがないです。たとえば、学生が進路を選ぶときだって、自分で決めていますって言っても、それはいろんな条件があって決めているわけですよ。出生前診断なんかで障害のある子が見つかって、生むか生まないか、これ選択の問題ですよといったって、これは、結局どういう話なのかというと、たとえばディズニーランドみたいなところに行って、そこには一つしかレストランがありません、そのレストランの中では、四つしかメニューがなくて、五〇〇円のカレーと、三〇〇〇円のAランチと四〇〇〇円のBランチと五〇〇〇円のCランチしかありません、ほとんどの人はカレーを選択しますというような話と同じですよね。だからこれをもって、この店の人気メニューはカレーですとか、日本人はみんなカレーが大好きですとか言えますか、というと言えないでしょというのと同じです。それ以外の選択肢をとったときに結局自分にかかってくる負担が大きい。それを選択でございますとはとてもじゃないけど言えない。だけど、どっちの道をとるにしても、それを「これは自分の選択だったんだ」というふうに、後から選びなおしていく道というのは、僕はやっぱりあると思う。それを人間の尊厳と言うべきかどうかはわからないけど。

佐藤光　たしか小林秀雄だったと思うのですが、自由とは自分の宿命を正しく背負うことだ、と言っているのです。だから、選択肢が一個でもね、選択ってありえるわけですね。実際、大事なことってほとんど選択できないことが多いんじゃないでしょうか。人生の節目、節目で、なんかちゃんとオプション与えられて、経済学でやっているように、効用関数を最大化なんかできるわけはないでしょ。一生の大事というのはのるかそるかですよ。結婚しかり、就職しかり。

瀬戸口　一つディテールについて質問があります。理念的にはすごく共感したのですが、具体性がやっぱりよくわからないというのがあります。たとえば不妊治療のところで、本来の不妊治療と新しい生殖技術には質の差があるというところ。理念的にはわかるのですが、本来の不妊治療のところで、すでにもう医療によって生殖への技術的な介入が始まっているということですか。

安藤　そういうことです。「本来の不妊治療」というものの技術自体があまり発達していないということが一つあります。ただその生殖技術との差というレベルでいうと、たとえば外科手術みたいなことだと、結局失敗しようがそこそこ成功しようがそこで終わりですよね。ところが、いま不妊治療と言われているものっていうのは、情報提供がずさんな状態で、その人の人生自体を巻き込んでいくわけです。そこが根本的に違うところだと思うので、それを質の差という言葉で表現しているわけです。

もちろん、一つの不妊という状況に対して、そういう選択肢をとる人もいるという選択肢ならいいんですけど、はじめからそういうところのレールへ乗せられちゃってしまうという現状があります。それはやっぱりおかしいいんじゃないか。結局、不妊治療を続けることによって精神的にもどんどんおかしくなって、カウンセラーだとか、体外受精コーディネーターだとかがサポートしましょうってことになる。しかしそれはおかしな話で、最初に、不妊というところで、それはいろんな解決法、その人なりの抜け出し方がありえるわけでね。

瀬戸口　そうなると、もう医療の枠組みからだいぶ離れる。

安藤　うん、もう離れちゃっている。それも、医療がでしゃばりすぎているというふうに思います。

瀬戸口　「本来の不妊治療」というのは、医療の中でできることをする、つまりケアをするということになるのですか。

安藤　というより「医療」は「医療でできること」以外はするなということなんです。つまり、不妊の原因になっているものを突き止めて、その部分を治療できるのであれば、そういう治療は不妊に悩む人たちにとって一つの選択肢になる。これが「本来の不妊治療」と私が言っているものです。また、「治療」と呼べるかどうかはあやしいけれど、いわゆる「不妊治療」として行われているような生殖技術の利用ということも、それが一つの選択肢として提示されるかぎりは、医療が出しゃばりすぎているということにはならないと思います。それに対して、精神的なケアから何から何まで含めて不妊の人の「ケア」を医療がしなければならないんだとか、医療の中でやれるんだ、ということになると、これは明らかに医療の越権行為であると言っているんです。実際不妊というのは、社会的な要素とか精神的な要素が大きすぎると思いますしね。実際そういうものが、体にも影響を及ぼすという面もある。ただ、生殖の問題というのは、やっぱり宗教とかそういうこととともからんで、いままでの伝統的宗教というのはやっぱり多産主義的というか、「産めよ増やせよ」の世界で、いわゆる政治的な国家の人口管理政策にもからんできます。そういうものが圧倒的な力としてあるんで。そういうなかで、不妊ということについて、社会の中にすごくマイナスのイメージがある。子どもを産むか産まないかということがそれぞれの人の生活、人生における重大な決断であるときに、そうした社会の無言の圧力をそのまま不問に付しておいて、全部医療に丸投げするというのはおかしいんじゃないか、ということです。

佐藤光 以前に儒教学者の加地伸行先生から聞いたことですが、儒教文化圏の本来の考え方では、子孫を残すことは個人の問題ではない、自分の子供が生まれなくても、甥《おい》とか姪《めい》が生まれれば、それをみんなで一族で盛り立てればいいということだったようで、もうちょっと気が楽だったようです。

あとがき

本書の母体となった「バイオエコノミクス研究会（ＢＥ研）」を始めてからちょうど五年ほどになる。同研究会をつくったきっかけは、ほかの大学にない大阪市立大学（大学院経済学研究科）独自の研究拠点をつくりたいという、市大スタッフの熱い思いだったが、その後の道のりは必ずしも平坦でなかった。

まず往生したのは、熱い思いとは裏腹に、「エコノミクス」はよいとして、「バイオ」、すなわち生物学、遺伝子工学、農学、薬学、医学などの生命科学に関する知識が、我々にほとんど完全に欠けていることだった。さらに「バイオ」といえばバイオエシックス（生命倫理学）や医療社会学などの知識も不可欠なのだが、我々「経済屋」にはこの方面の知識も欠けていた。志は高いが能力が欠けているという、こうした典型的な「眼高手低」の窮状を突破するために、これらの分野に詳しい研究者を探し協力を要請することから仕事が始まった。

結果的には、思いがけずも、その道のエキスパートが数多く呼びかけに答えて参集し、ＢＥ研を支え、最後には本書を生み出してくれることになったわけだが、専攻分野を参照すると、経済学者あり、脳生理学者あり、医療社会学者あり、生命倫理学者あり、宗教学者あり、ジャーナリストありと、読者の方々には、BE研がいかに多様な分野にまたがる学際的研究を行なってきたのか分かっていただけると思う。一時的な参加者やゲスト・スピーカーなども含めれば、範囲はさらに医療人類学、民俗学、再生医学、製薬ビジネス、政治思想などと広がり、また、専門以前の研究スタンスやイデオロギーの違いなどもあって、三ヶ月に一度ほどの定例研究会に際して司会役を務めた筆者自身が、「これは一体何の研究会か」と途方に暮れかかったことも一度や二度ではなかった。

それにもかかわらず、BE研は、ほぼ毎回、「異常」とさえ形容できるほどの盛り上がりを見せた。ゲスト・スピーカーを交えたメンバー相互の白熱した討論が行なわれ、具体的成果や最終的合意はさておき、我々は研究会の最後には少なからぬ充実感に包まれた。要するに、BE研は「面白い研究会」だったのだが、その理由の一つは、「生命」「いのち」という言葉とテーマの求心力にあったのではないかと思う。「エイズ」、「BSE」、「再生医療」、「臓器移植」などのいずれをとるにせよ、それらは「人間のいのち」に直接的あるいは間接的に深く関わるテーマであり、それらを論ずるうちに、我々は、いつの間にか、「いのち」のなかに巻き込まれ、あるいは「いのち」のなかから込み上げるものを感じて、知的あるいは人間的に興奮させられていったのではないか。もちろん白熱の討論と興奮は、研究会終了後の、これも定例の飲み会にまで持ち込まれたのである。

序論末尾でも触れたように、本書は、一年余り前に一泊二日で行なわれたBE研コンファランスを直接の出発点としているが、読者の方々には、それがこの五年間の共同研究の成果を凝縮したものであることを確認していただきたいと思う。

とはいっても、研究の全体計画から見れば、本書は第一次の中間報告にすぎないともいえる。我々は、今後さらに臓器売買（より一般的には「生命の商品化」）の社会経済学的考察、バイオ産業のグローバルな比較、産業化されたバイオテクノロジーの生命倫理に関する市民会議などのテーマに関して、分析視角を拡大深化させながら研究を進める予定であり、本書がその一里塚となることを念願している。その念願を実現するためにも、本書を活発な議論の対象としていただければ幸いである。

本書の成立に至るプロセスにおいては、多くの人々のお世話になった。それらの方々のお名前を逐一挙げることは省略するが、以下の点だけは記して、関係者各位に感謝の意を表しておきたい。


平成一四年度大阪市立大学経済学部研究奨励費（課題名「バイオクラスター形成の国際比較」）、平成一五―一六年度科学研究費補助金基盤研究（C）（2）（課題番号15530162、課題名「バイオクラスターの経済倫理学――理論的研究と関西バイオ産業の事例研究」）、平成一七年度サントリー文化財団研究助成（課題名「バイオ産業の経済倫理学――米中日比較を中心に」）、平成一七―一八年度科学研究費補助金（C）（課題番号17530185、課題名「バイオ産業の国際比較――米中日比較を中心に」）の資金援助を受けた（いずれも研究代表者は佐藤光）。

本書序論の拙論、第1章の上池論文、第3章の美馬論文の原型は、右の平成一七―一八年度科学研究費補助金研究成果報告書（平成一九年三月）に収録されており、それに加筆修正を加えることによって、本書所収の論文が出来上がった。また美馬論文は、同論文末尾にも書かれているように、美馬達哉『〈病〉のスペクタクル』（人文書院、二〇〇七年）と内容が大幅に重複していることをお断りしておく。

最後になったが、本書を出版してくださったナカニシヤ出版の編集者、酒井敏行氏にこの場を借りて厚く御礼を申し上げる。同氏の尽力は通常の編集作業を超えるものであり、本書の出発点となったＢＥ研コンファランスに参加していただいたばかりでなく、その後も何度か、定例ＢＥ研や筆者の研究室に足を運んで、貴重なアドヴァイスと激励を寄せていただいた。同氏の助けがなければ、本書の完成は不可能だったに違いない。

平成一九年七月

執筆者全員に代わって

佐藤　光

2004年）など。生命科学と社会・環境・産業などの関係を中心に研究を進めている。

土屋貴志（つちや　たかし）
1961年生まれ。慶應義塾大学文学部卒、同大学院文学研究科哲学専攻（倫理学分野）博士課程単位取得退学。現在、大阪市立大学大学院文学研究科准教授。倫理学・医療倫理学。主な著書に『西洋思想の日本的展開』（共著、慶應義塾出版会、2002年）、『医療神話の社会学』（共著、世界思想社、1998年）など。医学研究の倫理、生命倫理学の成立史などを中心に研究している。

星野　中（ほしの　ひとし）
1937年生まれ。東京大学経済学部卒、同大学院経済学研究科博士課程単位取得。大阪市立大学名誉教授。経済学史、国際経済学。おもな著書：共編著『帝国主義の古典的学説』（御茶ノ水書房、1977年）。現在はおもに「狂牛病」蔓延とEU組織との関連を中心に、家畜疫病と経済・社会・政治組織の関係を研究している。

森本さとし（もりもと　さとし）
1961年生まれ　大阪市立大学文学部卒、京都大学大学院文学研究科博士課程単位修得。現在、近畿大学等非常勤講師。宗教哲学。『宗教の根源性と現代』（共著、晃洋書房、 2002年）など、宗教哲学関係の共著や論文がある。もともとは新プラトン主義の神秘主義者・プロティノスを研究していたが、最近は西田哲学の根本的立場を矛盾的相即（仏教哲学の大家・中山延二博士）の観点から解明することに主眼点をおいて研究している。

脇村孝平（わきむら　こうへい）
1954年生まれ。大阪市立大学経済学部卒、同大学院経済学研究科後期博士課程単位取得退学。現在、大阪市立大学大学院経済学研究科教授。アジア経済史。主な著書に『飢饉・疫病・植民地統治――開発の中の英領インド』（名古屋大学出版会、2002年）、『疾病・開発・帝国医療――アジアにおける病気と医療の歴史学』（共著、東京大学出版会、2001年）など。近現代インドの疾病史・環境史を中心に研究している。

【討論参加者】（五十音順）

神尾和寿（かみお　かずとし）

1958年生まれ。京都大学文学部卒、同大学院文学研究科博士課程単位取得。現在、流通科学大学サービス産業学部准教授。哲学、宗教学。おもな著書および翻訳書に、『宗教の根源性と現代　第一巻』（共著、晃洋書房、2001年）、『ハイデッガー全集　第50巻』（共訳、創文社、2000年）、『生命倫理百科事典』（共訳、丸善、2007年）など。ハイデッガー研究のほかに、最近では、H. ヨナスの倫理思想に関心を寄せている。

粥川準二（かゆかわ　じゅんじ）

1969年生まれ。雑誌編集者を経て、1996年にフリーランスのジャーナリストとして独立。2004年に明治学院大学大学院社会学研究科に入学、現在、同研究科後期博士課程に在籍。国士舘大学非常勤講師。おもな著書に『クローン人間』（光文社新書、2003年）、『身体をめぐるレッスン2　資源としての身体』（共著、岩波書店、2006年）など。

佐藤隆広（さとう　たかひろ）

1970年生まれ。同志社大学商学部卒、同大学院商学研究科博士課程後期単位取得退学。博士（経済学）。現在、大阪市立大学大学院経済学研究科准教授。開発経済学。おもな著書に、『経済開発論――インドの構造調整計画とグローバリゼーション』（世界思想社、2002年）、『現代南アジア2――経済自由化のゆくえ』（共著、東京大学出版会、2002年）など。国際経済学の応用研究と現代インド経済論を中心に研究を進めている。

佐野一雄（さの　かずお）

1957年生まれ。静岡大学人文学部卒、大阪市立大学大学院経営学研究科後期博士課程単位取得。現在、福井県立大学経済学部准教授。専門分野は、ファイナンス理論、経済統計学、データ解析など。おもな著書に『ファイナンスの数理入門』（エコノミスト社、2002年）、『ファイナンス理論と日本の株式市場』（三恵社、2005年）、『統計学の思想と方法』（共著、北海道大学図書刊行会、2000年）など。市場の効率性という観点から、日本の株式市場について研究している。

瀬戸口明久（せとぐち　あきひさ）

1975年生まれ。京都大学理学部卒、同大学文学部卒、同大学院文学研究科博士課程単位取得退学。現在、大阪市立大学大学院経済学研究科助教。生命経済学。おもな著書に、『トンボと自然観』（共著、京都大学学術出版会、

【編者・序論執筆】
佐藤　光（さとう　ひかる）
奥付の編者紹介を参照。

【各章執筆者】（執筆順）
上池あつ子（かみいけ　あつこ）
1972年生まれ。同志社大学商学部卒、同大学院商学研究科博士課程単位取得。現在、甲南大学経済学部非常勤講師。おもな著作に、「インドにおける医薬品の製造管理および品質管理基準（GMP）履行」（同志社大学人文科学研究所『社会科学』第76号、2006年）、『日本のジェネリック医薬品市場とインド・中国の製薬産業』（共著、アジア経済研究所、2007年）、など。インドにおける医薬品政策とインド製薬企業の動向分析を中心に研究を進めている。

姉川知史（あねがわ　ともふみ）
1954年生まれ。東京大学経済学部卒、Yale University博士課程卒業(Economics)、Ph. D。現在、慶應義塾大学 大学院経営管理研究科教授。医療科学研究所評議員。研究領域は、製薬産業の産業組織論、知的財産権の分析、規制の経済学。医薬品関係の著書として、「日本の薬価基準制度――過去25年の制度と評価」（鴇田忠彦・近藤健文編『ヘルスリサーチの新展開』東洋経済新報社、2003年）、「日本の医薬品産業」（吉森賢編『世界の医薬品産業論』東京大学出版会、2007年）など。

美馬達哉（みま　たつや）
1966年生まれ。京都大学大学院医学研究科博士課程修了。現在、京都大学医学研究科助手。著書に『〈病〉のスペクタクル』（人文書院、2007年）、論文に「身体のテクノロジーとリスク管理」（山之内靖・酒井直樹編『総力戦体制からグローバリゼーションへ』平凡社、2003年）、「バイオポリティクスの理論に向けて」（大阪市立大学経済学会「経済学雑誌」104巻4号、2004年）など。脳科学および医療社会学などの研究を行う。

安藤泰至（あんどう　やすのり）
1961年生まれ。京都大学文学部卒。同大学院文学研究科博士後期課程中退。現在、鳥取大学医学部准教授。宗教学・生命倫理。おもな著書（共著）に、『宗教心理の探究』（東京大学出版会、2001年）、『欲望・身体・生命』（昭和堂、2002年）、『岩波講座宗教第7巻　生命』（岩波書店、2004年）など。生命倫理の諸問題と広い意味での人間の宗教性（スピリチュアリティ）の関係について研究している。

【編者】
佐藤　光（さとう　ひかる）
1949年生まれ。東京大学経済学部卒、同大学大学院経済研究科後期博士課程中退。現在、大阪市立大学大学院経済学研究科教授。社会経済論、宗教経済学。おもな著書に、『カール・ポランニーの社会哲学』（ミネルヴァ書房、2006年）、『柳田国男の政治経済学』（世界思想社、2004年）、『21世紀に保守的であるということ』（ミネルヴァ書房、2000年）など。現代産業社会の諸問題を社会経済学の観点から多面的に研究している。

生命の産業
バイオテクノロジーの経済倫理学

2007年9月20日　初版第1刷発行　（定価はカバーに表示してあります）

編　者　佐藤　光
発行者　中西健夫
発行所　株式会社ナカニシヤ出版
〒606-8161　京都市左京区一乗寺木ノ本町15番地
Telephone 075-723-0111
Facsimile 075-723-0095
Website http://www.nakanishiya.co.jp/
Email iihon-ippai@nakanishiya.co.jp
郵便振替　01030-0-13128

装幀＝白沢　正／印刷＝創栄図書印刷／製本＝兼文堂

ISBN978-4-7795-0199-9　C1033

異議あり！　生命・環境倫理学
岡本裕一朗
中絶問題、臓器移植、安楽死、クローン、環境ファシズムなど、いま最もアクチュアルな諸問題を俎上にのせ、どこかおかしなこの学問を徹底解剖。
二七三〇円

公共性の法哲学
井上達夫編
公共性はそもそも、あるいはいかにして可能なのか。巷にあふれる公共性言説の欺瞞性を指弾し、現代における公共性概念の哲学的再定位を標榜する挑発的論文集。
三六七五円

福祉国家の経済思想
——自由と統制の統合——
小峯　敦編
福祉国家の時代は終わったのか。マーシャル、ケインズ、ベヴァリッジら、福祉国家のグランドデザインに人生を賭けた経済学者たちの思想を振り返る。
二五二〇円

入門制度経済学
B・シャバンス／宇仁宏幸ほか訳
制度をめぐる経済学の諸潮流を、シュモラー、ヴェブレン、メンガーらから、新制度派、比較制度分析、現代ヨーロッパの諸理論までコンパクトに解説。
二一〇〇円

表示は二〇〇七年八月現在の税込価格です。